随书附赠光盘

Architecture Details CAD Construction Atlas II

建筑细部CAD施工图集 II

主编/樊思亮 杨佳力 李岳君

门窗天窗/欧式构件详图/中式构件详图
室外工程

中国林业出版社

图书在版编目（CIP）数据

建筑细部CAD施工图集. 2 / 樊思亮, 杨佳力, 李岳君主编. -- 北京 : 中国林业出版社, 2014.10
ISBN 978-7-5038-7663-9

Ⅰ.①建… Ⅱ.①樊… ②杨… ③李… Ⅲ.①建筑设计－细部设计－计算机辅助设计－
AutoCAD软件－图集 Ⅳ.①TU201.4-64

中国版本图书馆CIP数据核字(2014)第220802号

本书编委会

主　编：樊思亮 杨佳力 李岳君

副主编：陈礼军 孔　强 郭　超 杨仁钰

参与编写人员：

陈　婧	张文媛	陆　露	何海珍	刘　婕	夏　雪	王　娟	黄　丽	程艳平	高丽媚
汪三红	肖　聪	张雨来	陈书争	韩培培	付珊珊	高囡囡	杨微微	姚栋良	张　雷
傅春元	邹艳明	武　斌	陈　阳	张晓萌	魏明悦	佟　月	金　金	李琳琳	高寒丽
赵乃萍	裴明明	李　跃	金　楠	邵东梅	李　倩	左文超	李凤英	姜　凡	郝春辉
宋光耀	于晓娜	许长友	王　然	王竞超	吉广健	马宝东	于志刚	刘　敏	杨学然

中国林业出版社·建筑家居出版分社
责任编辑：李　顺 王思明
出版咨询：（010）83223051

出版：中国林业出版社（100009 北京西城区德内大街刘海胡同7号）
网站：http://lycb.forestry.gov.cn/
印刷：北京卡乐富印刷有限公司
发行：中国林业出版社发行中心
电话：（010）83224477
版次：2015年1月第1版
印次：2015年1月第1次
开本：889mm×1194mm 1／12
印张：19
字数：200千字
定价：98.00元

前　言

自2010年组织相关单位编写三套CAD图集（建筑、景观、室内）以来，现因建筑细部CAD图集的正式出版，前期工作已告一段落，从读者对整套图集反映来看，非常值得整个编写团队欣慰。

从最初的构思，至现在整套CAD图集的全部出版，历时近5年，当初组织各设计院和设计单位汇集材料，大家提供的东西可谓"各有千秋"，让编写团队头疼不已。编写者基本是设计行业管理者和一线工作者，非常清楚在实践设计和制图中遇到的困难，正是因为这样，我们不断收集设计师提供的建议和信息，不断修改和调整，希望这套施工图集不要沦为像现在市面上大部分CAD图集一样，无轻无重，无章无序。

还是如中国林业出版社一位策划编辑所言，最终检验我们所付出劳动的验金石——市场，才会给我最终的答案。但我们仍然信心百倍。

在此我大致说说本套建筑细部CAD施工图集的亮点：

首先，本套书区别于以往的CAD施工图集，对CAD模块进行非常详细的分类与调整，根据现代设计的要求，将四本书大体分为建筑面层类、建筑构件类、建筑基础类、钢结构类，在这四类的基础上再进一步细分，争取做到让施工图设计者能得其中一本，便能把握一类的制图技巧和技术要点。

其次，就是整套图集的全面性和权威性，我们联合了近20所建筑计院所编写这套图集，严格按照建筑及施工设计标准制定规范，让设计师在设计和制作施工图时有据可依，有章可循，并且能依此类推，应用至其他施工图中。

再次，我们对这套书作了严格的版权保护，光盘进行了严格的加密，这也是对作品提供者的保护和认同，我们更希望读者们有版权保护的意识，为我国的版权事业贡献力量。

施工图是建筑设计中既基础而又非常重要的一部分，无论对于刚入行的制图员，还是设计大师，都是必不可少的一门技能。但这绝非一朝一夕能练就的，就像一句古语："千里之行，始于足下"，希望广大的设计者能从这里得到些东西，抑或发现些东西，我们更希望大家提出意见，甚或是批评，指导我们做得更好！

编著者

2014年9月

目 录

门窗天窗

欧式构件详图

Contents

门窗天窗

Contents

中式构件详图

木门窗详图

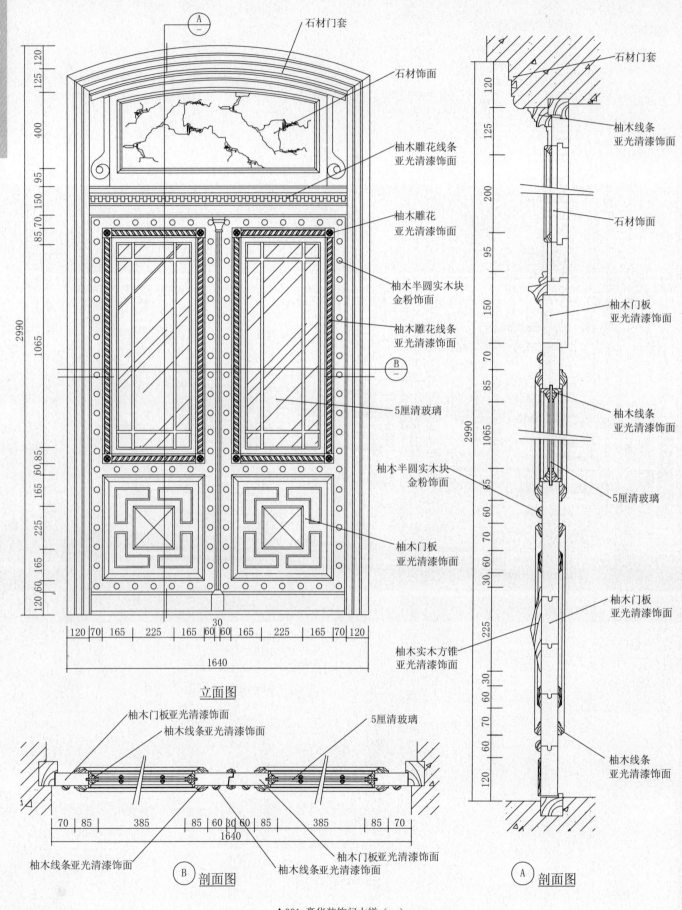

石材门套

石材饰面

柚木雕花线条
亚光清漆饰面

柚木雕花
亚光清漆饰面

柚木半圆实木块
金粉饰面

柚木雕花线条
亚光清漆饰面

5厘清玻璃

柚木半圆实木块
金粉饰面

柚木门板
亚光清漆饰面

柚木实木方锥
亚光清漆饰面

立面图

石材门套

柚木线条
亚光清漆饰面

石材饰面

柚木门板
亚光清漆饰面

柚木线条
亚光清漆饰面

5厘清玻璃

柚木门板
亚光清漆饰面

柚木线条
亚光清漆饰面

柚木门板亚光清漆饰面
柚木线条亚光清漆饰面

5厘清玻璃

柚木线条亚光清漆饰面

柚木门板亚光清漆饰面
柚木线条亚光清漆饰面

Ⓑ 剖面图

Ⓐ 剖面图

▲001-豪华装饰门大样（一）

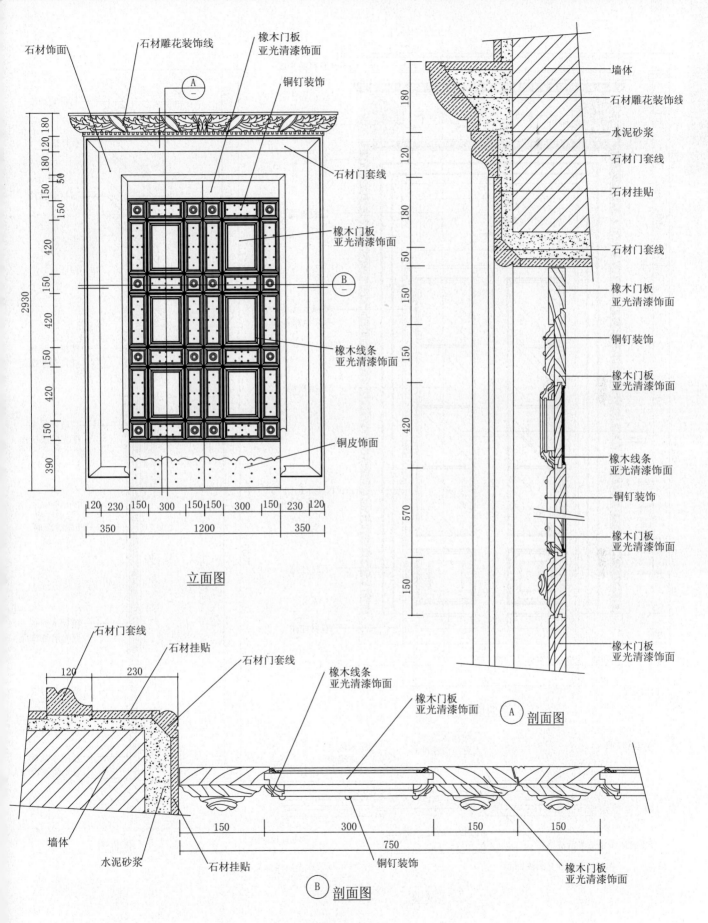

石材饰面　石材雕花装饰线　橡木门板亚光清漆饰面　铜钉装饰

石材门套线
橡木门板亚光清漆饰面
橡木线条亚光清漆饰面
铜皮饰面

墙体
石材雕花装饰线
水泥砂浆
石材门套线
石材挂贴
石材门套线
橡木门板亚光清漆饰面
铜钉装饰
橡木门板亚光清漆饰面
橡木线条亚光清漆饰面
铜钉装饰
橡木门板亚光清漆饰面
橡木门板亚光清漆饰面

立面图

石材门套线　石材挂贴　石材门套线　橡木线条亚光清漆饰面　橡木门板亚光清漆饰面

Ⓐ 剖面图

墙体　水泥砂浆　石材挂贴　铜钉装饰　橡木门板亚光清漆饰面

Ⓑ 剖面图

▲002-豪华装饰门大样（二）

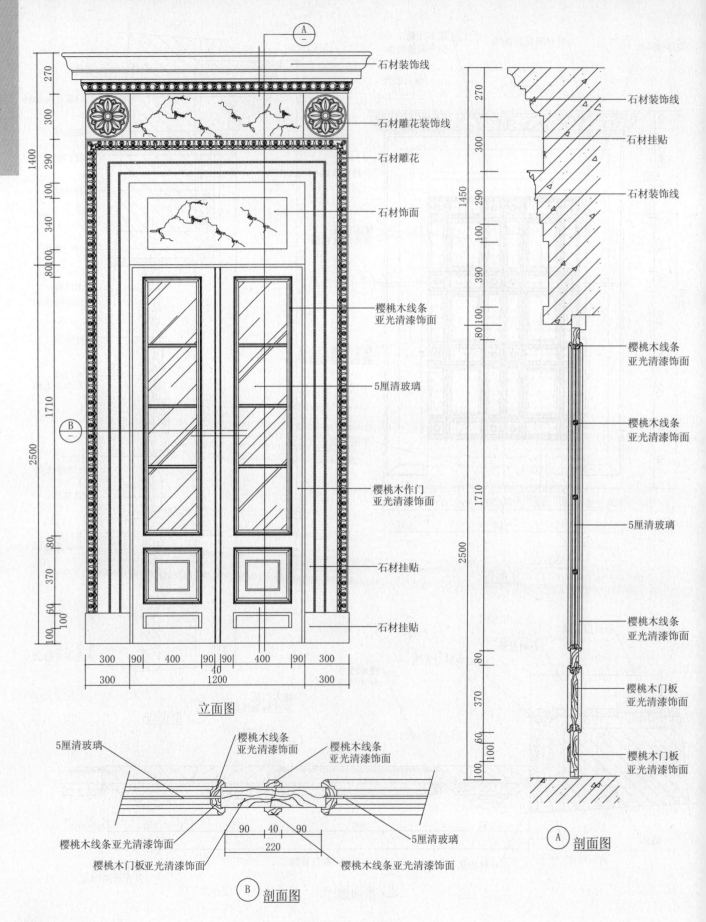

石材装饰线

石材雕花装饰线

石材雕花

石材饰面

樱桃木线条
亚光清漆饰面

5厘清玻璃

樱桃木作门
亚光清漆饰面

石材挂贴

石材挂贴

石材装饰线

石材挂贴

石材装饰线

樱桃木线条
亚光清漆饰面

樱桃木线条
亚光清漆饰面

5厘清玻璃

樱桃木线条
亚光清漆饰面

樱桃木门板
亚光清漆饰面

樱桃木门板
亚光清漆饰面

立面图

5厘清玻璃

樱桃木线条
亚光清漆饰面

樱桃木线条
亚光清漆饰面

樱桃木线条亚光清漆饰面

5厘清玻璃

樱桃木门板亚光清漆饰面

樱桃木线条亚光清漆饰面

Ⓑ 剖面图

Ⓐ 剖面图

▲003-豪华装饰门大样（三）

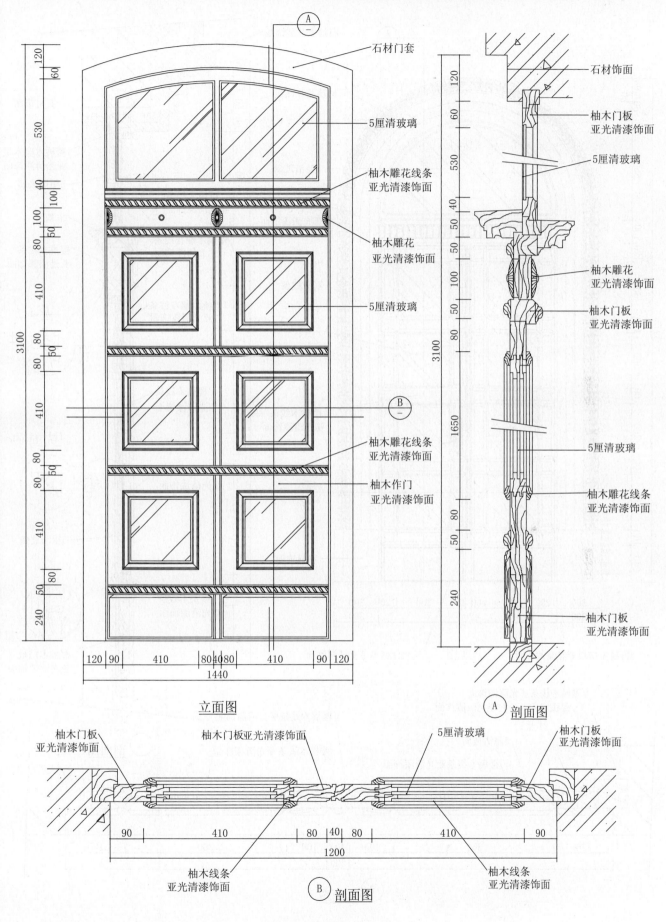

立面图

石材门套

5厘清玻璃

柚木雕花线条
亚光清漆饰面

柚木雕花
亚光清漆饰面

5厘清玻璃

柚木雕花线条
亚光清漆饰面

柚木作门
亚光清漆饰面

石材饰面

柚木门板
亚光清漆饰面

5厘清玻璃

柚木雕花
亚光清漆饰面

柚木门板
亚光清漆饰面

5厘清玻璃

柚木雕花线条
亚光清漆饰面

柚木门板
亚光清漆饰面

Ⓐ 剖面图

柚木门板
亚光清漆饰面

柚木门板亚光清漆饰面

5厘清玻璃

柚木门板
亚光清漆饰面

柚木线条
亚光清漆饰面

柚木线条
亚光清漆饰面

Ⓑ 剖面图

▲004-豪华装饰门大样（四）

木门窗详图

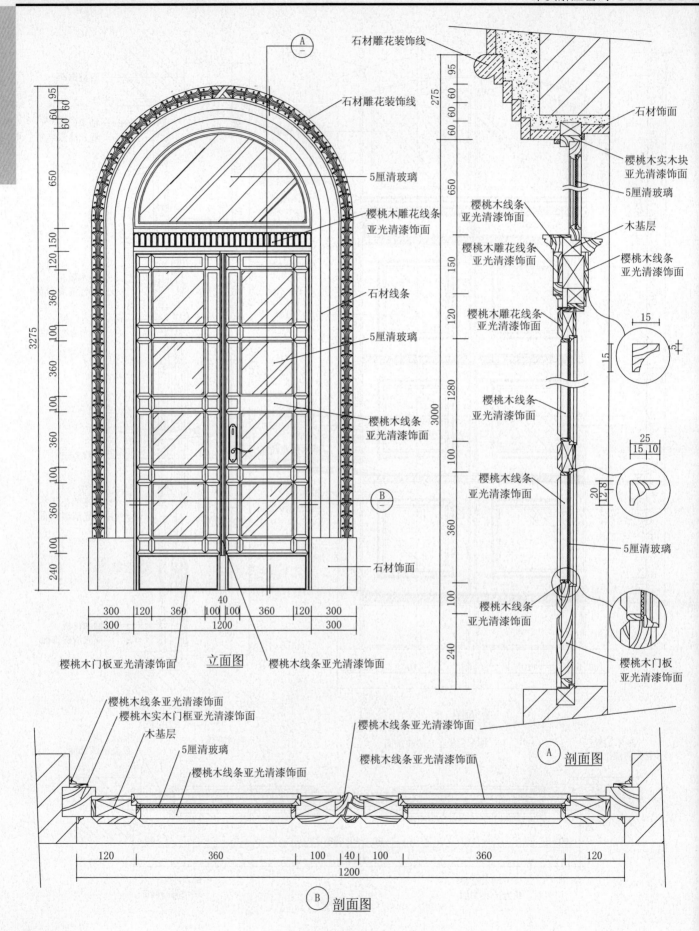

石材雕花装饰线

石材雕花装饰线

5厘清玻璃

樱桃木雕花线条
亚光清漆饰面

石材线条

5厘清玻璃

樱桃木线条
亚光清漆饰面

石材饰面

石材饰面

樱桃木实木块
亚光清漆饰面

5厘清玻璃

樱桃木线条
亚光清漆饰面

木基层

樱桃木雕花线条
亚光清漆饰面

樱桃木线条
亚光清漆饰面

樱桃木雕花线条
亚光清漆饰面

樱桃木线条
亚光清漆饰面

樱桃木线条
亚光清漆饰面

5厘清玻璃

樱桃木线条
亚光清漆饰面

樱桃木门板
亚光清漆饰面

樱桃木门板亚光清漆饰面　　立面图　　樱桃木线条亚光清漆饰面

樱桃木线条亚光清漆饰面
樱桃木实木门框亚光清漆饰面
木基层
5厘清玻璃
樱桃木线条亚光清漆饰面

樱桃木线条亚光清漆饰面
樱桃木线条亚光清漆饰面

Ⓐ 剖面图

Ⓑ 剖面图

▲005-豪华装饰门大样（五）

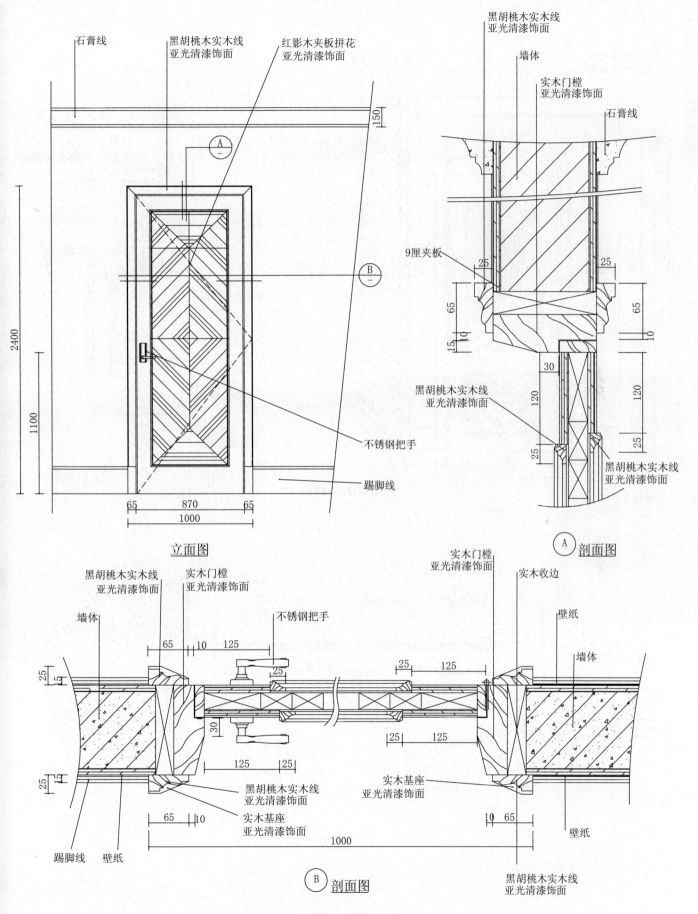

石膏线

黑胡桃木实木线
亚光清漆饰面

红影木夹板拼花
亚光清漆饰面

150

2400
1100

不锈钢把手

踢脚线

65　870　65
1000

立面图

黑胡桃木实木线
亚光清漆饰面

墙体

实木门樘
亚光清漆饰面

石膏线

9厘夹板

25　　25
65　　65
15　10　　10

30

120　　120

25　　25

黑胡桃木实木线
亚光清漆饰面

黑胡桃木实木线
亚光清漆饰面

Ⓐ 剖面图

黑胡桃木实木线
亚光清漆饰面

实木门樘
亚光清漆饰面

不锈钢把手

墙体

65　10　125

25

25　5

30

25　5

125　　25

65　10

踢脚线　壁纸

黑胡桃木实木线
亚光清漆饰面

实木基座
亚光清漆饰面

Ⓑ 剖面图

实木门樘
亚光清漆饰面

实木收边

壁纸

墙体

25　125

25　125

实木基座
亚光清漆饰面

10　65

壁纸

1000

黑胡桃木实木线
亚光清漆饰面

▲006-红影木夹板拼花门大样（一）

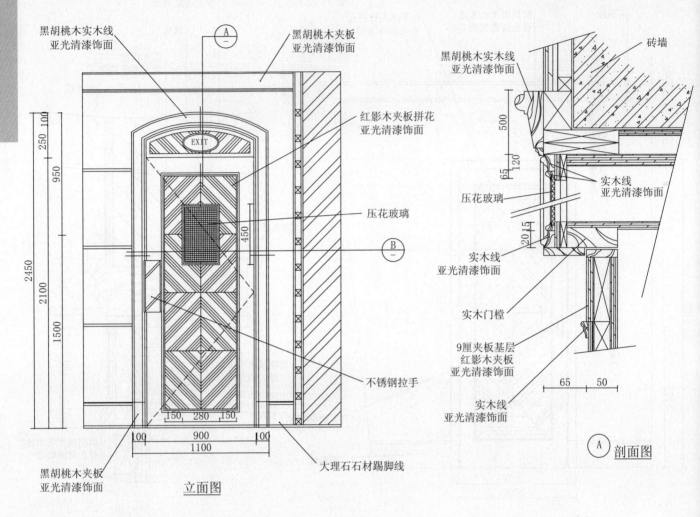

黑胡桃木实木线
亚光清漆饰面

黑胡桃木夹板
亚光清漆饰面

红影木夹板拼花
亚光清漆饰面

压花玻璃

不锈钢拉手

大理石石材踢脚线

黑胡桃木夹板
亚光清漆饰面

立面图

砖墙

黑胡桃木实木线
亚光清漆饰面

实木线
亚光清漆饰面

压花玻璃

实木线
亚光清漆饰面

实木门槛

9厘夹板基层
红影木夹板
亚光清漆饰面

实木线
亚光清漆饰面

A 剖面图

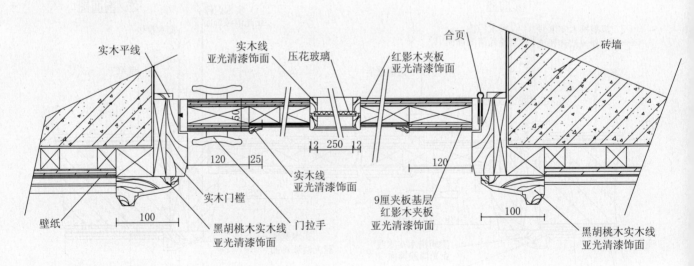

实木平线

实木线
亚光清漆饰面

压花玻璃

红影木夹板
亚光清漆饰面

合页

砖墙

实木线
亚光清漆饰面

实木门槛

壁纸

黑胡桃木实木线
亚光清漆饰面

门拉手

9厘夹板基层
红影木夹板
亚光清漆饰面

黑胡桃木实木线
亚光清漆饰面

B 剖面图

▲007-红影木夹板拼花门大样（二）

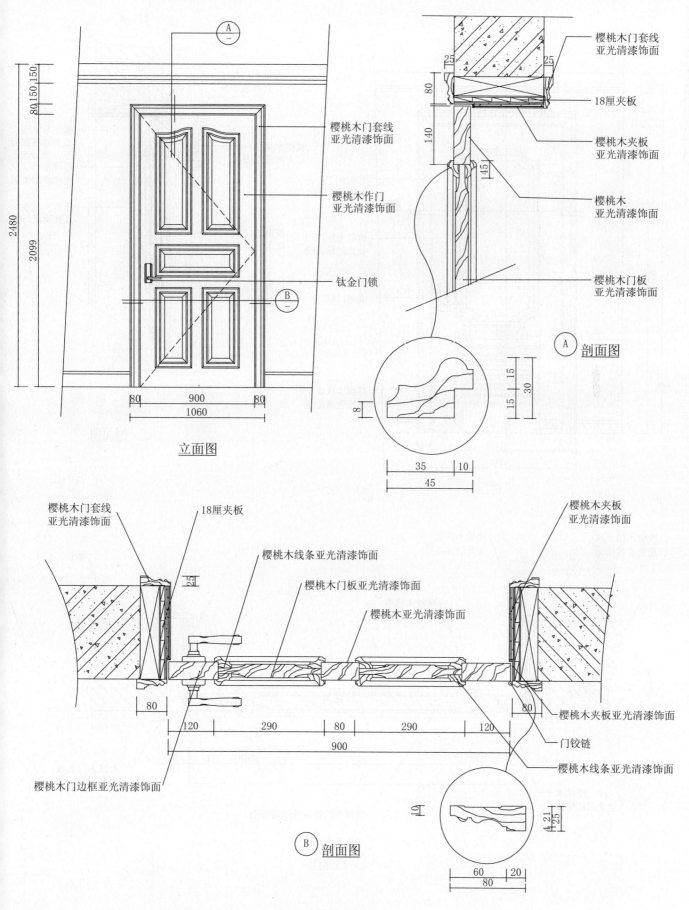

樱桃木门套线
亚光清漆饰面

樱桃木作门
亚光清漆饰面

钛金门锁

樱桃木门套线
亚光清漆饰面

18厘夹板

樱桃木夹板
亚光清漆饰面

樱桃木
亚光清漆饰面

樱桃木门板
亚光清漆饰面

立面图

Ⓐ 剖面图

樱桃木门套线
亚光清漆饰面　　18厘夹板

樱桃木线条亚光清漆饰面

樱桃木门板亚光清漆饰面

樱桃木亚光清漆饰面

樱桃木夹板
亚光清漆饰面

樱桃木夹板亚光清漆饰面

门铰链

樱桃木线条亚光清漆饰面

樱桃木门边框亚光清漆饰面

Ⓑ 剖面图

▲008-樱桃木作门大样（一）

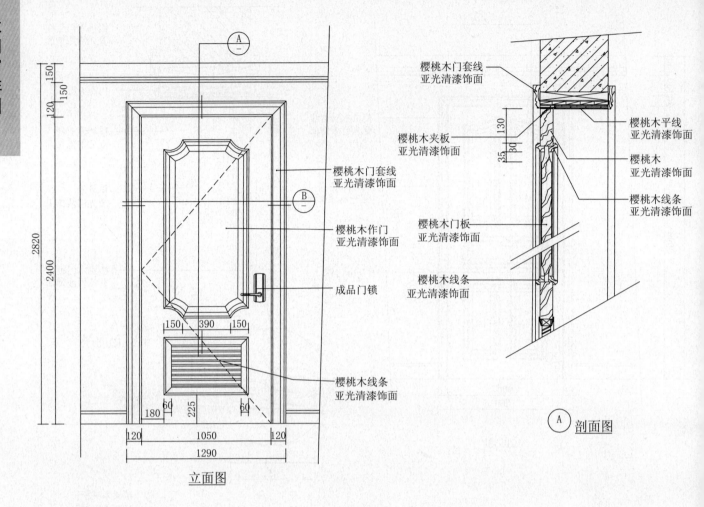

立面图

A 剖面图

樱桃木门套线
亚光清漆饰面

樱桃木夹板
亚光清漆饰面

樱桃木作门
亚光清漆饰面

成品门锁

樱桃木线条
亚光清漆饰面

樱桃木门套线
亚光清漆饰面

樱桃木平线
亚光清漆饰面

樱桃木
亚光清漆饰面

樱桃木线条
亚光清漆饰面

樱桃木门板
亚光清漆饰面

樱桃木线条
亚光清漆饰面

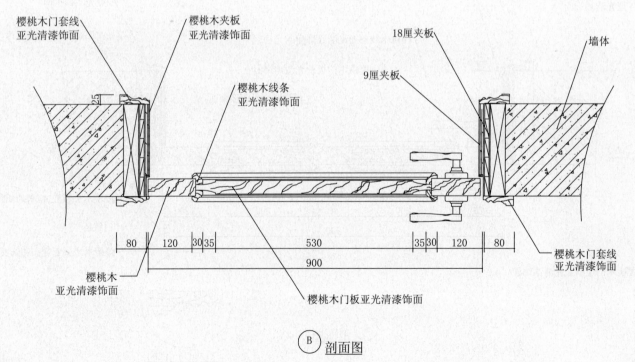

樱桃木门套线
亚光清漆饰面

樱桃木夹板
亚光清漆饰面

18厘夹板

墙体

9厘夹板

樱桃木线条
亚光清漆饰面

樱桃木
亚光清漆饰面

樱桃木门板亚光清漆饰面

樱桃木门套线
亚光清漆饰面

B 剖面图

▲009-樱桃木作门大样（二）

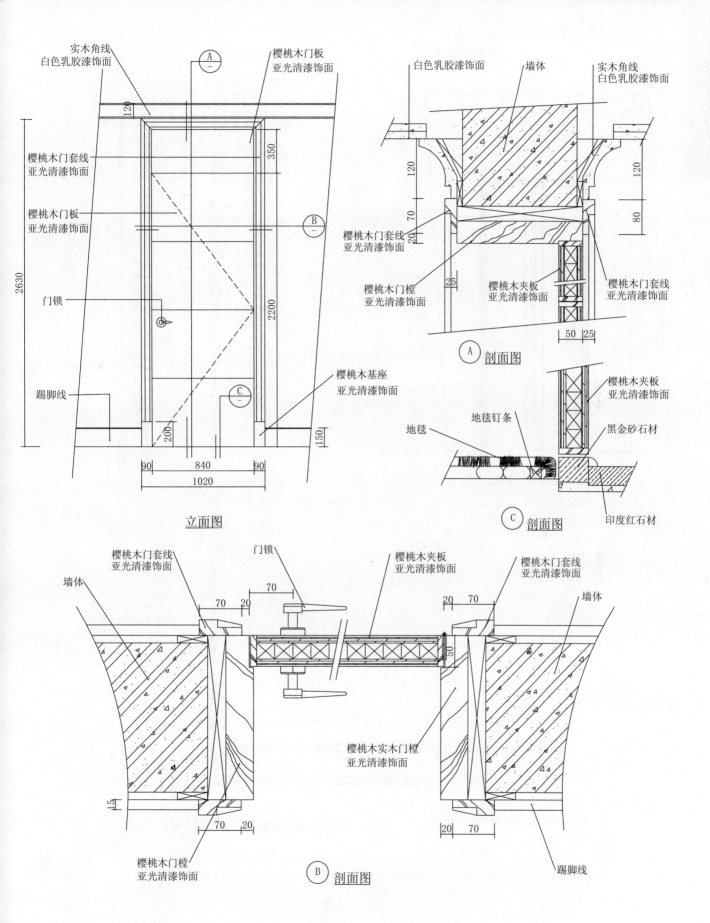

实木角线
白色乳胶漆饰面

樱桃木门板
亚光清漆饰面

樱桃木门套线
亚光清漆饰面

樱桃木门板
亚光清漆饰面

门锁

踢脚线

立面图

白色乳胶漆饰面

墙体

实木角线
白色乳胶漆饰面

樱桃木门套线
亚光清漆饰面

樱桃木门樘
亚光清漆饰面

樱桃木夹板
亚光清漆饰面

樱桃木门套线
亚光清漆饰面

Ⓐ 剖面图

樱桃木夹板
亚光清漆饰面

地毯

地毯钉条

黑金砂石材

Ⓒ 剖面图

印度红石材

樱桃木门套线
亚光清漆饰面

门锁

樱桃木夹板
亚光清漆饰面

樱桃木门套线
亚光清漆饰面

墙体

墙体

樱桃木实木门樘
亚光清漆饰面

樱桃木门樘
亚光清漆饰面

踢脚线

Ⓑ 剖面图

▲010-樱桃木作门大样（三）

木门窗详图

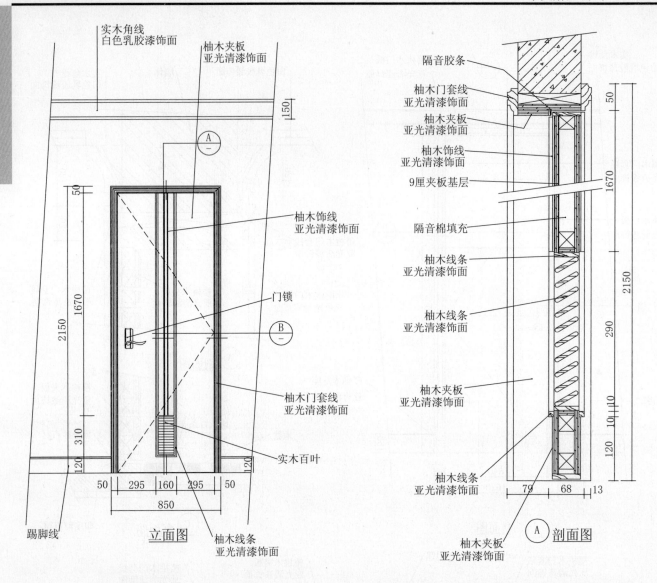

实木角线
白色乳胶漆饰面

柚木夹板
亚光清漆饰面

Ⓐ

柚木饰线
亚光清漆饰面

门锁

Ⓑ

柚木门套线
亚光清漆饰面

实木百叶

2150
1670
310
120
50
120

50　295　160　295　50
850

踢脚线

立面图

柚木线条
亚光清漆饰面

隔音胶条

柚木门套线
亚光清漆饰面

柚木夹板
亚光清漆饰面

柚木饰线
亚光清漆饰面

9厘夹板基层

隔音棉填充

柚木线条
亚光清漆饰面

柚木线条
亚光清漆饰面

柚木夹板
亚光清漆饰面

柚木线条
亚光清漆饰面

柚木夹板
亚光清漆饰面

50
1670
2150
290
120
10 10
120

79　68　13

Ⓐ 剖面图

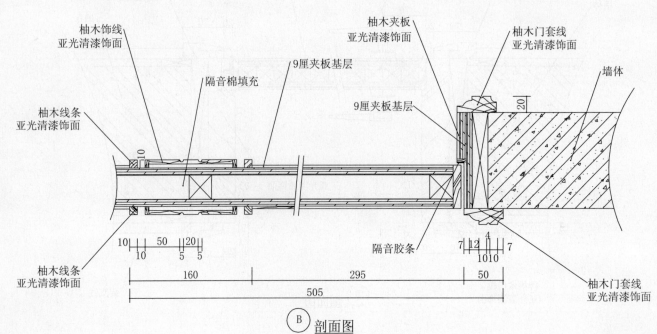

柚木饰线
亚光清漆饰面

隔音棉填充

9厘夹板基层

柚木夹板
亚光清漆饰面

柚木门套线
亚光清漆饰面

墙体

柚木线条
亚光清漆饰面

9厘夹板基层

20

4

隔音胶条

柚木线条
亚光清漆饰面

10　50　20
10　5　5

7 12　4　7
10 10

160　295　50

505

柚木门套线
亚光清漆饰面

Ⓑ 剖面图

▲011-柚木夹板（带百叶）门大样

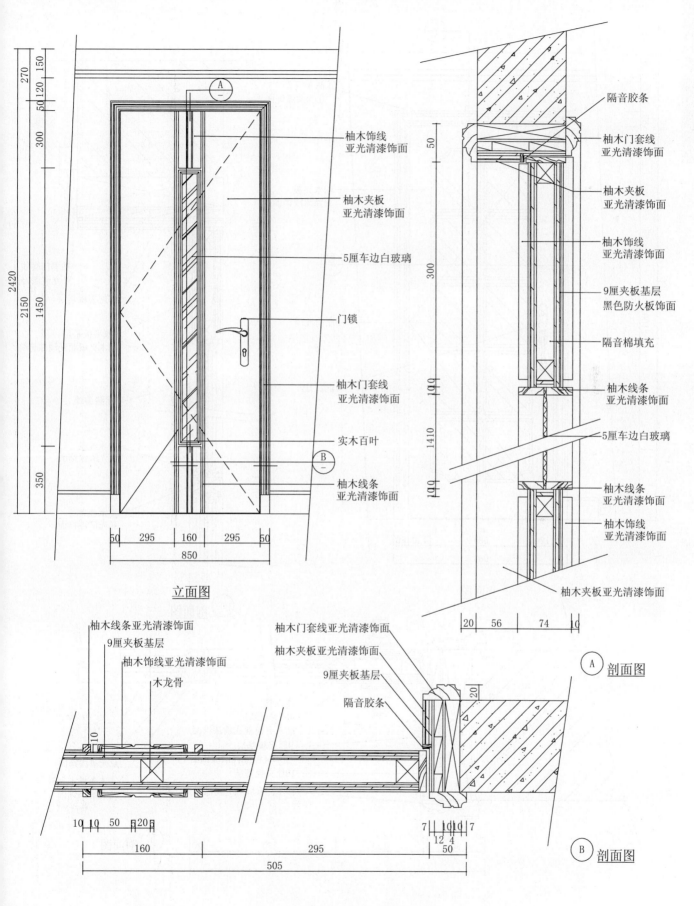

柚木饰线
亚光清漆饰面

柚木夹板
亚光清漆饰面

5厘车边白玻璃

门锁

柚木门套线
亚光清漆饰面

实木百叶

柚木线条
亚光清漆饰面

立面图

隔音胶条

柚木门套线
亚光清漆饰面

柚木夹板
亚光清漆饰面

柚木饰线
亚光清漆饰面

9厘夹板基层
黑色防火板饰面

隔音棉填充

柚木线条
亚光清漆饰面

5厘车边白玻璃

柚木线条
亚光清漆饰面

柚木饰线
亚光清漆饰面

柚木夹板亚光清漆饰面

柚木线条亚光清漆饰面
9厘夹板基层
柚木饰线亚光清漆饰面
木龙骨

柚木门套线亚光清漆饰面
柚木夹板亚光清漆饰面
9厘夹板基层
隔音胶条

Ⓐ 剖面图

Ⓑ 剖面图

▲012-柚木夹板（镶车边白玻璃）门大样

木门窗详图

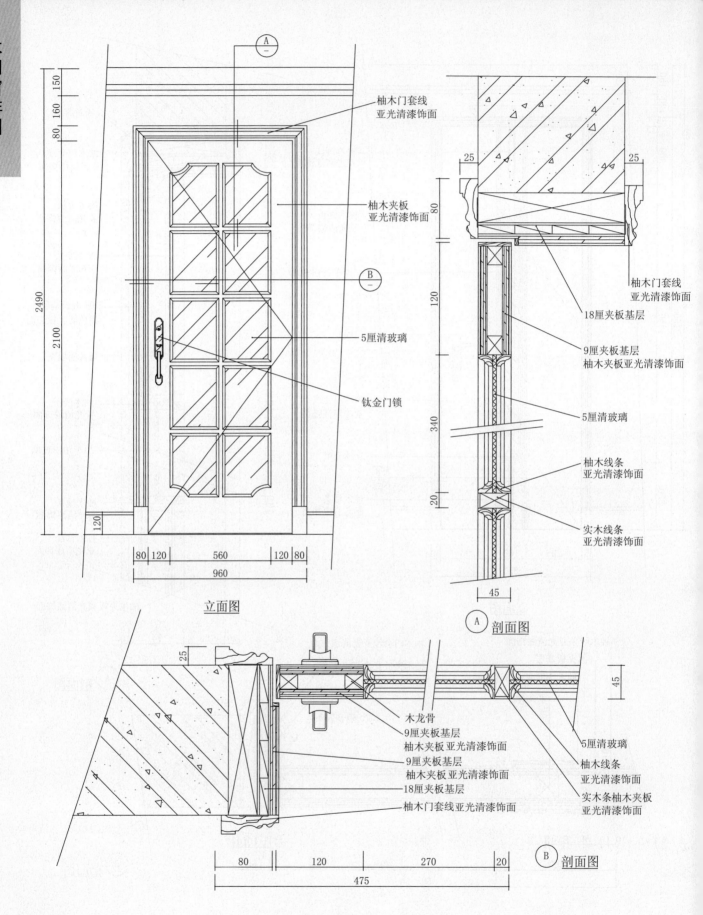

柚木门套线
亚光清漆饰面

柚木夹板
亚光清漆饰面

5厘清玻璃

钛金门锁

2490
2100
120

80 120 560 120 80
960

立面图

25

柚木门套线
亚光清漆饰面

18厘夹板基层

9厘夹板基层
柚木夹板亚光清漆饰面

5厘清玻璃

柚木线条
亚光清漆饰面

实木线条
亚光清漆饰面

45

Ⓐ 剖面图

25

木龙骨
9厘夹板基层
柚木夹板 亚光清漆饰面
9厘夹板基层
柚木夹板 亚光清漆饰面
18厘夹板基层
柚木门套线亚光清漆饰面

45

5厘清玻璃

柚木线条
亚光清漆饰面

实木条柚木夹板
亚光清漆饰面

80 120 270 20
475

Ⓑ 剖面图

▲013-柚木（镶清玻璃）门大样

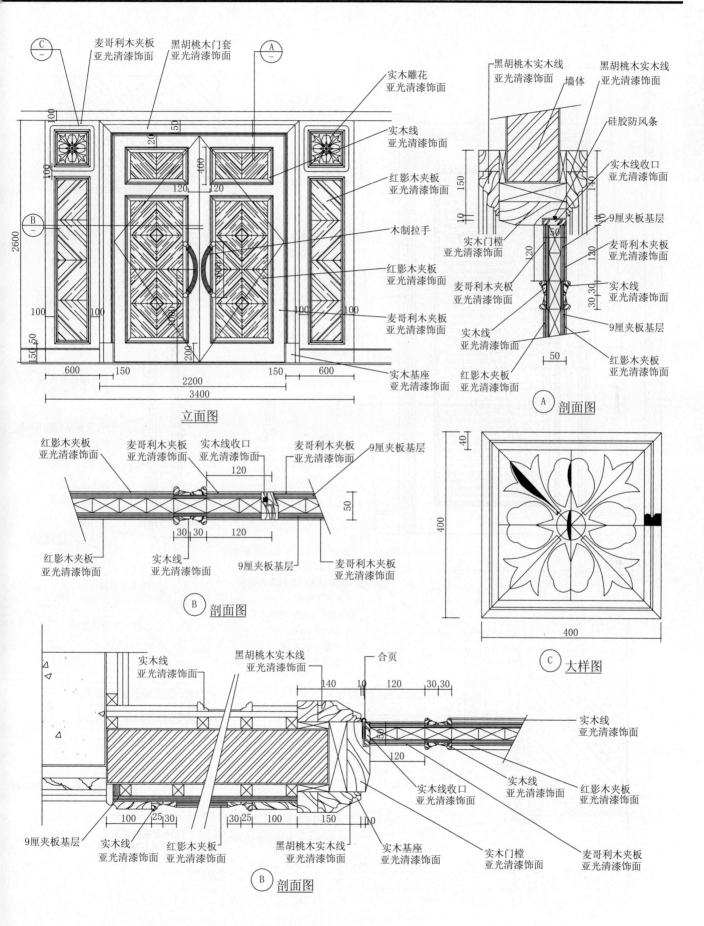

立面图

A 剖面图

B 剖面图

C 大样图

B 剖面图

▲014-麦哥利木与红影木门大样

木门窗详图

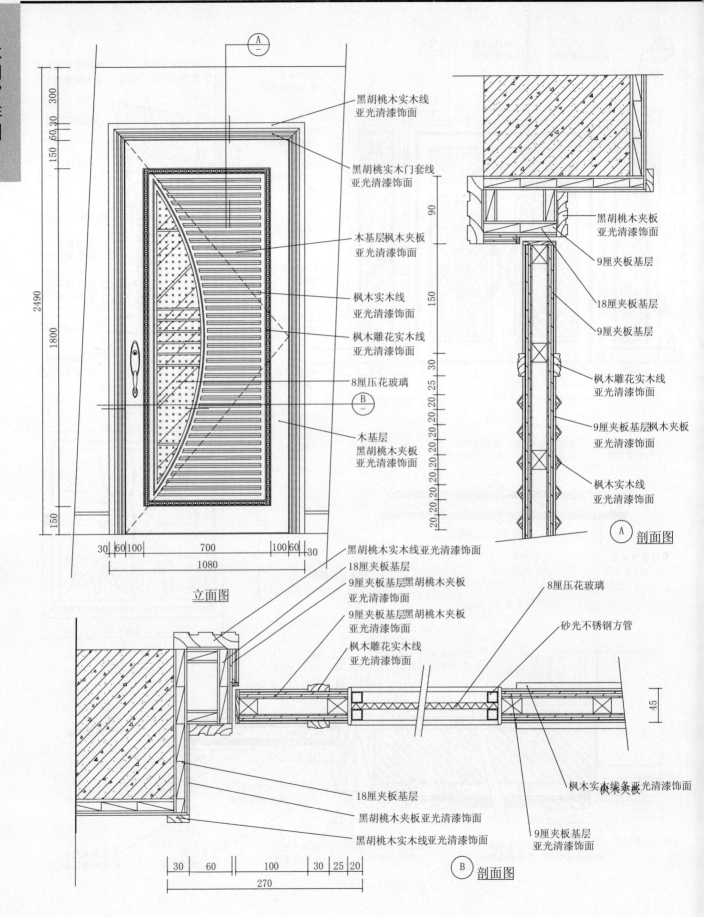

黑胡桃木实木线
亚光清漆饰面

黑胡桃实木门套线
亚光清漆饰面

木基层枫木夹板
亚光清漆饰面

枫木实木线
亚光清漆饰面

枫木雕花实木线
亚光清漆饰面

8厘压花玻璃

木基层
黑胡桃木夹板
亚光清漆饰面

黑胡桃木夹板
亚光清漆饰面

9厘夹板基层

18厘夹板基层

9厘夹板基层

枫木雕花实木线
亚光清漆饰面

9厘夹板基层枫木夹板
亚光清漆饰面

枫木实木线
亚光清漆饰面

Ⓐ 剖面图

立面图

黑胡桃木实木线亚光清漆饰面
18厘夹板基层
9厘夹板基层黑胡桃木夹板
亚光清漆饰面
9厘夹板基层黑胡桃木夹板
亚光清漆饰面
枫木雕花实木线
亚光清漆饰面

8厘压花玻璃

砂光不锈钢方管

18厘夹板基层

黑胡桃木夹板亚光清漆饰面

黑胡桃木实木线亚光清漆饰面

枫木实木线条亚光清漆饰面
枫木夹板

9厘夹板基层
亚光清漆饰面

Ⓑ 剖面图

▲015-黑胡桃木－枫木（镶压花玻璃）门大样

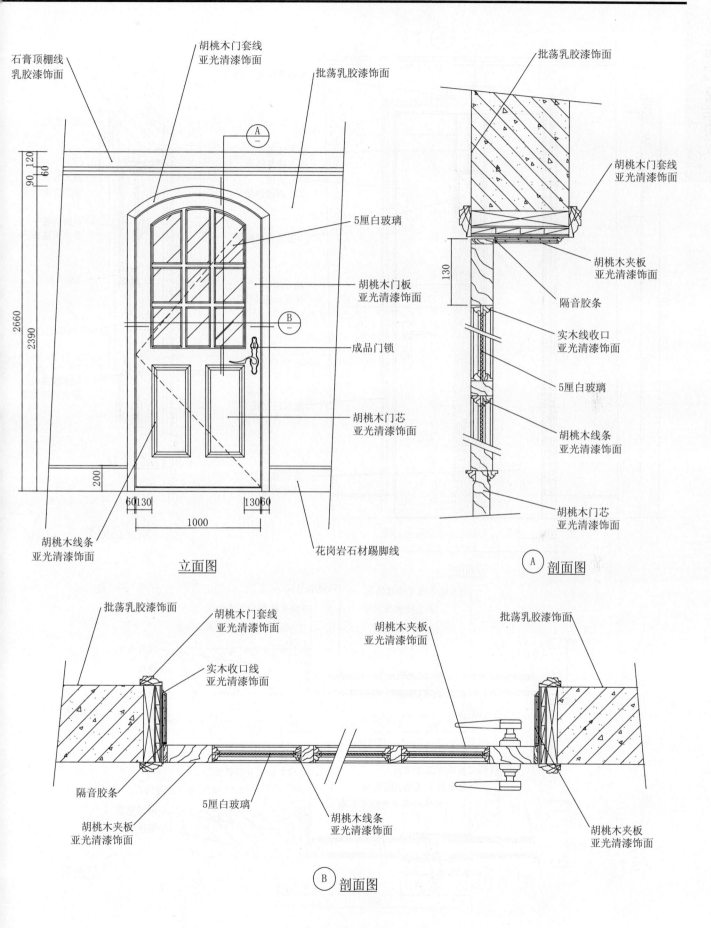

石膏顶棚线
乳胶漆饰面

胡桃木门套线
亚光清漆饰面

批荡乳胶漆饰面

批荡乳胶漆饰面

胡桃木门套线
亚光清漆饰面

5厘白玻璃

胡桃木门板
亚光清漆饰面

胡桃木夹板
亚光清漆饰面

隔音胶条

实木线收口
亚光清漆饰面

成品门锁

5厘白玻璃

胡桃木线条
亚光清漆饰面

胡桃木门芯
亚光清漆饰面

胡桃木门芯
亚光清漆饰面

胡桃木线条
亚光清漆饰面

花岗岩石材踢脚线

立面图

Ⓐ 剖面图

批荡乳胶漆饰面

胡桃木门套线
亚光清漆饰面

胡桃木夹板
亚光清漆饰面

批荡乳胶漆饰面

实木收口线
亚光清漆饰面

隔音胶条

5厘白玻璃

胡桃木线条
亚光清漆饰面

胡桃木夹板
亚光清漆饰面

胡桃木夹板
亚光清漆饰面

Ⓑ 剖面图

▲016-胡桃木（镶白玻璃）门大样

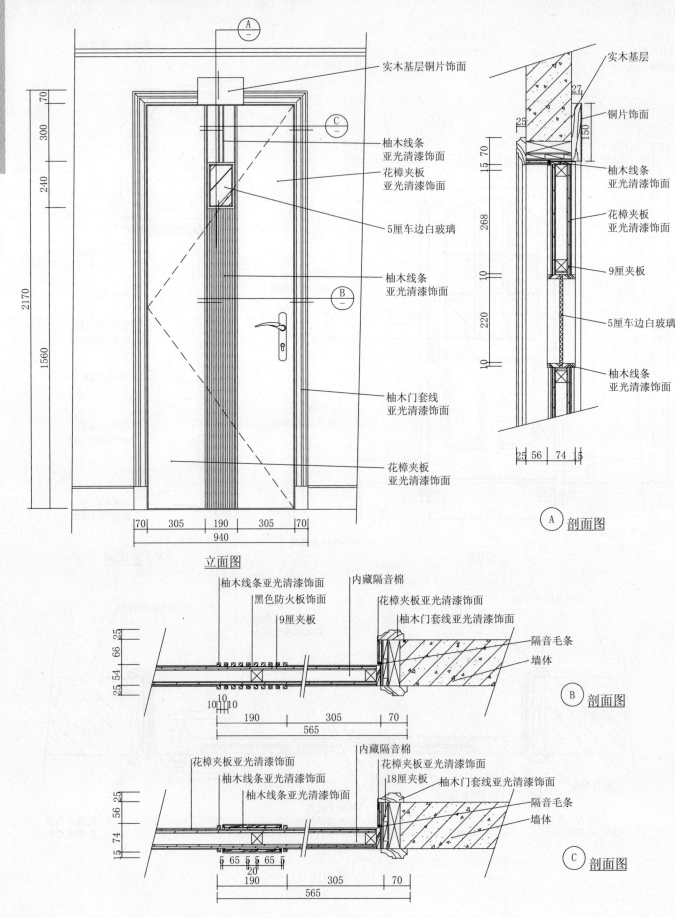

木门窗详图

实木基层铜片饰面

柚木线条
亚光清漆饰面

花樟夹板
亚光清漆饰面

5厘车边白玻璃

柚木线条
亚光清漆饰面

柚木门套线
亚光清漆饰面

花樟夹板
亚光清漆饰面

立面图

实木基层

铜片饰面

柚木线条
亚光清漆饰面

花樟夹板
亚光清漆饰面

9厘夹板

5厘车边白玻璃

柚木线条
亚光清漆饰面

Ⓐ 剖面图

柚木线条亚光清漆饰面
黑色防火板饰面
9厘夹板

内藏隔音棉
花樟夹板亚光清漆饰面
柚木门套线亚光清漆饰面

隔音毛条
墙体

Ⓑ 剖面图

花樟夹板亚光清漆饰面
柚木线条亚光清漆饰面
柚木线条亚光清漆饰面

内藏隔音棉
花樟夹板亚光清漆饰面
18厘夹板
柚木门套线亚光清漆饰面

隔音毛条
墙体

Ⓒ 剖面图

▲017-花樟夹板（嵌柚木线条）门大样

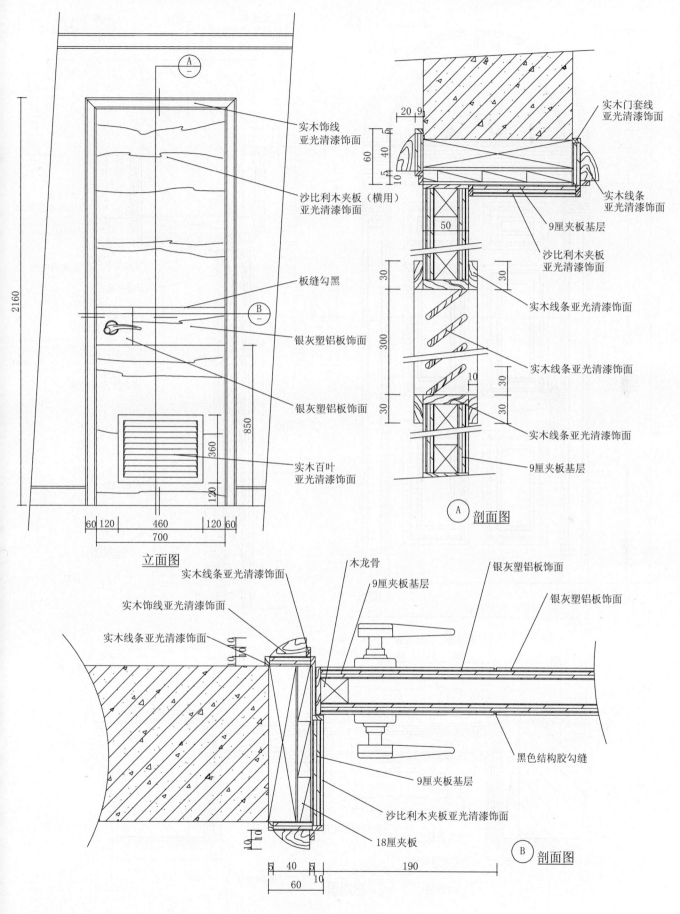

实木饰线
亚光清漆饰面

沙比利木夹板（横用）
亚光清漆饰面

板缝勾黑

银灰塑铝板饰面

银灰塑铝板饰面

实木百叶
亚光清漆饰面

实木门套线
亚光清漆饰面

实木线条
亚光清漆饰面

9厘夹板基层

沙比利木夹板
亚光清漆饰面

实木线条亚光清漆饰面

实木线条亚光清漆饰面

实木线条亚光清漆饰面

9厘夹板基层

立面图

Ⓐ 剖面图

木龙骨

9厘夹板基层

银灰塑铝板饰面

银灰塑铝板饰面

实木线条亚光清漆饰面

实木饰线亚光清漆饰面

实木线条亚光清漆饰面

黑色结构胶勾缝

9厘夹板基层

沙比利木夹板亚光清漆饰面

18厘夹板

Ⓑ 剖面图

▲018-沙比利木夹板（横用）门大样

木门窗详图

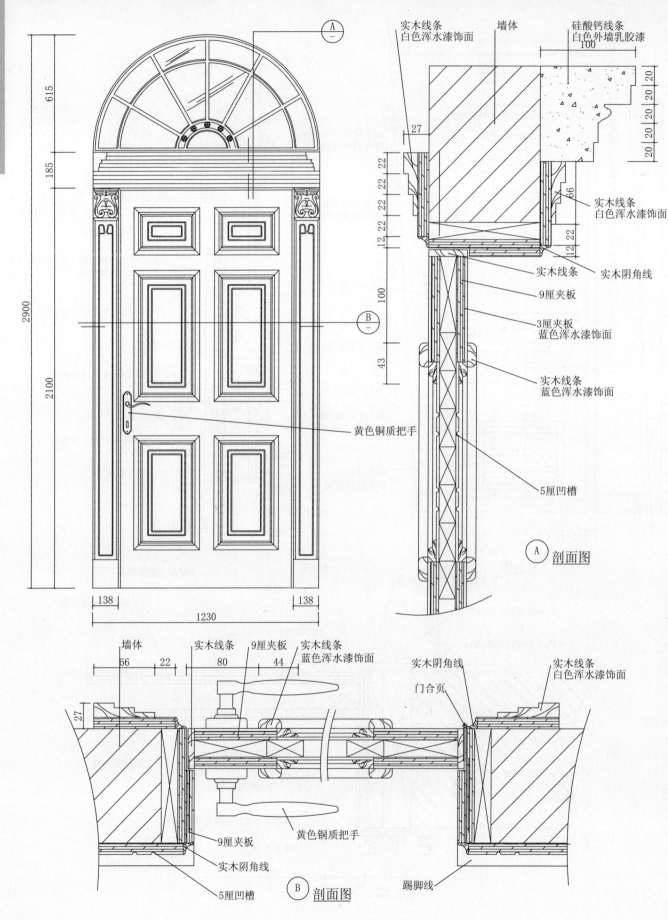

实木线条
白色浑水漆饰面　　墙体　　硅酸钙线条
白色外墙乳胶漆

100

20 20

20 20 20 20

27

22 22

22 22

22 22

66

12 22

12 22

实木线条
白色浑水漆饰面

实木线条　实木阴角线

9厘夹板

3厘夹板
蓝色浑水漆饰面

100

43

实木线条
蓝色浑水漆饰面

5厘凹槽

Ⓐ 剖面图

615

185

2900

2100

黄色铜质把手

138　　　　1230　　　　138

墙体　　实木线条　9厘夹板　实木线条
蓝色浑水漆饰面　　实木阴角线　　　实木线条
白色浑水漆饰面

66　22　　80　　44　　　　门合页

27

9厘夹板

实木阴角线

5厘凹槽

黄色铜质把手

踢脚线

Ⓑ 剖面图

▲019-实木雕花（带亮子）门大样

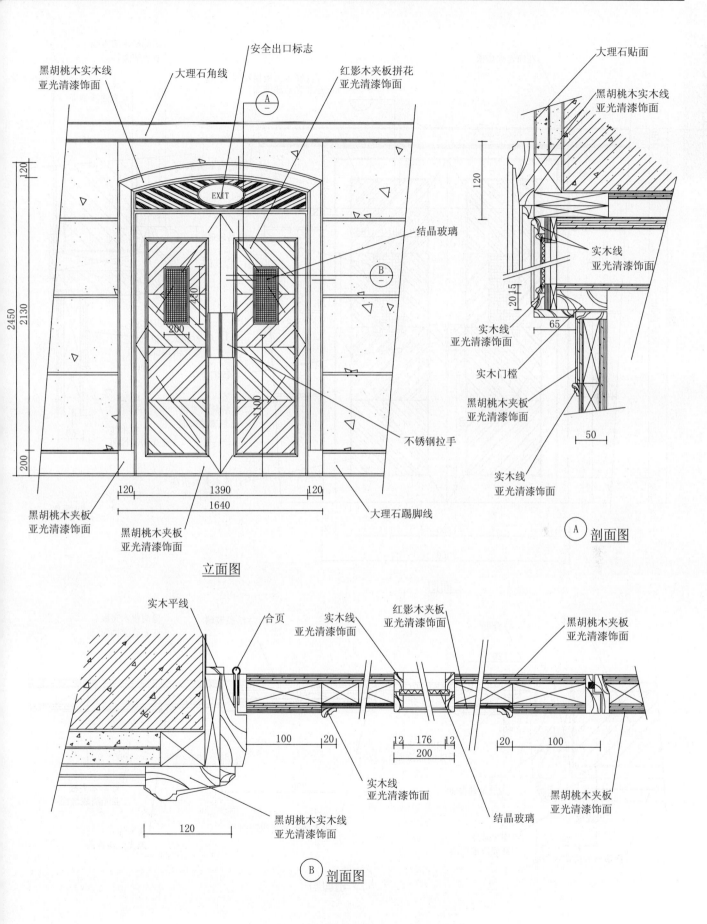

黑胡桃木实木线
亚光清漆饰面

大理石角线

安全出口标志

红影木夹板拼花
亚光清漆饰面

大理石贴面

黑胡桃木实木线
亚光清漆饰面

结晶玻璃

EXIT

实木线
亚光清漆饰面

实木线
亚光清漆饰面

实木门樘

黑胡桃木夹板
亚光清漆饰面

实木线
亚光清漆饰面

不锈钢拉手

大理石踢脚线

黑胡桃木夹板
亚光清漆饰面

黑胡桃木夹板
亚光清漆饰面

立面图

Ⓐ 剖面图

实木平线

合页

实木线
亚光清漆饰面

红影木夹板
亚光清漆饰面

黑胡桃木夹板
亚光清漆饰面

实木线
亚光清漆饰面

结晶玻璃

黑胡桃木夹板
亚光清漆饰面

黑胡桃木实木线
亚光清漆饰面

Ⓑ 剖面图

▲020-双开—黑胡桃木和红影木门大样1

木
门
窗
详
图

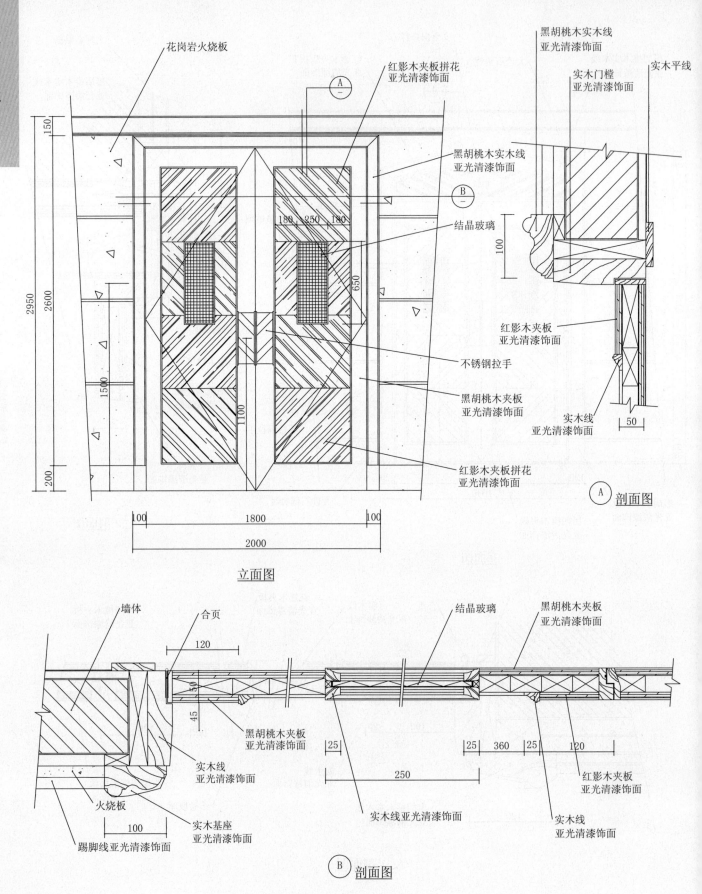

花岗岩火烧板

红影木夹板拼花
亚光清漆饰面

黑胡桃木实木线
亚光清漆饰面

黑胡桃木实木线
亚光清漆饰面

实木门槛
亚光清漆饰面

实木平线

结晶玻璃

红影木夹板
亚光清漆饰面

不锈钢拉手

黑胡桃木夹板
亚光清漆饰面

实木线
亚光清漆饰面

红影木夹板拼花
亚光清漆饰面

Ⓐ 剖面图

150　2600　2950　200　1500　1100

180　250　180

650

100

100　1800　100

2000

立面图

墙体

合页

结晶玻璃

黑胡桃木夹板
亚光清漆饰面

120

黑胡桃木夹板
亚光清漆饰面

实木线
亚光清漆饰面

火烧板

实木基座
亚光清漆饰面

实木线亚光清漆饰面

红影木夹板
亚光清漆饰面

实木线
亚光清漆饰面

100

踢脚线亚光清漆饰面

45　50

25　25　360　25　120

250

Ⓑ 剖面图

▲021-双开-黑胡桃木和红影木门大样2

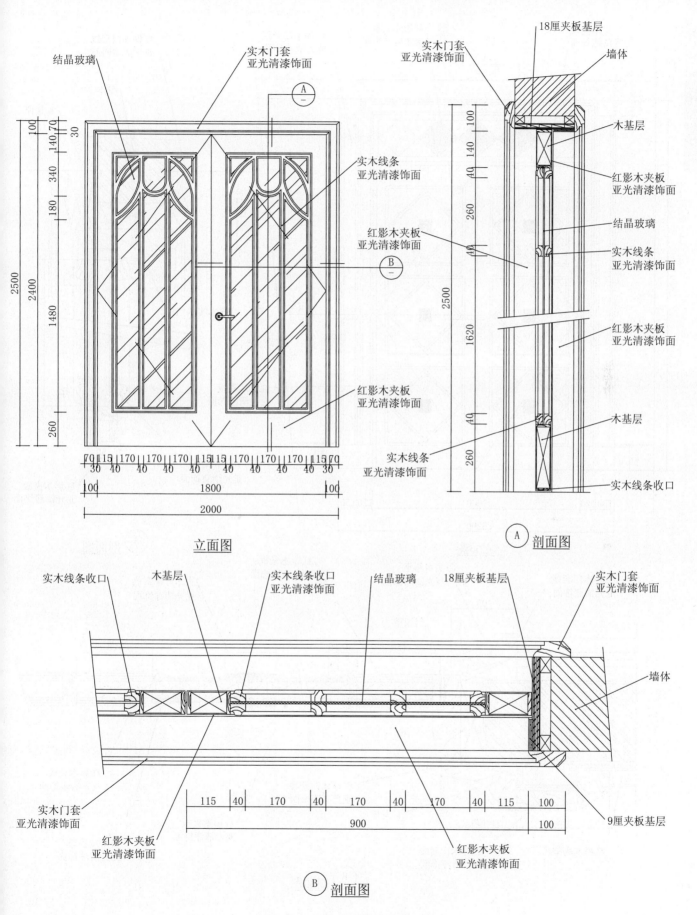

结晶玻璃

实木门套
亚光清漆饰面

实木门套
亚光清漆饰面

18厘夹板基层

墙体

木基层

红影木夹板
亚光清漆饰面

结晶玻璃

实木线条
亚光清漆饰面

实木线条
亚光清漆饰面

红影木夹板
亚光清漆饰面

红影木夹板
亚光清漆饰面

红影木夹板
亚光清漆饰面

实木线条
亚光清漆饰面

木基层

实木线条收口

立面图

Ⓐ 剖面图

实木线条收口

木基层

实木线条收口
亚光清漆饰面

结晶玻璃

18厘夹板基层

实木门套
亚光清漆饰面

墙体

实木门套
亚光清漆饰面

红影木夹板
亚光清漆饰面

红影木夹板
亚光清漆饰面

9厘夹板基层

Ⓑ 剖面图

▲022-双开—红影木（嵌结晶玻璃）门大样

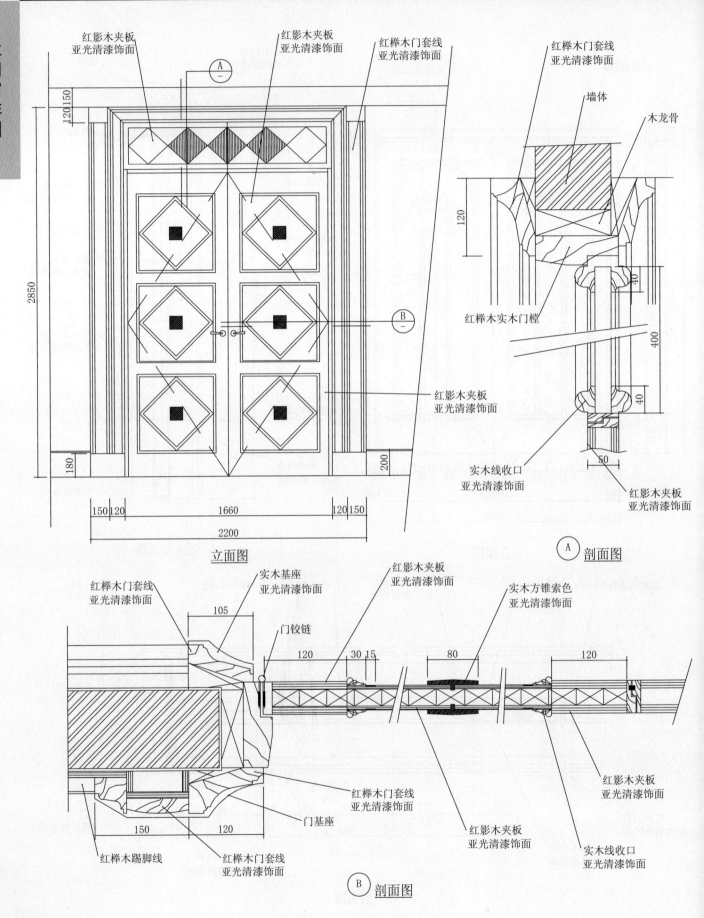

红影木夹板
亚光清漆饰面

红影木夹板
亚光清漆饰面

红榉木门套线
亚光清漆饰面

红榉木门套线
亚光清漆饰面

墙体

木龙骨

2850

120 150

180

200

红榉木实木门樘

红影木夹板
亚光清漆饰面

实木线收口
亚光清漆饰面

红影木夹板
亚光清漆饰面

120

400

40

40

50

150 120　　1660　　120 150

2200

立面图

Ⓐ 剖面图

红榉木门套线
亚光清漆饰面

实木基座
亚光清漆饰面

红影木夹板
亚光清漆饰面

实木方锥索色
亚光清漆饰面

105

门铰链

120

30 15

80

120

红榉木门套线
亚光清漆饰面

门基座

150　　120

红榉木踢脚线

红影木夹板
亚光清漆饰面

红影木夹板
亚光清漆饰面

实木线收口
亚光清漆饰面

Ⓑ 剖面图

▲023-双开－红影木和红榉木门大样

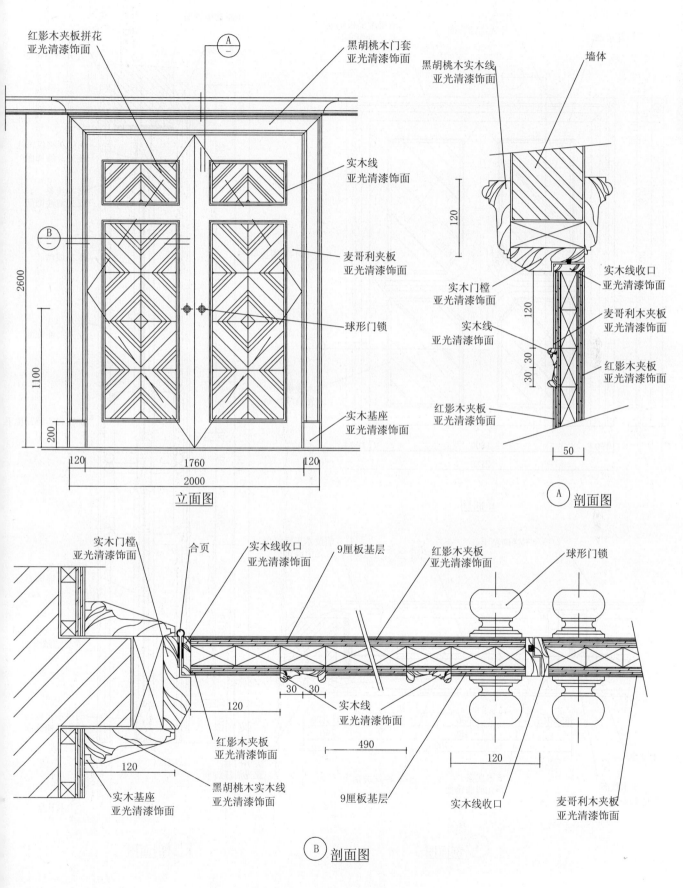

红影木夹板拼花
亚光清漆饰面

黑胡桃木门套
亚光清漆饰面

黑胡桃木实木线
亚光清漆饰面

墙体

实木线
亚光清漆饰面

麦哥利夹板
亚光清漆饰面

球形门锁

实木基座
亚光清漆饰面

实木门樘
亚光清漆饰面

实木线
亚光清漆饰面

红影木夹板
亚光清漆饰面

实木线收口
亚光清漆饰面

麦哥利木夹板
亚光清漆饰面

红影木夹板
亚光清漆饰面

2600

1100

200

120   1760   120

2000

立面图

120

120

30 30

50

Ⓐ 剖面图

实木门樘
亚光清漆饰面

合页

实木线收口
亚光清漆饰面

9厘板基层

红影木夹板
亚光清漆饰面

球形门锁

30 30

120

490

120

实木线
亚光清漆饰面

红影木夹板
亚光清漆饰面

黑胡桃木实木线
亚光清漆饰面

9厘板基层

实木线收口

麦哥利木夹板
亚光清漆饰面

实木基座
亚光清漆饰面

Ⓑ 剖面图

▲024-双开—红影木和麦哥利夹板门大样

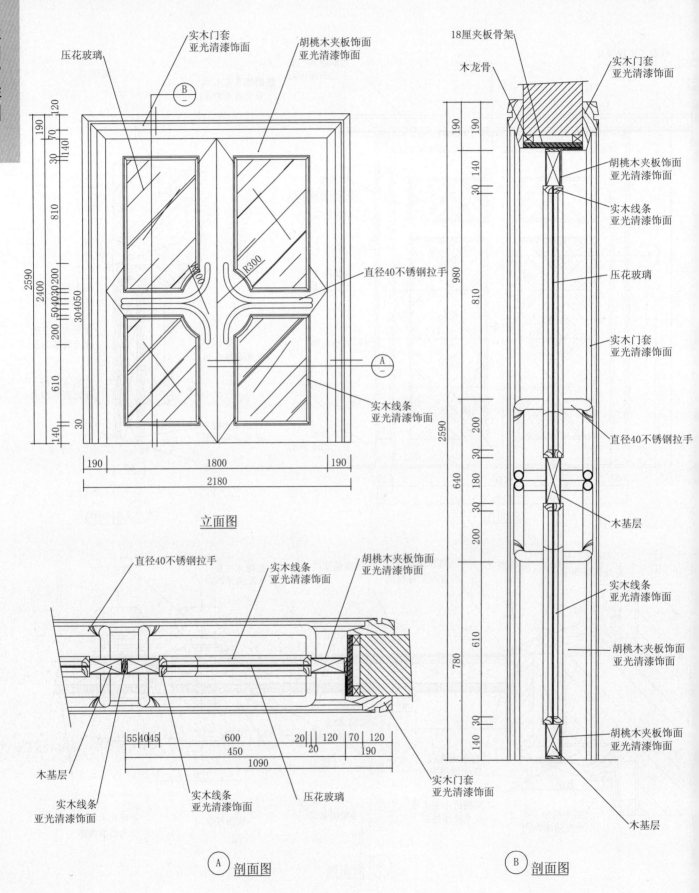

压花玻璃
实木门套
亚光清漆饰面
胡桃木夹板饰面
亚光清漆饰面

18厘夹板骨架
木龙骨
实木门套
亚光清漆饰面
胡桃木夹板饰面
亚光清漆饰面
实木线条
亚光清漆饰面
压花玻璃
实木门套
亚光清漆饰面
直径40不锈钢拉手
木基层
实木线条
亚光清漆饰面
胡桃木夹板饰面
亚光清漆饰面
胡桃木夹板饰面
亚光清漆饰面
木基层

直径40不锈钢拉手
实木线条
亚光清漆饰面

立面图

直径40不锈钢拉手
实木线条
亚光清漆饰面
胡桃木夹板饰面
亚光清漆饰面

木基层
实木线条
亚光清漆饰面
实木线条
亚光清漆饰面
压花玻璃
实木门套
亚光清漆饰面

Ⓐ 剖面图   Ⓑ 剖面图

▲025-双开一胡桃木（嵌压花玻璃）门大样

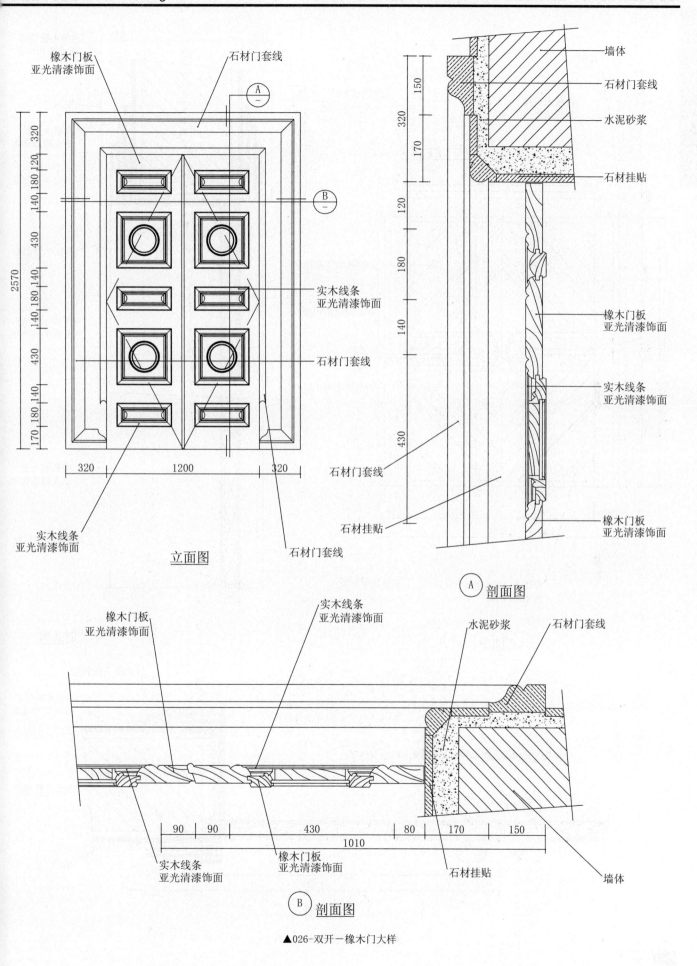

橡木门板
亚光清漆饰面

石材门套线

墙体

石材门套线

水泥砂浆

石材挂贴

实木线条
亚光清漆饰面

石材门套线

橡木门板
亚光清漆饰面

实木线条
亚光清漆饰面

320

140 180 120 140 180 140 430 170 180 140

2570

430

320

320 1200 320

实木线条
亚光清漆饰面

石材门套线

立面图

石材门套线

石材挂贴

橡木门板
亚光清漆饰面

A 剖面图

150 320 170 120 180 140 430

橡木门板
亚光清漆饰面

实木线条
亚光清漆饰面

水泥砂浆

石材门套线

实木线条
亚光清漆饰面

橡木门板
亚光清漆饰面

石材挂贴

墙体

90 90 430 80 170 150

1010

B 剖面图

▲026-双开－橡木门大样

木门窗详图

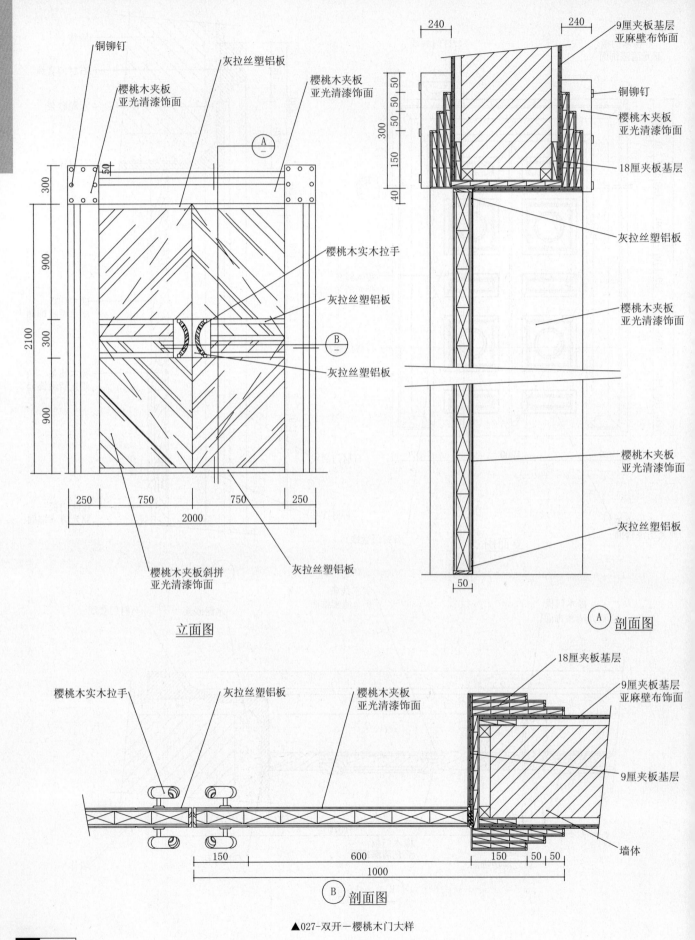

铜铆钉
灰拉丝塑铝板
樱桃木夹板亚光清漆饰面
樱桃木夹板亚光清漆饰面

9厘夹板基层亚麻壁布饰面
铜铆钉
樱桃木夹板亚光清漆饰面
18厘夹板基层
灰拉丝塑铝板
樱桃木夹板亚光清漆饰面

樱桃木实木拉手
灰拉丝塑铝板
灰拉丝塑铝板

樱桃木夹板亚光清漆饰面
灰拉丝塑铝板

樱桃木夹板斜拼亚光清漆饰面
灰拉丝塑铝板

立面图

Ⓐ 剖面图

18厘夹板基层
9厘夹板基层亚麻壁布饰面
9厘夹板基层
墙体

樱桃木实木拉手
灰拉丝塑铝板
樱桃木夹板亚光清漆饰面

Ⓑ 剖面图

▲027-双开一樱桃木门大样

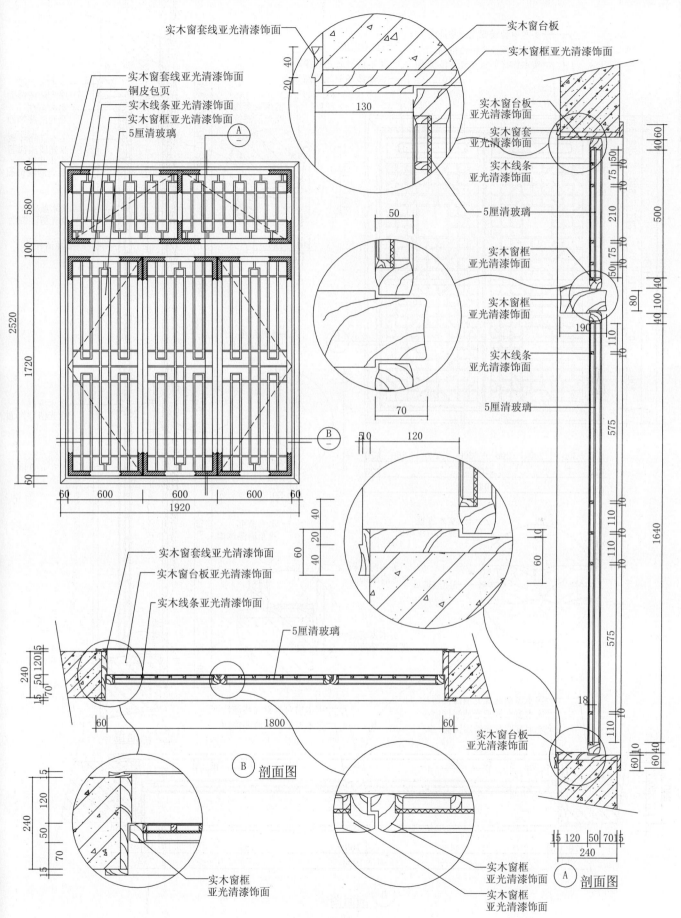

实木窗套线亚光清漆饰面
实木窗台板
实木窗框亚光清漆饰面

实木窗套线亚光清漆饰面
铜皮包页
实木线条亚光清漆饰面
实木窗框亚光清漆饰面
5厘清玻璃

实木窗台板
亚光清漆饰面
实木窗套
亚光清漆饰面
实木线条
亚光清漆饰面
5厘清玻璃

实木窗框
亚光清漆饰面
实木窗框
亚光清漆饰面
实木线条
亚光清漆饰面
5厘清玻璃

实木窗套线亚光清漆饰面
实木窗台板亚光清漆饰面
实木线条亚光清漆饰面
5厘清玻璃

实木窗台板
亚光清漆饰面

实木窗框
亚光清漆饰面

实木窗框
亚光清漆饰面
实木窗框
亚光清漆饰面

Ⓑ 剖面图

Ⓐ 剖面图

▲028-门窗剖立面图01

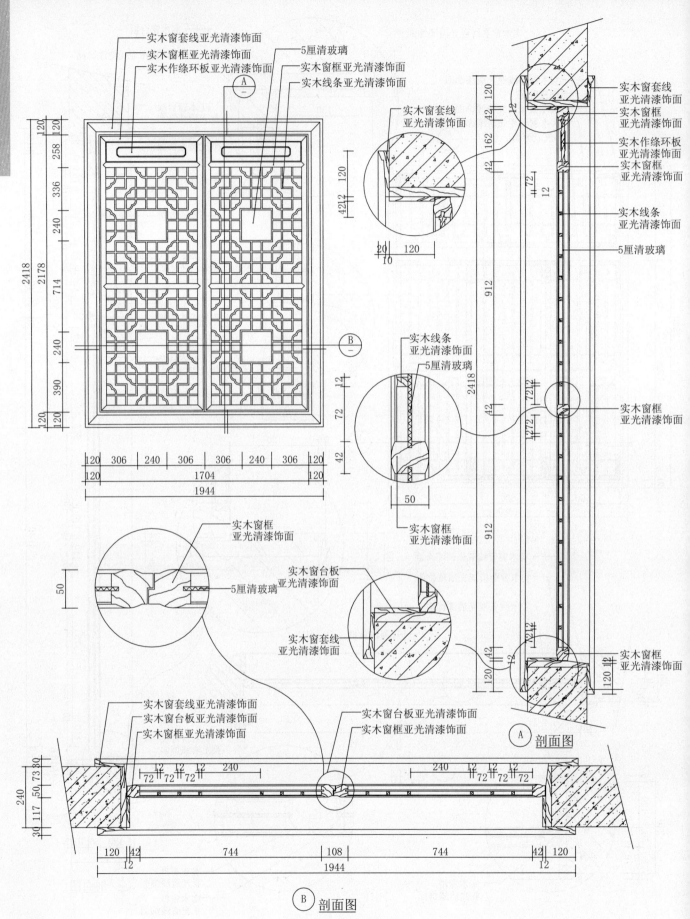

实木窗套线亚光清漆饰面
实木窗框亚光清漆饰面
实木作绦环板亚光清漆饰面
5厘清玻璃
实木窗框亚光清漆饰面
实木线条亚光清漆饰面
实木窗套线亚光清漆饰面

实木窗套线亚光清漆饰面
实木窗框亚光清漆饰面
实木作绦环板亚光清漆饰面
实木窗框亚光清漆饰面

实木线条亚光清漆饰面
5厘清玻璃

实木窗框亚光清漆饰面

实木线条亚光清漆饰面
5厘清玻璃

实木窗框亚光清漆饰面

实木窗框亚光清漆饰面

实木窗台板亚光清漆饰面

实木窗套线亚光清漆饰面

Ⓐ 剖面图

5厘清玻璃

实木窗套线亚光清漆饰面
实木窗台板亚光清漆饰面
实木窗框亚光清漆饰面

实木窗台板亚光清漆饰面
实木窗框亚光清漆饰面

Ⓑ 剖面图

▲029-门窗剖立面图02

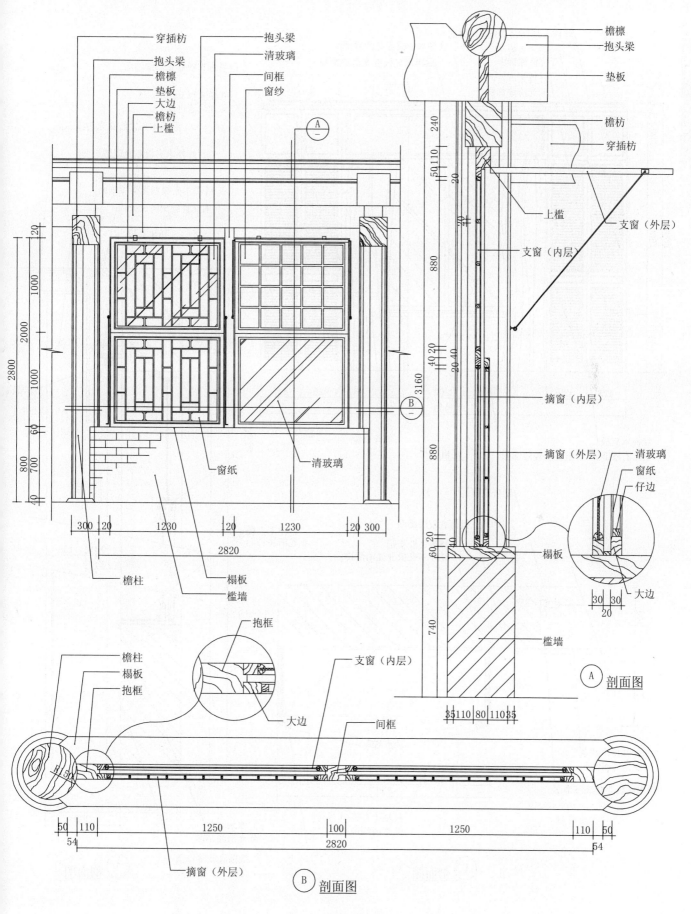

穿插枋
抱头梁
檐檩
垫板
大边
檐枋
上槛

抱头梁
清玻璃
间框
窗纱

檐檩
抱头梁
垫板

檐枋
穿插枋

上槛

支窗（外层）

支窗（内层）

摘窗（内层）

摘窗（外层）

清玻璃
窗纸
仔边

榻板

大边

窗纸
清玻璃

檐柱
榻板
槛墙

槛墙

Ⓐ 剖面图

抱框
檐柱
榻板
抱框

支窗（内层）

大边

间框

摘窗（外层）

Ⓑ 剖面图

▲030-门窗剖立面图03

木门窗详图

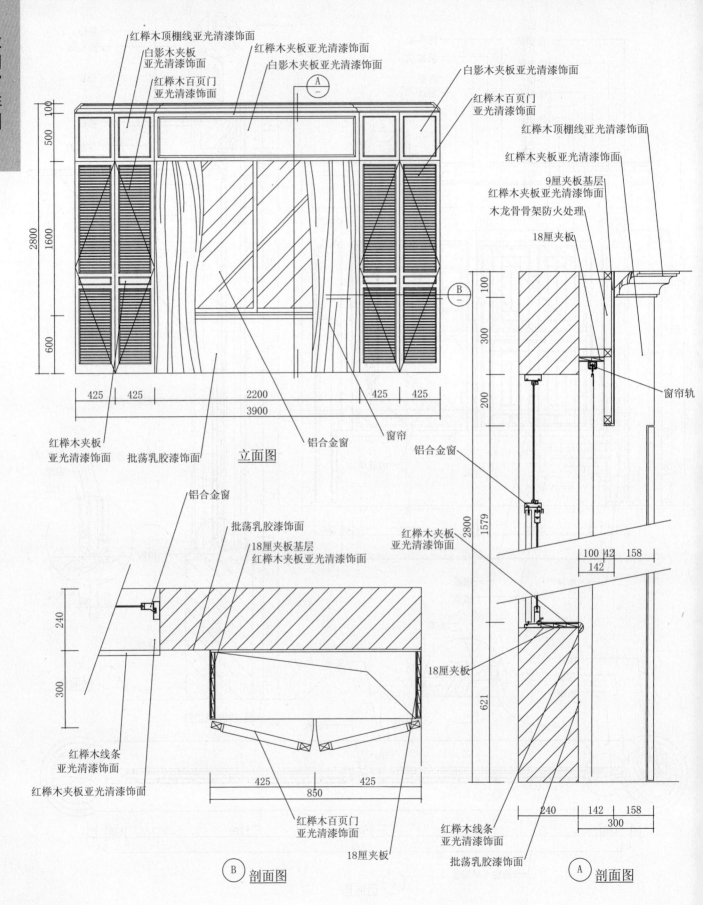

红榉木顶棚线亚光清漆饰面
白影木夹板亚光清漆饰面
红榉木夹板亚光清漆饰面
白影木夹板亚光清漆饰面

白影木夹板亚光清漆饰面
红榉木百页门亚光清漆饰面
红榉木顶棚线亚光清漆饰面
红榉木夹板亚光清漆饰面
9厘夹板基层
红榉木夹板亚光清漆饰面
木龙骨骨架防火处理
18厘夹板

红榉木夹板亚光清漆饰面
红榉木百页门亚光清漆饰面

100   500   2800   1600   600

425   425   2200   425   425
3900

立面图

红榉木夹板亚光清漆饰面
批荡乳胶漆饰面
铝合金窗
窗帘

窗帘轨
铝合金窗
红榉木夹板亚光清漆饰面

100   300   200   2800   1579   621

100   42   158
142

240   142   158
300

铝合金窗
批荡乳胶漆饰面
18厘夹板基层
红榉木夹板亚光清漆饰面

240   300

红榉木线条亚光清漆饰面
红榉木夹板亚光清漆饰面

425   425
850

18厘夹板

红榉木百页门亚光清漆饰面

18厘夹板

红榉木线条亚光清漆饰面
批荡乳胶漆饰面

B 剖面图

A 剖面图

▲031-门窗剖立面图04

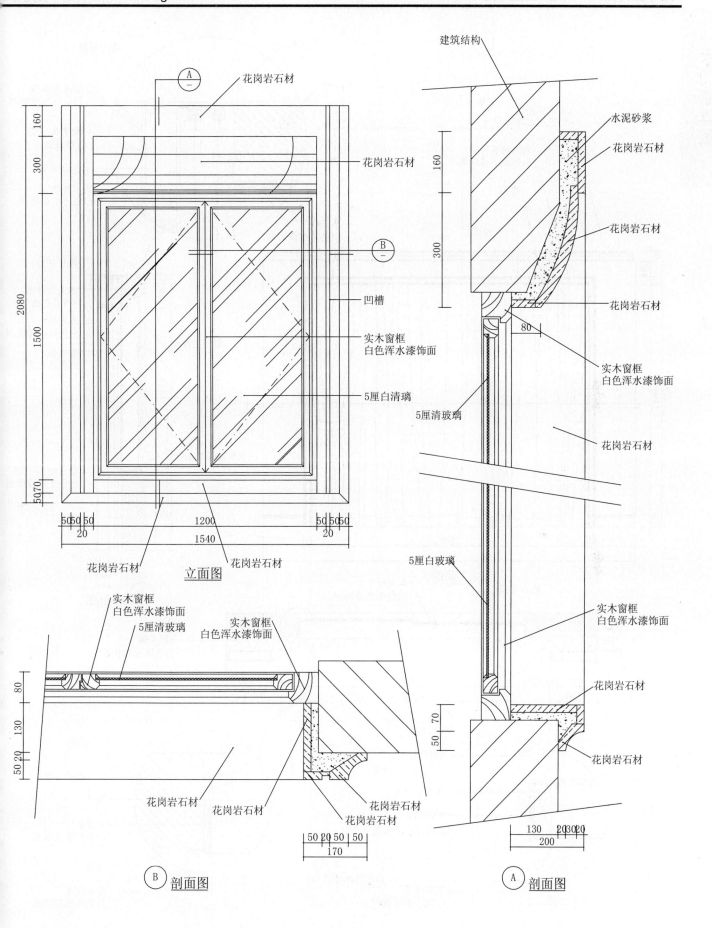

花岗岩石材

花岗岩石材

花岗岩石材

凹槽

实木窗框
白色浑水漆饰面

5厘白清璃

花岗岩石材　花岗岩石材

立面图

建筑结构

水泥砂浆

花岗岩石材

花岗岩石材

花岗岩石材

实木窗框
白色浑水漆饰面

5厘清玻璃

花岗岩石材

5厘白玻璃

实木窗框
白色浑水漆饰面

花岗岩石材

花岗岩石材

实木窗框
白色浑水漆饰面
5厘清玻璃

实木窗框
白色浑水漆饰面

花岗岩石材　　花岗岩石材

花岗岩石材
花岗岩石材

Ⓑ 剖面图

Ⓐ 剖面图

▲032-门窗剖立面图05

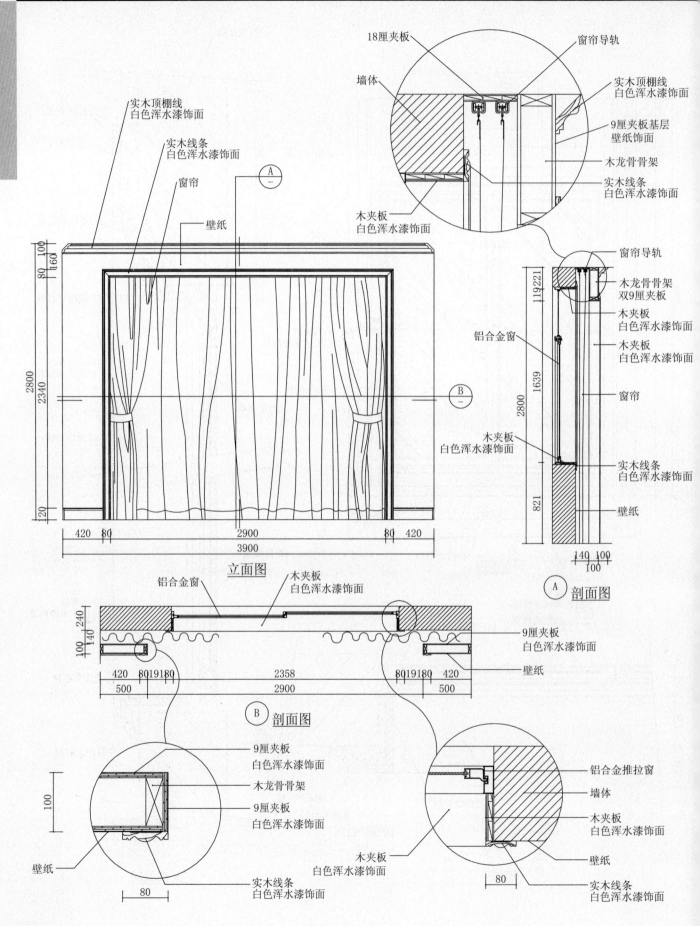

18厘夹板

窗帘导轨

墙体

实木顶棚线
白色浑水漆饰面

9厘夹板基层
壁纸饰面

木龙骨骨架

实木线条
白色浑水漆饰面

木夹板
白色浑水漆饰面

实木顶棚线
白色浑水漆饰面

实木线条
白色浑水漆饰面

窗帘

壁纸

窗帘导轨

木龙骨骨架
双9厘夹板

木夹板
白色浑水漆饰面

木夹板
白色浑水漆饰面

铝合金窗

窗帘

木夹板
白色浑水漆饰面

实木线条
白色浑水漆饰面

壁纸

立面图

A 剖面图

铝合金窗

木夹板
白色浑水漆饰面

9厘夹板
白色浑水漆饰面

壁纸

B 剖面图

9厘夹板
白色浑水漆饰面

木龙骨骨架

9厘夹板
白色浑水漆饰面

壁纸

实木线条
白色浑水漆饰面

木夹板
白色浑水漆饰面

铝合金推拉窗

墙体

木夹板
白色浑水漆饰面

壁纸

实木线条
白色浑水漆饰面

▲033-门窗剖立面图06

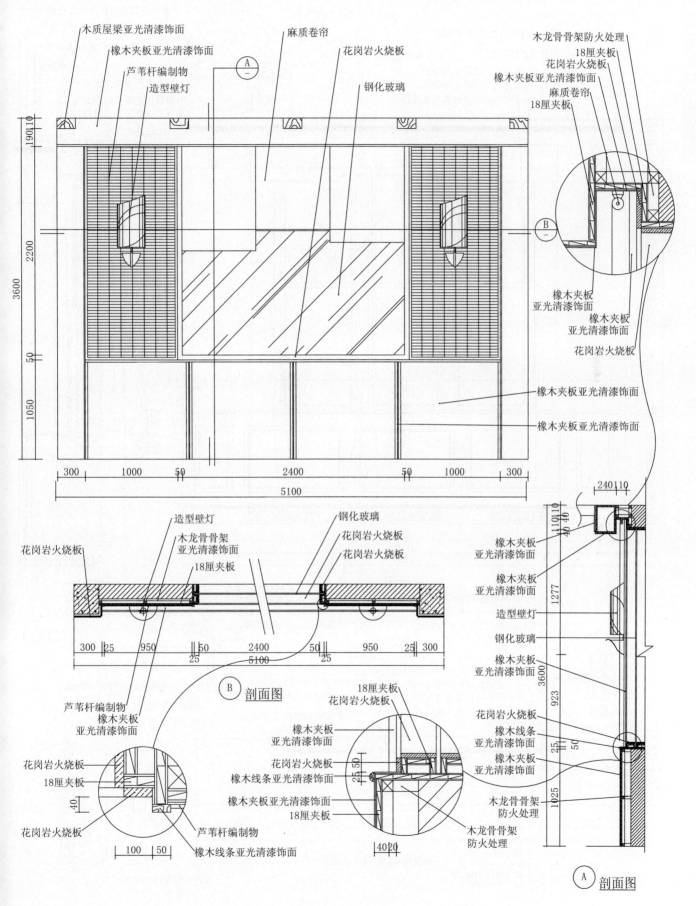

木质屋梁亚光清漆饰面
橡木夹板亚光清漆饰面
芦苇杆编制物
造型壁灯
麻质卷帘
花岗岩火烧板
钢化玻璃

木龙骨骨架防火处理
18厘夹板
花岗岩火烧板
橡木夹板亚光清漆饰面
麻质卷帘
18厘夹板

橡木夹板亚光清漆饰面
橡木夹板亚光清漆饰面
花岗岩火烧板

橡木夹板亚光清漆饰面
橡木夹板亚光清漆饰面

造型壁灯
木龙骨骨架亚光清漆饰面
18厘夹板
钢化玻璃
花岗岩火烧板
花岗岩火烧板

花岗岩火烧板

芦苇杆编制物
橡木夹板亚光清漆饰面

花岗岩火烧板
18厘夹板
花岗岩火烧板
橡木线条亚光清漆饰面

18厘夹板
花岗岩火烧板
橡木夹板亚光清漆饰面
花岗岩火烧板
橡木线条亚光清漆饰面
橡木夹板亚光清漆饰面
18厘夹板

橡木夹板亚光清漆饰面
橡木夹板亚光清漆饰面
造型壁灯
钢化玻璃
橡木夹板亚光清漆饰面
花岗岩火烧板
橡木线条亚光清漆饰面
橡木夹板亚光清漆饰面
木龙骨骨架防火处理

木龙骨骨架防火处理

B 剖面图

A 剖面图

▲034-门窗剖立面图07

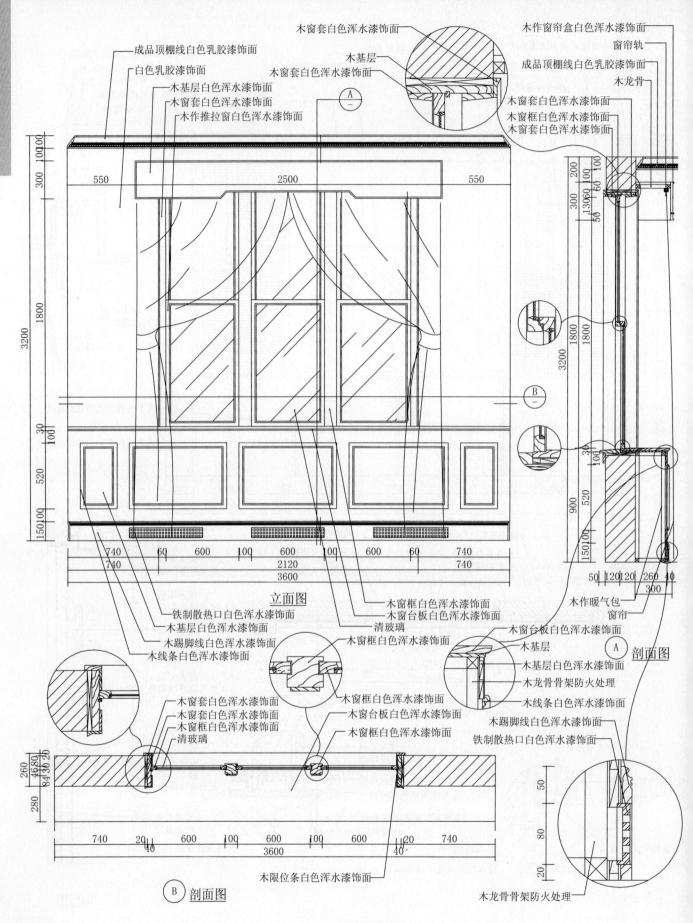

成品顶棚线白色乳胶漆饰面
白色乳胶漆饰面
木基层白色浑水漆饰面
木窗套白色浑水漆饰面
木作推拉窗白色浑水漆饰面
木窗套白色浑水漆饰面
木基层
木窗套白色浑水漆饰面

木作窗帘盒白色浑水漆饰面
窗帘轨
成品顶棚线白色乳胶漆饰面
木龙骨
木窗套白色浑水漆饰面
木窗框白色浑水漆饰面
木窗套白色浑水漆饰面

立面图

铁制散热口白色浑水漆饰面
木基层白色浑水漆饰面
木踢脚线白色浑水漆饰面
木线条白色浑水漆饰面

木窗框白色浑水漆饰面
木窗台板白色浑水漆饰面
清玻璃

木窗框白色浑水漆饰面

木作暖气包
窗帘
木窗台板白色浑水漆饰面
木基层
木基层白色浑水漆饰面
木龙骨骨架防火处理
木线条白色浑水漆饰面
木踢脚线白色浑水漆饰面
铁制散热口白色浑水漆饰面

Ⓐ 剖面图

木窗套白色浑水漆饰面
木窗套白色浑水漆饰面
木窗框白色浑水漆饰面
清玻璃

木窗台板白色浑水漆饰面
木窗框白色浑水漆饰面

木限位条白色浑水漆饰面

Ⓑ 剖面图

木龙骨骨架防火处理

▲ 035-门窗剖立面图08

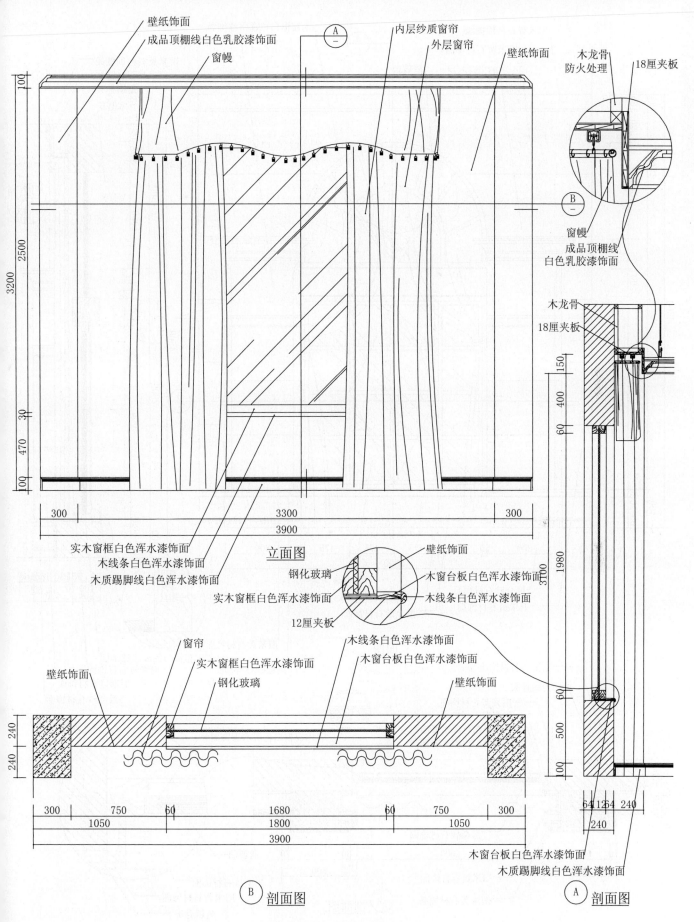

壁纸饰面
成品顶棚线白色乳胶漆饰面
窗幔
内层纱质窗帘
外层窗帘
壁纸饰面
木龙骨
防火处理
18厘夹板

Ⓐ

Ⓑ

窗幔
成品顶棚线
白色乳胶漆饰面

木龙骨
18厘夹板

实木窗框白色浑水漆饰面
木线条白色浑水漆饰面
木质踢脚线白色浑水漆饰面

立面图

钢化玻璃
实木窗框白色浑水漆饰面
12厘夹板
壁纸饰面
木窗台板白色浑水漆饰面
木线条白色浑水漆饰面

木线条白色浑水漆饰面
木窗台板白色浑水漆饰面

窗帘
实木窗框白色浑水漆饰面
钢化玻璃
壁纸饰面
壁纸饰面

300 750 60 1680 60 750 300
1050 1800 1050
3900

300 3300 300
3900

Ⓑ 剖面图

Ⓐ 剖面图

木窗台板白色浑水漆饰面
木质踢脚线白色浑水漆饰面

▲036-门窗剖立面图09

木门窗详图

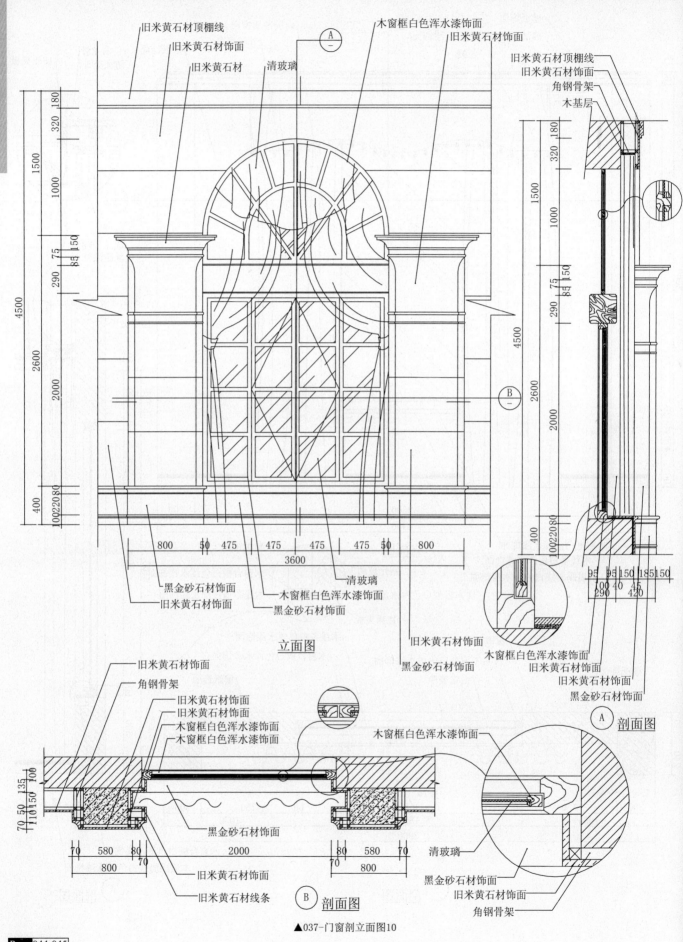

旧米黄石材顶棚线
旧米黄石材饰面
旧米黄石材
清玻璃
木窗框白色浑水漆饰面
旧米黄石材饰面

旧米黄石材顶棚线
旧米黄石材饰面
角钢骨架
木基层

黑金砂石材饰面
旧米黄石材饰面
清玻璃
木窗框白色浑水漆饰面
黑金砂石材饰面

旧米黄石材饰面
木窗框白色浑水漆饰面
旧米黄石材饰面
旧米黄石材饰面
黑金砂石材饰面

立面图

旧米黄石材饰面
角钢骨架
旧米黄石材饰面
旧米黄石材饰面
木窗框白色浑水漆饰面
木窗框白色浑水漆饰面

木窗框白色浑水漆饰面

黑金砂石材饰面

旧米黄石材饰面
旧米黄石材线条

清玻璃

黑金砂石材饰面
旧米黄石材饰面
角钢骨架

A 剖面图

B 剖面图

▲037-门窗剖立面图10

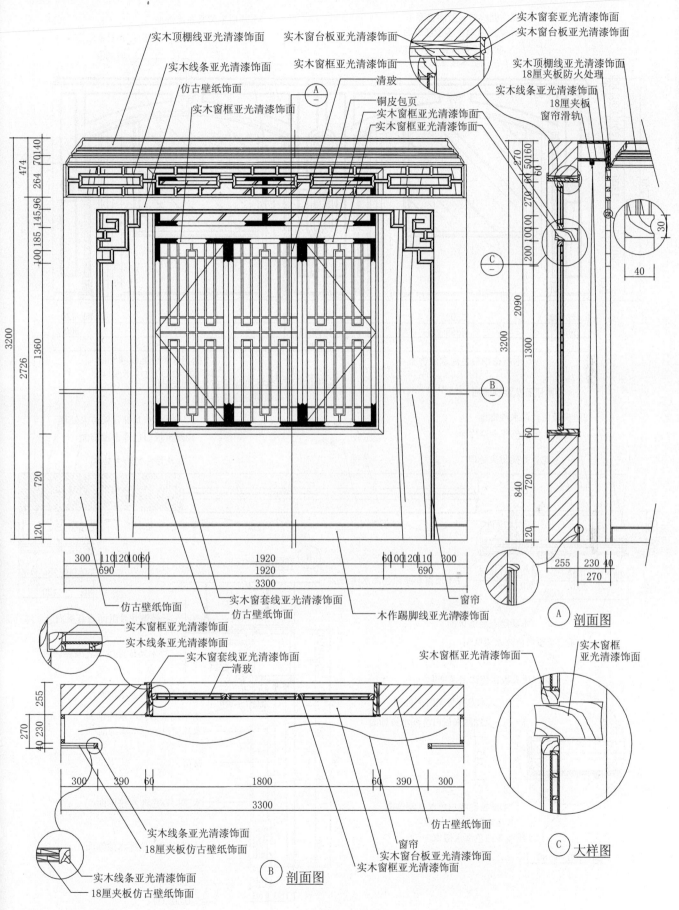

▲038-门窗剖立面图11

木门窗详图

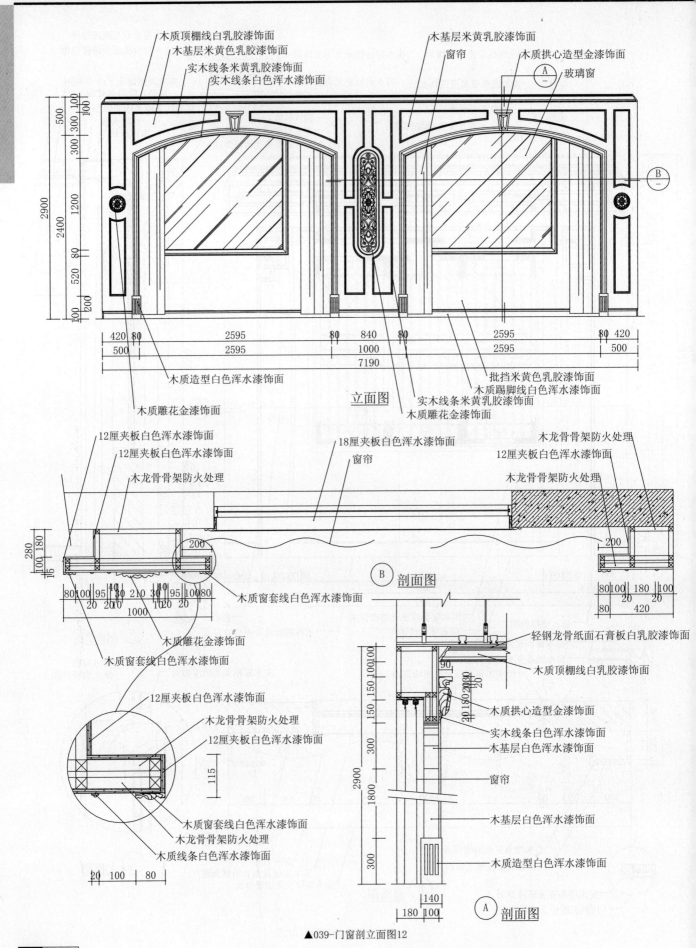

木质顶棚线白乳胶漆饰面
木基层米黄色乳胶漆饰面
实木线条米黄乳胶漆饰面
实木线条白色浑水漆饰面

木基层米黄乳胶漆饰面
窗帘
木质拱心造型金漆饰面
玻璃窗

木质造型白色浑水漆饰面
木质雕花金漆饰面

批挡米黄色乳胶漆饰面
木质踢脚线白色浑水漆饰面
实木线条米黄乳胶漆饰面
木质雕花金漆饰面

立面图

12厘夹板白色浑水漆饰面
12厘夹板白色浑水漆饰面
木龙骨骨架防火处理

18厘夹板白色浑水漆饰面
窗帘

木龙骨骨架防火处理
12厘夹板白色浑水漆饰面
木龙骨骨架防火处理

木质窗套线白色浑水漆饰面
木质雕花金漆饰面
木质窗套线白色浑水漆饰面

B　剖面图

轻钢龙骨纸面石膏板白乳胶漆饰面
木质顶棚线白乳胶漆饰面
木质拱心造型金漆饰面
实木线条白色浑水漆饰面
木基层白色浑水漆饰面
窗帘
木基层白色浑水漆饰面

12厘夹板白色浑水漆饰面
木龙骨骨架防火处理
12厘夹板白色浑水漆饰面

木质窗套线白色浑水漆饰面
木龙骨骨架防火处理
木质线条白色浑水漆饰面

木质造型白色浑水漆饰面

A　剖面图

▲039-门窗剖立面图12

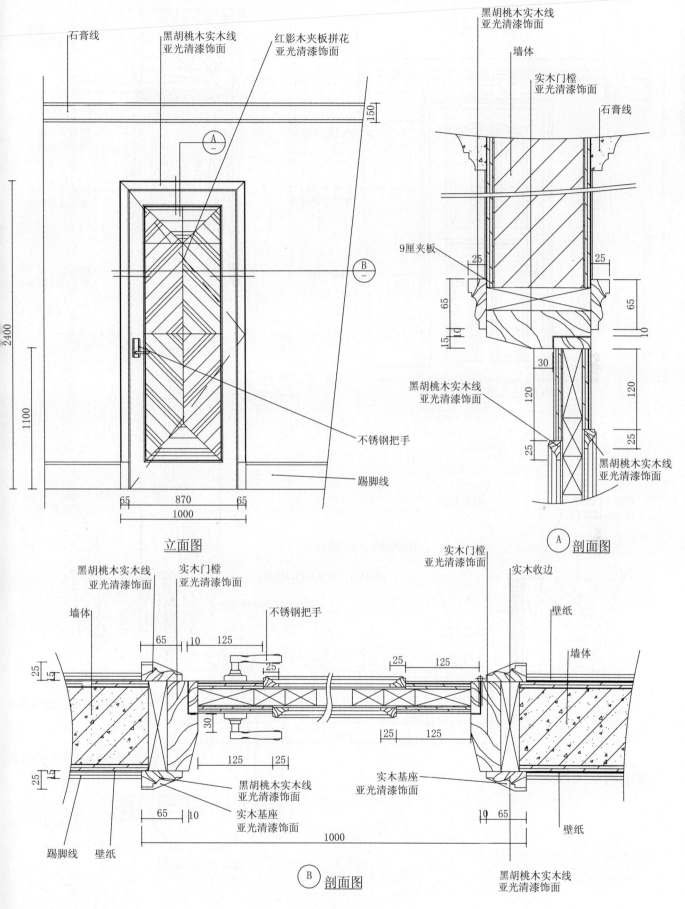

石膏线

黑胡桃木实木线
亚光清漆饰面

红影木夹板拼花
亚光清漆饰面

黑胡桃木实木线
亚光清漆饰面

墙体

实木门樘
亚光清漆饰面

石膏线

9厘夹板

黑胡桃木实木线
亚光清漆饰面

黑胡桃木实木线
亚光清漆饰面

不锈钢把手

踢脚线

150

2400

1100

65 870 65
1000

立面图

Ⓐ 剖面图

25 25 65 65 10 15 30 120 25

黑胡桃木实木线
亚光清漆饰面

实木门樘
亚光清漆饰面

不锈钢把手

实木门樘
亚光清漆饰面

实木收边

墙体

壁纸

墙体

墙体

65 10 125

25

30

25

25

5

125 25

65 10

25 125

25 125

实木基座
亚光清漆饰面

黑胡桃木实木线
亚光清漆饰面

实木基座
亚光清漆饰面

壁纸

踢脚线 壁纸

黑胡桃木实木线
亚光清漆饰面

10 65

壁纸

1000

Ⓑ 剖面图

黑胡桃木实木线
亚光清漆饰面

▲040-门大样图01

木门窗详图

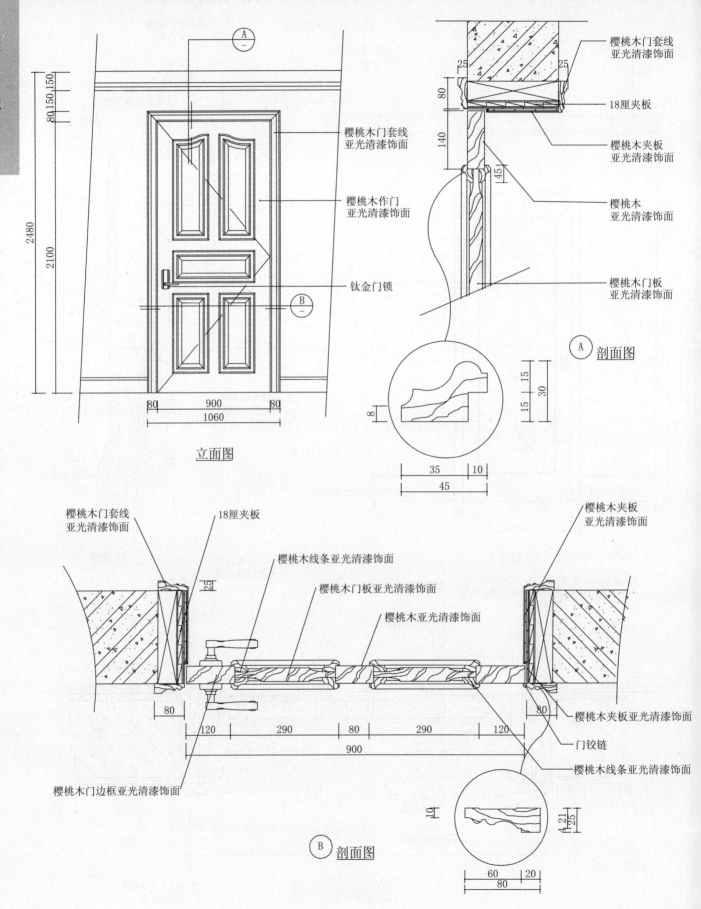

樱桃木门套线
亚光清漆饰面

樱桃木作门
亚光清漆饰面

钛金门锁

樱桃木门套线
亚光清漆饰面

18厘夹板

樱桃木夹板
亚光清漆饰面

樱桃木
亚光清漆饰面

樱桃木门板
亚光清漆饰面

立面图

A 剖面图

80 150 150

2480
2100

80 900 80
1060

25 25
80
140
45

8 15 15 15 30
35 10
45

樱桃木门套线
亚光清漆饰面

18厘夹板

樱桃木线条亚光清漆饰面

樱桃木门板亚光清漆饰面

樱桃木亚光清漆饰面

樱桃木夹板
亚光清漆饰面

樱桃木夹板亚光清漆饰面

门铰链

樱桃木线条亚光清漆饰面

樱桃木门边框亚光清漆饰面

B 剖面图

80 120 290 80 290 120 80
900

60 20
80
25

▲041-门大样图02

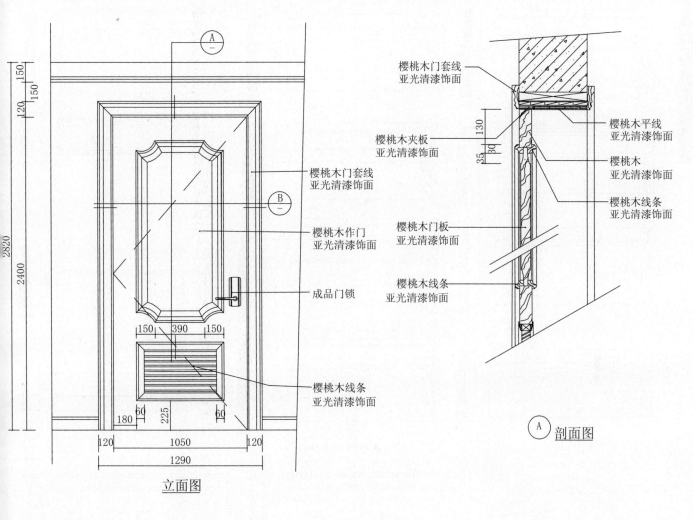

樱桃木门套线
亚光清漆饰面

樱桃木夹板
亚光清漆饰面

樱桃木门板
亚光清漆饰面

樱桃木线条
亚光清漆饰面

樱桃木平线
亚光清漆饰面

樱桃木
亚光清漆饰面

樱桃木线条
亚光清漆饰面

樱桃木门套线
亚光清漆饰面

樱桃木作门
亚光清漆饰面

成品门锁

樱桃木线条
亚光清漆饰面

立面图

Ⓐ 剖面图

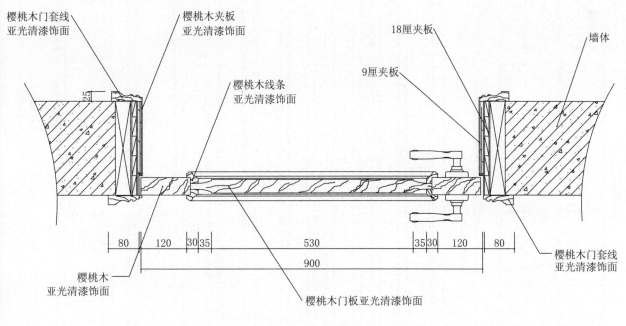

樱桃木门套线
亚光清漆饰面

樱桃木夹板
亚光清漆饰面

樱桃木线条
亚光清漆饰面

18厘夹板

墙体

9厘夹板

樱桃木门套线
亚光清漆饰面

樱桃木
亚光清漆饰面

樱桃木门板亚光清漆饰面

Ⓑ 剖面图

木门窗详图

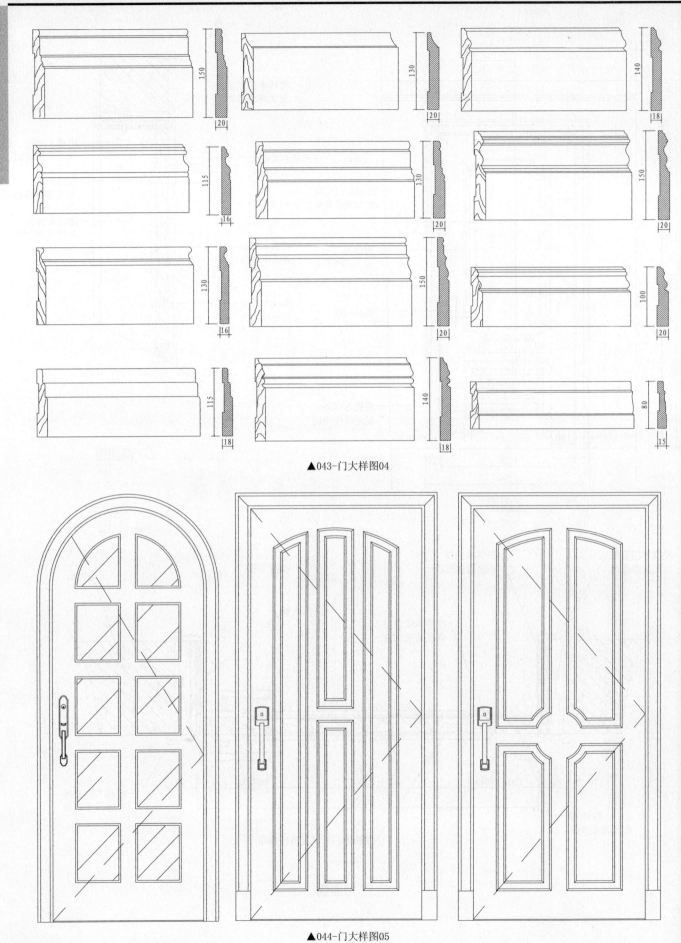

▲043-门大样图04

▲044-门大样图05

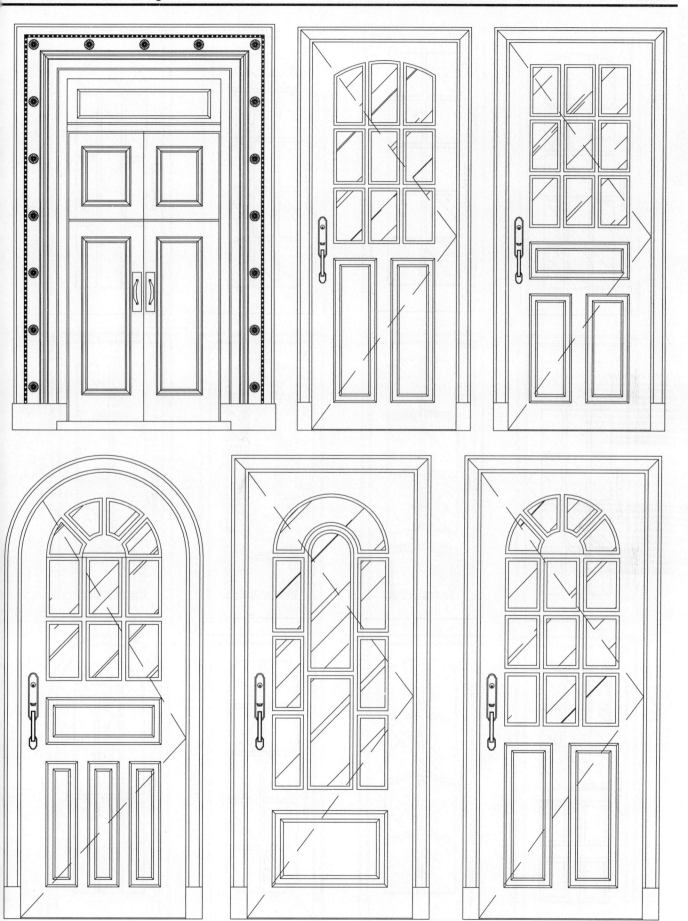

▲045-门大样图06

木门窗详图

▲046-门大样图07

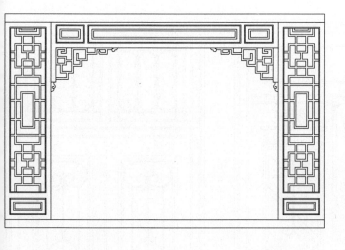

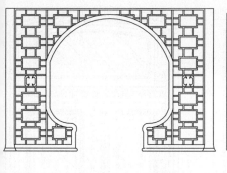
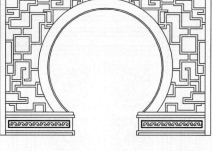
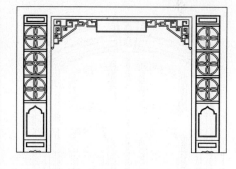

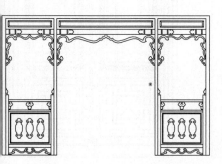

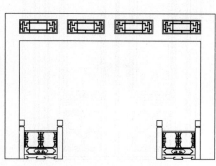

▲047-门大样图08

木门窗详图

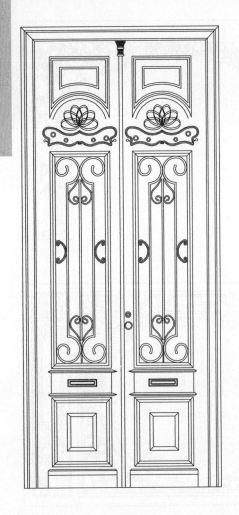

▲048-门大样图09

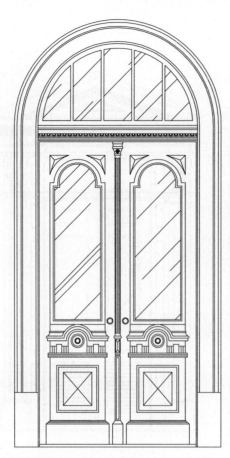
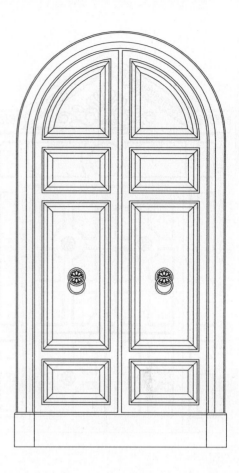

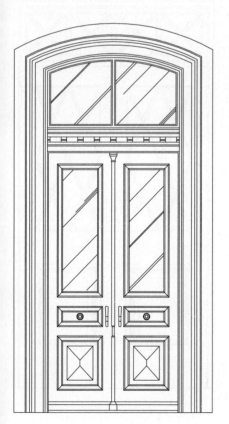
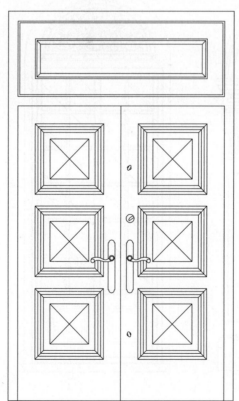
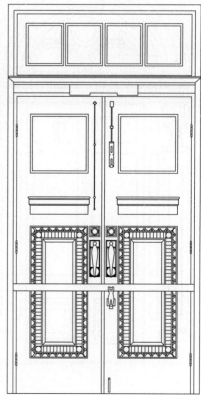

▲049-门大样图10

本页解压密码:58998364

木门窗详图

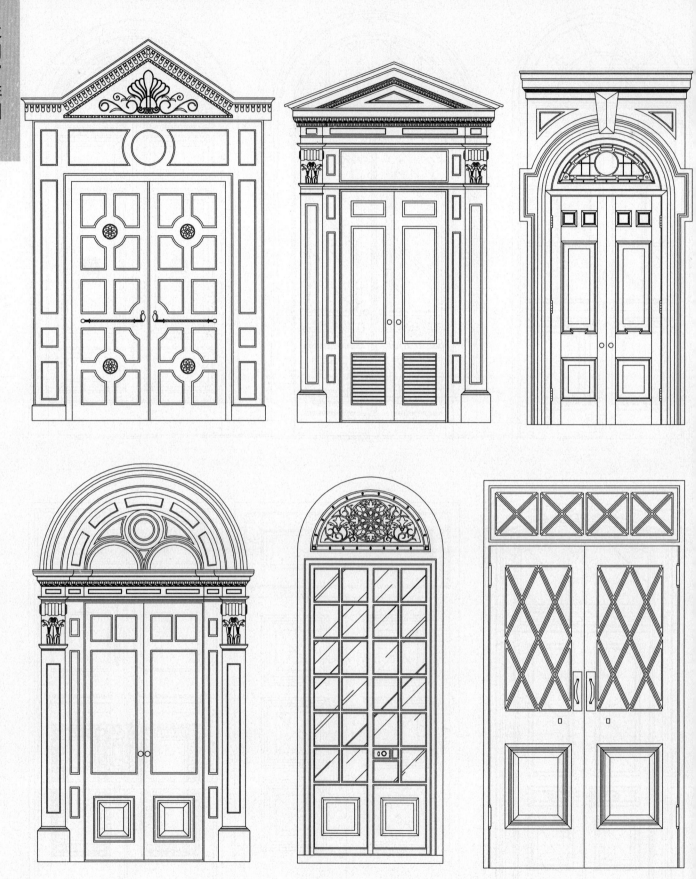

▲050-门大样图11

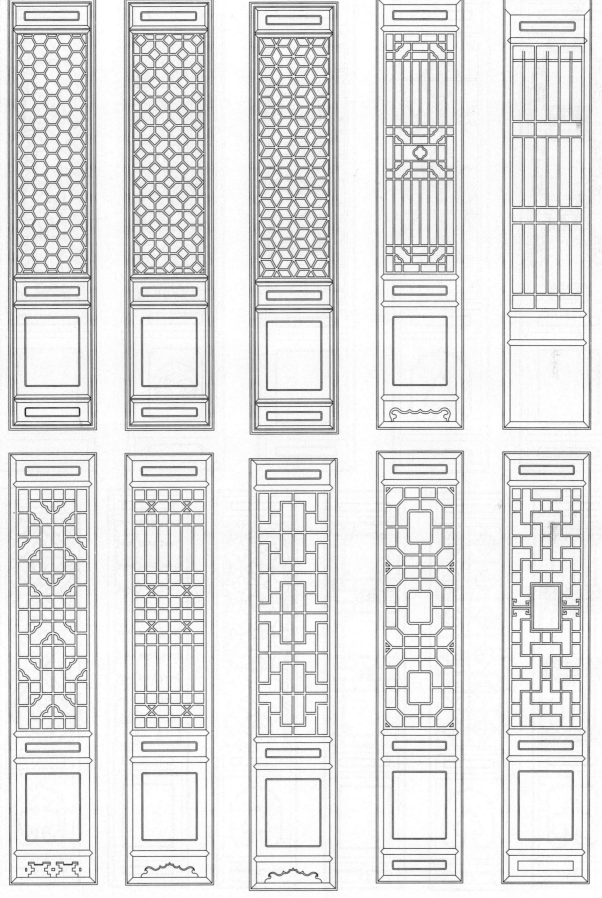

▲051-门大样图12

木门窗详图

▲052-门大样图13

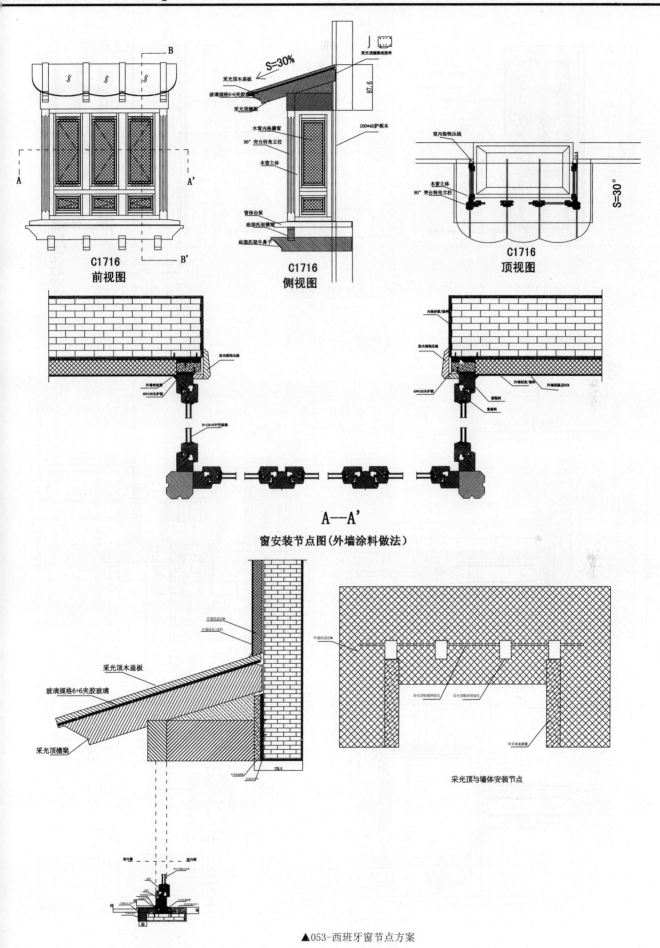

C1716
前视图

C1716
侧视图

C1716
顶视图

A--A'
窗安装节点图（外墙涂料做法）

采光顶与墙体安装节点

▲053-西班牙窗节点方案

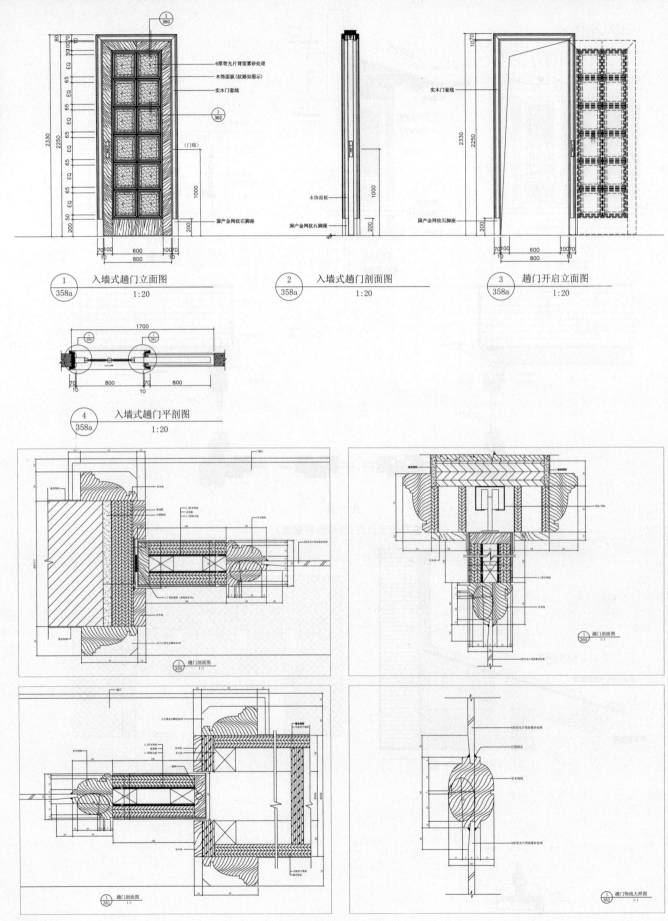

1　入墙式趟门立面图
358a　　1:20

2　入墙式趟门剖面图
358a　　1:20

3　趟门开启立面图
358a　　1:20

4　入墙式趟门平剖图
358a　　1:20

▲054-门节点详图1

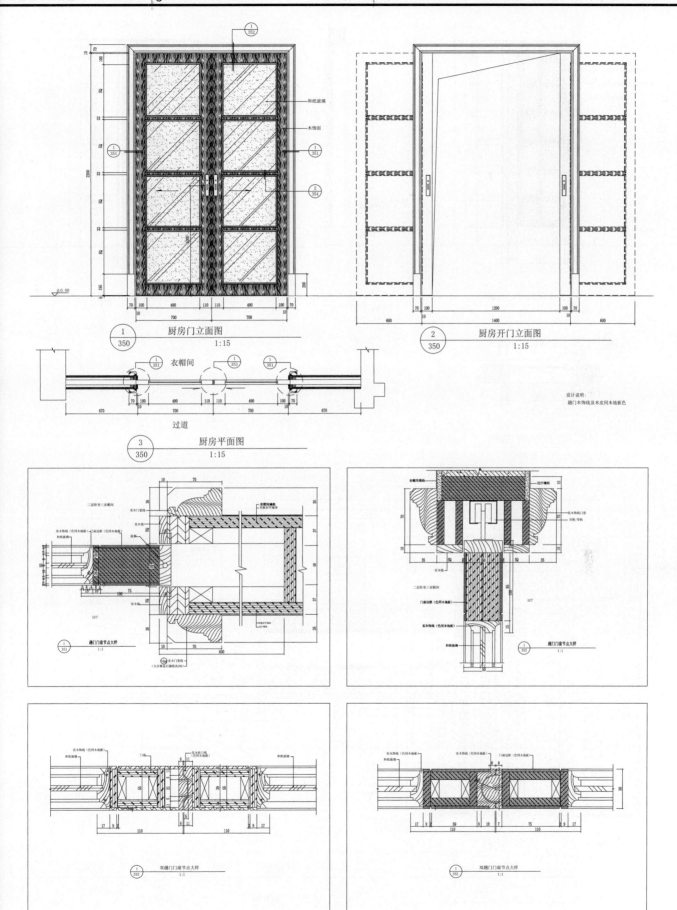

木门窗详图

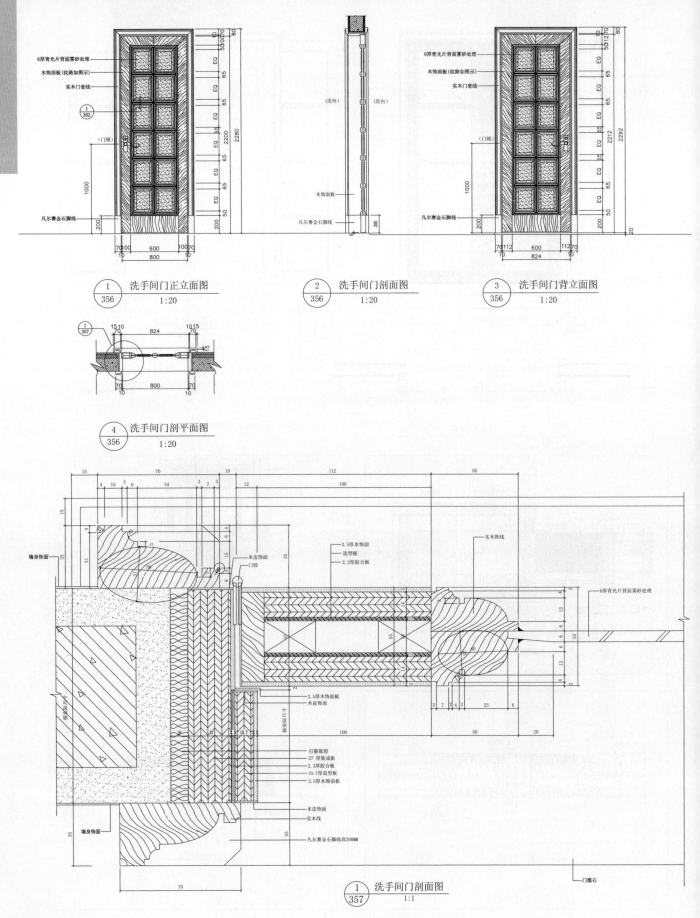

6厚青光片背面雾砂处理
木饰面板(纹路如图示)
实木门套线

①/362

(门锁)

凡尔赛金石脚线

① 洗手间门正立面图
356　　1:20

② 洗手间门剖面图
356　　1:20

(房外)　(房内)

木饰面板

凡尔赛金石脚线

6厚青光片背面雾砂处理
木饰面板(纹路如图示)
实木门套线

(门锁)

凡尔赛金石脚线

③ 洗手间门背立面图
356　　1:20

①/357

④ 洗手间门剖平面图
356　　1:20

墙身饰面

木皮饰面
门铰

2.5厚木饰面
造型板
2.3厚胶合板

实木饰线

6厚青光片背面雾砂处理

2.5厚木饰面板
木皮饰面

打蜡胀胶
27厚集成板
2.3厚胶合板
10.7厚造型板
2.5厚木饰面板

木皮饰面
实木线

墙身饰面

凡尔赛金石脚线高200MM

门槛石

① 洗手间门剖面图
357　　1:1

▲056-门节点详图3

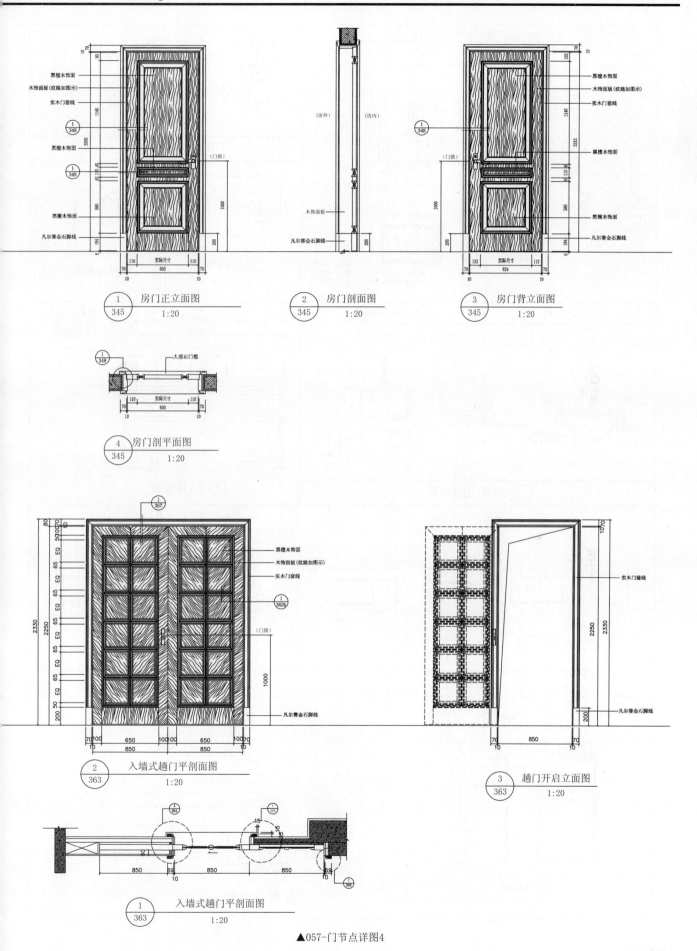

黑檀木饰面
木饰面板(纹路如图示)
实木门套线

黑檀木饰面

黑檀木饰面

凡尔赛金石脚线

(门锁)

| ① | 房门正立面图 |
| 345 | 1:20 |

(房外)　(房内)

木饰面板

凡尔赛金石脚线

| ② | 房门剖面图 |
| 345 | 1:20 |

黑檀木饰面
木饰面板(纹路如图示)
实木门套线

黑檀木饰面

黑檀木饰面

凡尔赛金石脚线

(门锁)

| ③ | 房门背立面图 |
| 345 | 1:20 |

大理石门槛

实际尺寸
800

| ④ | 房门剖平面图 |
| 345 | 1:20 |

黑檀木饰面
木饰面板(纹路如图示)
实木门套线

(门锁)

凡尔赛金石脚线

| ② | 入墙式趟门平剖面图 |
| 363 | 1:20 |

实木门套线

凡尔赛金石脚线

| ③ | 趟门开启立面图 |
| 363 | 1:20 |

| ① | 入墙式趟门平剖面图 |
| 363 | 1:20 |

▲057-门节点详图4

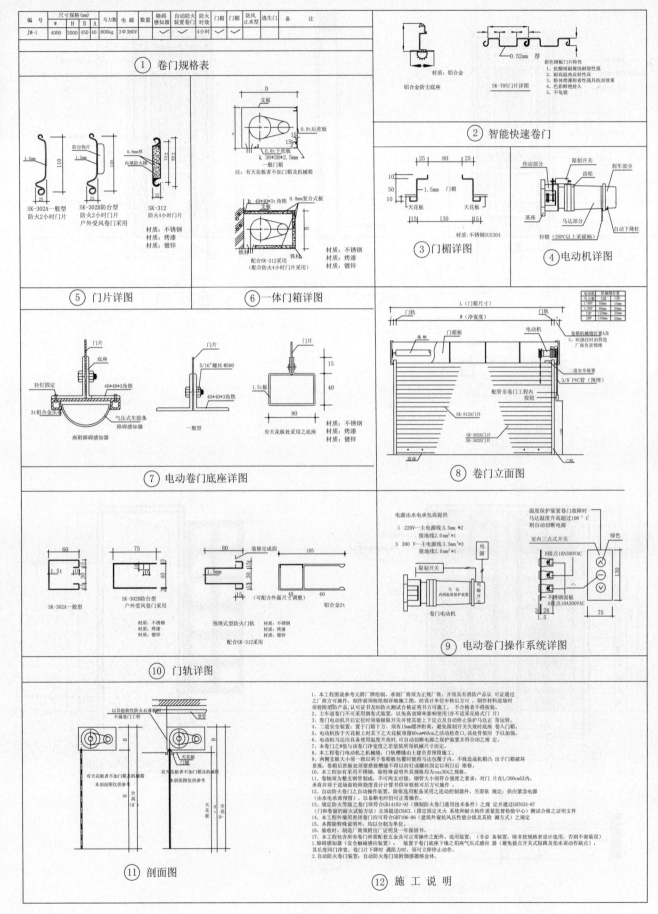

① 卷门规格表

编号	尺寸规格(mm)				马力数	电源	数量	障碍感知器	自动防火装置	防火时效	门箱	门楣	防风止水型	逃生门	备注
	W	H	B	A											
JM-1	4000	3000	450	40	800kg	3Φ380V		✓	✓	4小时	✓	✓			

② 智能快速卷门

③ 门楣详图

④ 电动机详图

⑤ 门片详图

⑥ 一体门箱详图

⑦ 电动卷门底座详图

⑧ 卷门立面图

⑨ 电动卷门操作系统详图

⑩ 门轨详图

⑪ 剖面图

⑫ 施工说明

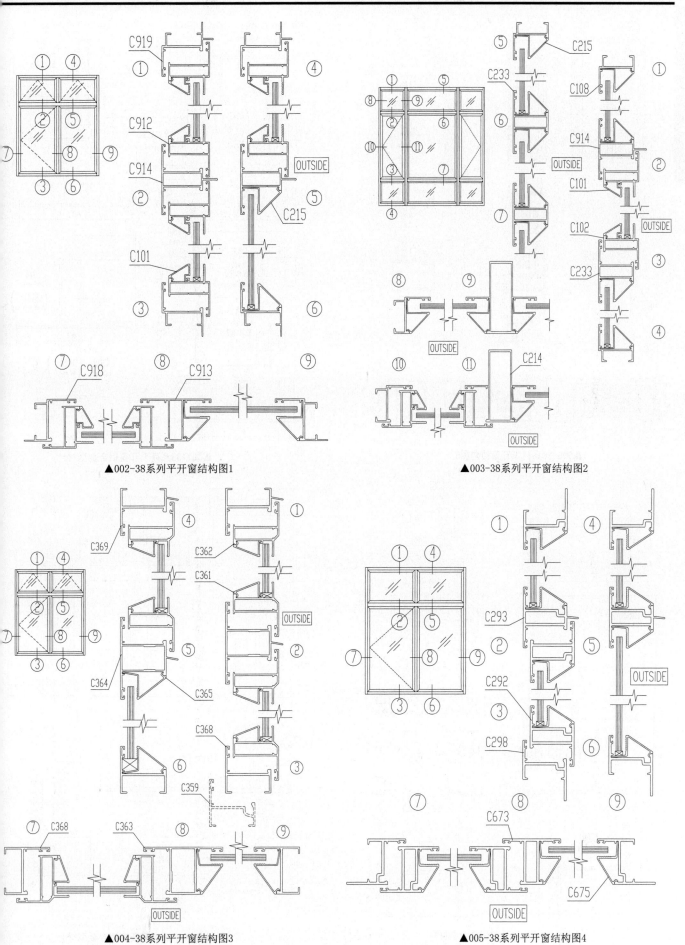

▲002-38系列平开窗结构图1

▲003-38系列平开窗结构图2

▲004-38系列平开窗结构图3

▲005-38系列平开窗结构图4

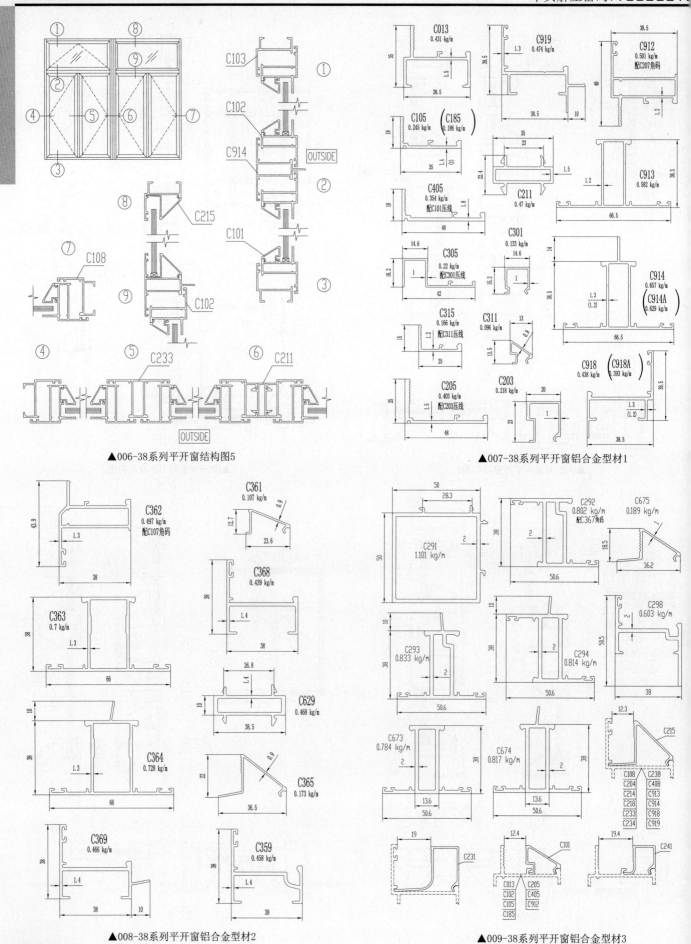

▲006-38系列平开窗结构图5

▲007-38系列平开窗铝合金型材1

▲008-38系列平开窗铝合金型材2

▲009-38系列平开窗铝合金型材3

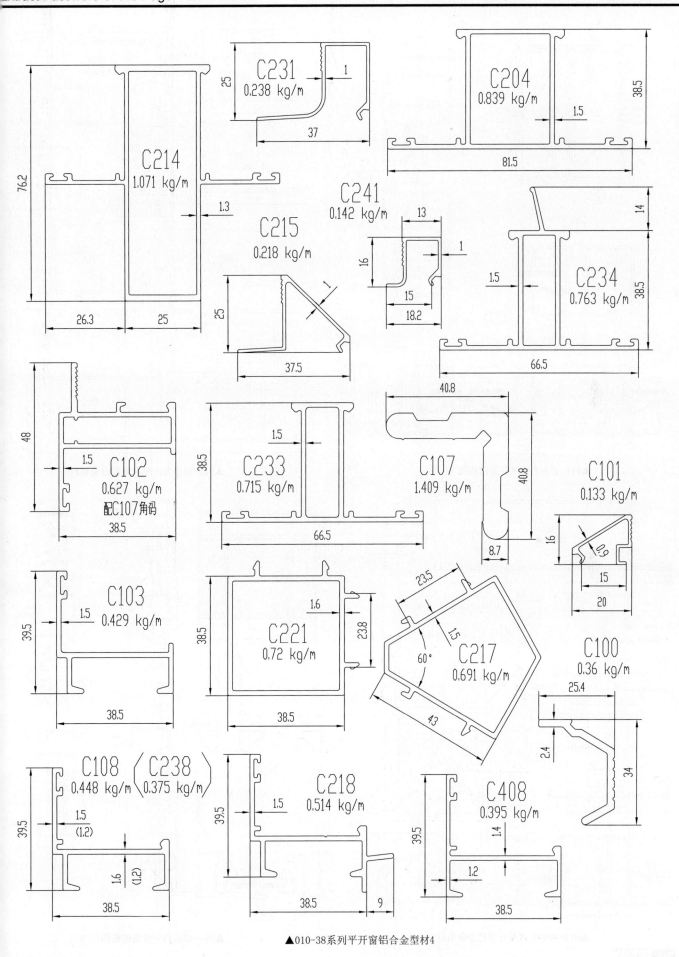

C231　0.238 kg/m　25　1　37

C204　0.839 kg/m　38.5　1.5　81.5

C214　1.071 kg/m　76.2　1.3　26.3　25

C241　0.142 kg/m　13　1　16　15　18.2

C215　0.218 kg/m　25　1　37.5

C234　0.763 kg/m　14　1.5　38.5　66.5

C102　0.627 kg/m　配C107角码　48　1.5　38.5

C233　0.715 kg/m　1.5　38.5　66.5

C107　1.409 kg/m　40.8　40.8　8.7

C101　0.133 kg/m　16　0.9　15　20

C103　0.429 kg/m　39.5　1.5　38.5

C221　0.72 kg/m　1.6　23.8　38.5　38.5

C217　0.691 kg/m　23.5　1.5　60°　43

C100　0.36 kg/m　25.4　2.4　34

C108（C238）　0.448 kg/m（0.375 kg/m）　39.5　1.5　(1.2)　1.6　(1.2)　38.5

C218　0.514 kg/m　39.5　1.5　38.5　9

C408　0.395 kg/m　39.5　1.4　1.2　38.5

▲010-38系列平开窗铝合金型材4

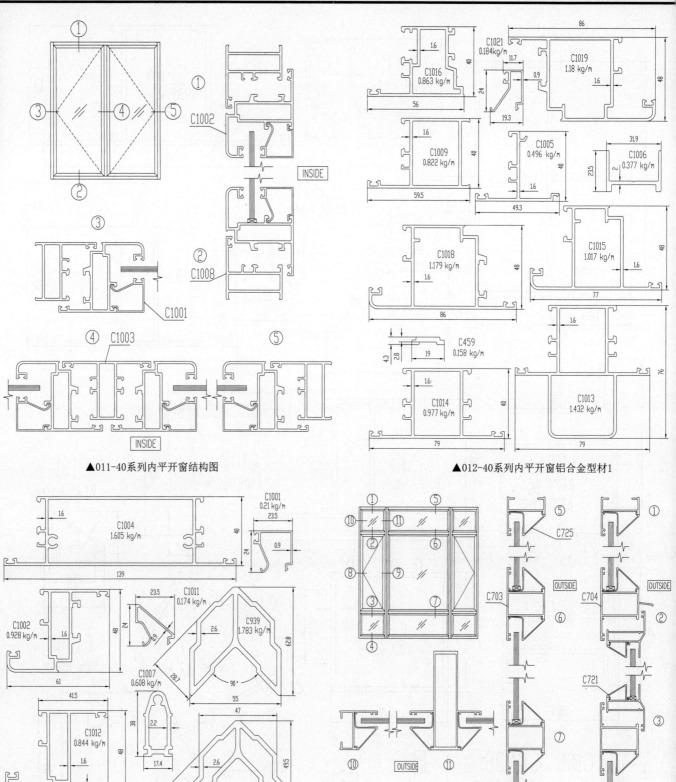

▲011-40系列内平开窗结构图

▲012-40系列内平开窗铝合金型材1

▲013-40系列内平开窗铝合金型材2

▲014-40系列平开窗结构图1

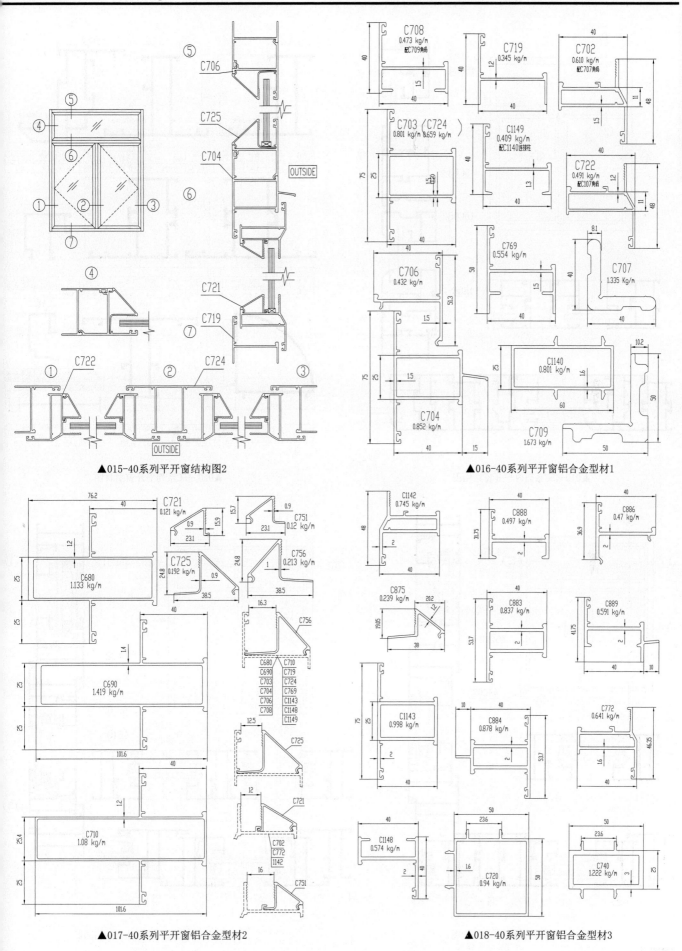

▲015-40系列平开窗结构图2

▲016-40系列平开窗铝合金型材1

▲017-40系列平开窗铝合金型材2

▲018-40系列平开窗铝合金型材3

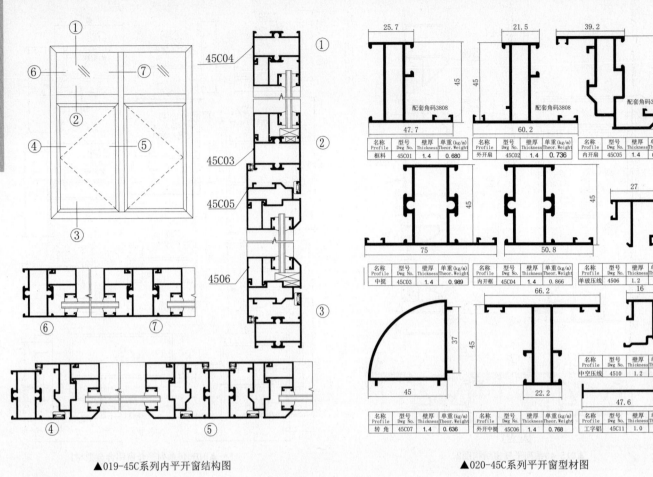

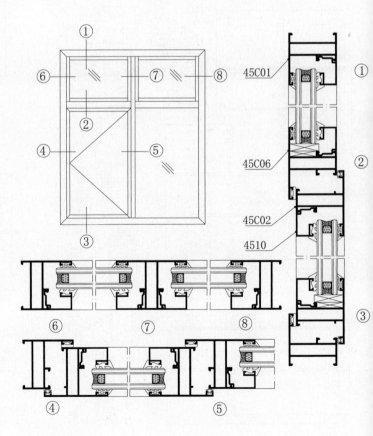

▲019-45C系列内平开窗结构图

▲020-45C系列平开窗型材图

▲021-45C系列外平开窗结构图1

▲022-45C系列外平开窗结构图2

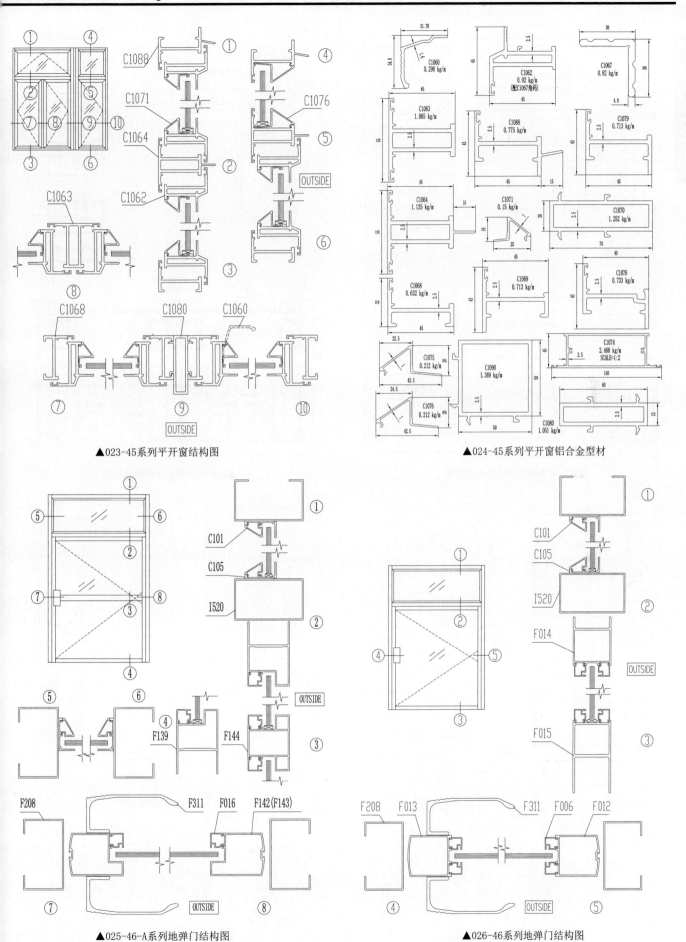

▲023-45系列平开窗结构图

▲024-45系列平开窗铝合金型材

▲025-46-A系列地弹门结构图

▲026-46系列地弹门结构图

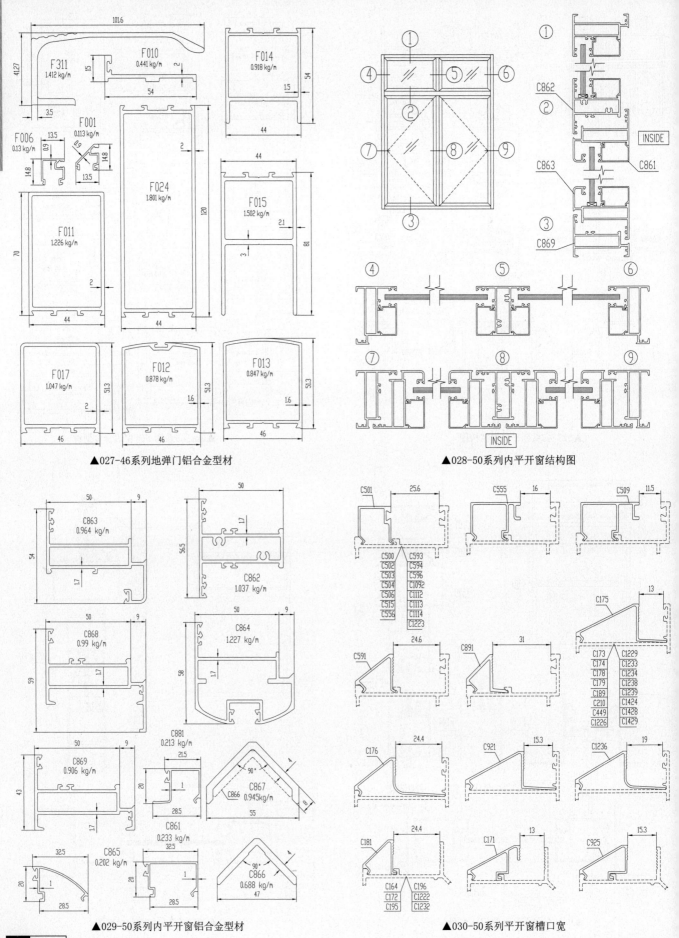

▲027-46系列地弹门铝合金型材

▲028-50系列内平开窗结构图

▲029-50系列内平开窗铝合金型材

▲030-50系列平开窗槽口宽

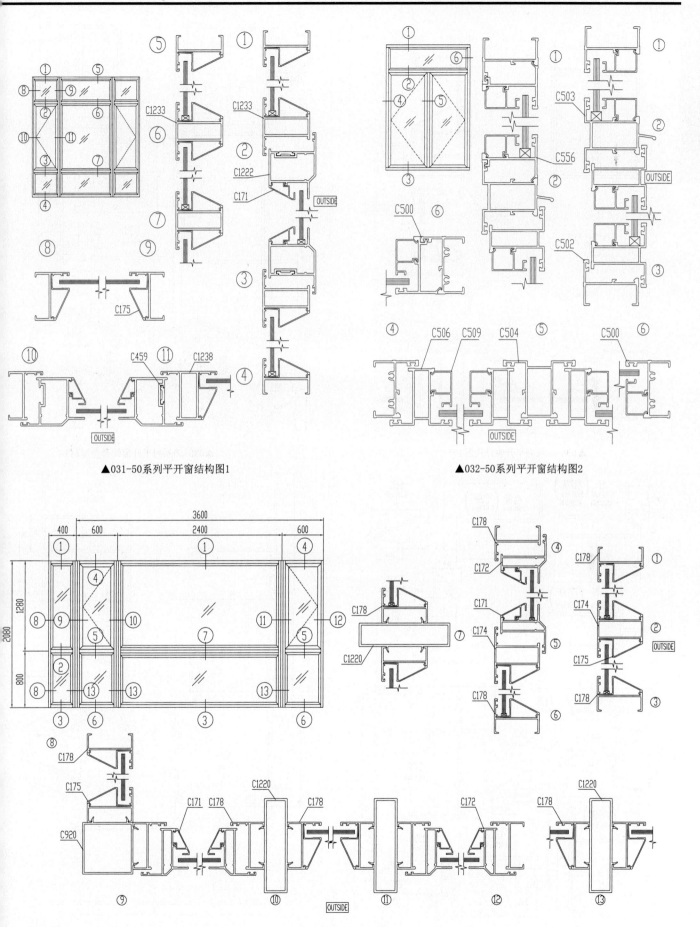

▲031-50系列平开窗结构图1

▲032-50系列平开窗结构图2

▲033-50系列平开窗结构图3

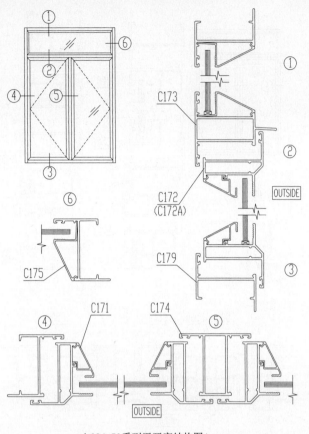

▲034-50系列平开窗结构图4

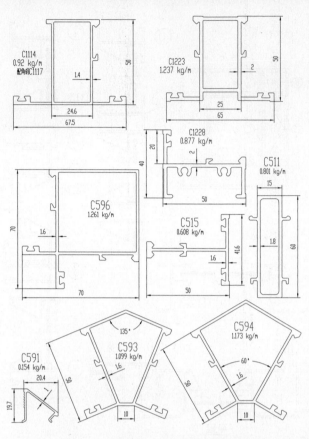

▲035-50系列平开窗铝合金型材1

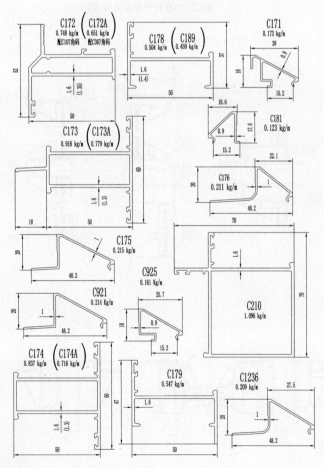

▲036-50系列平开窗铝合金型材2

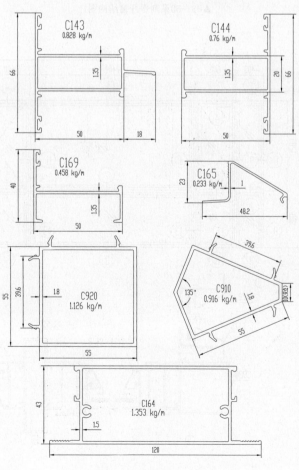

▲037-50系列平开窗铝合金型材3

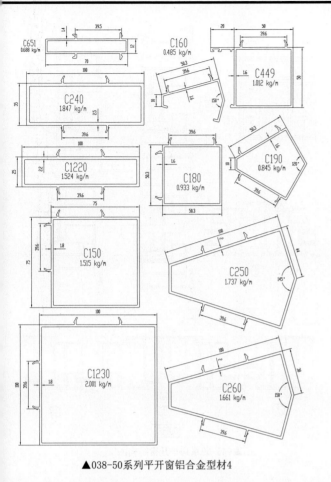

▲038-50系列平开窗铝合金型材4

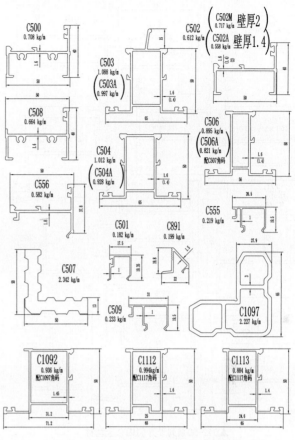

▲039-50系列平开窗铝合金型材5

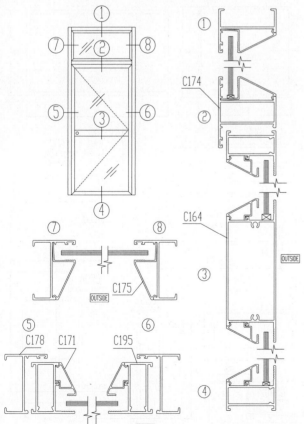

▲040-50系列平开门结构图1

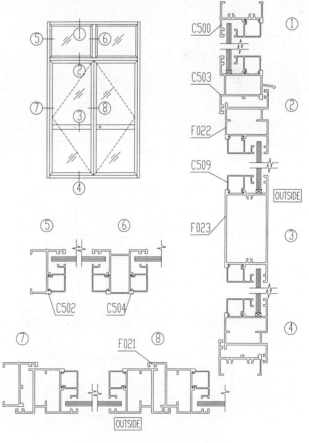

▲041-50系列平开门结构图2

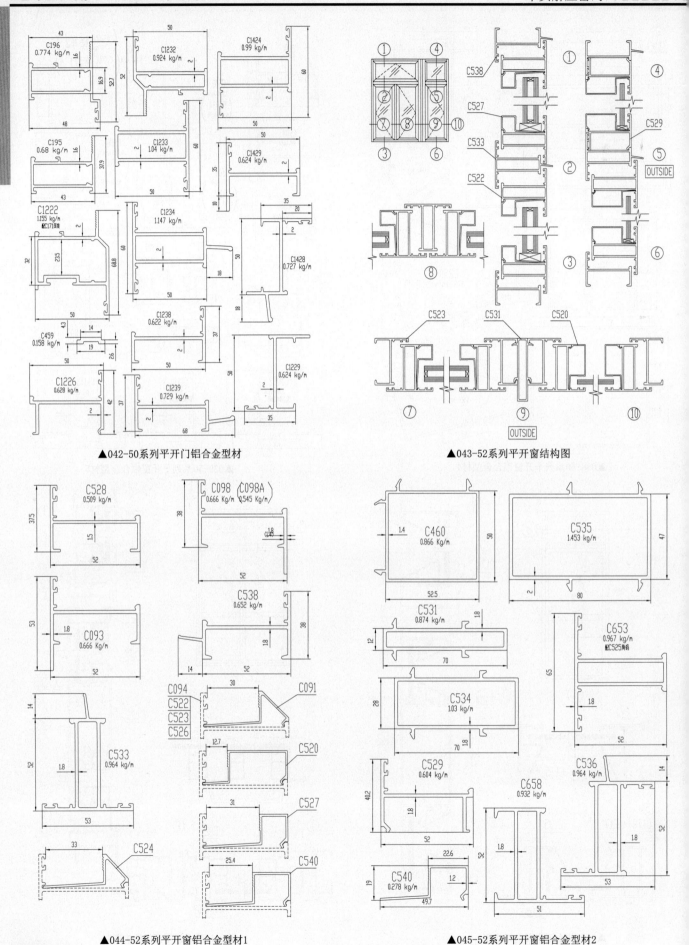

▲042-50系列平开门铝合金型材

▲043-52系列平开窗结构图

▲044-52系列平开窗铝合金型材1

▲045-52系列平开窗铝合金型材2

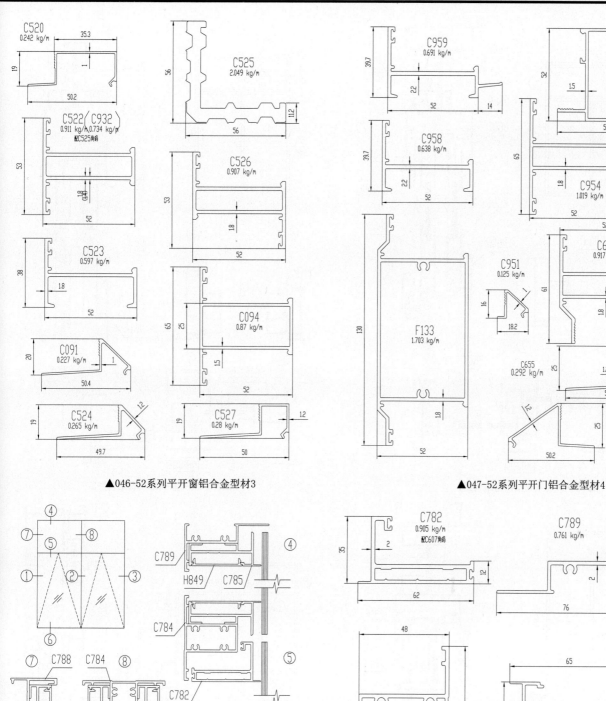

▲046-52系列平开窗铝合金型材3

▲047-52系列平开门铝合金型材4

▲048-55系列隐框平开窗结构图

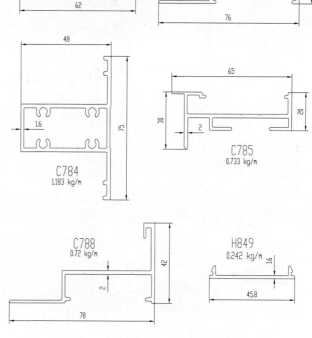

▲049-55系列隐框平开窗铝合金型材

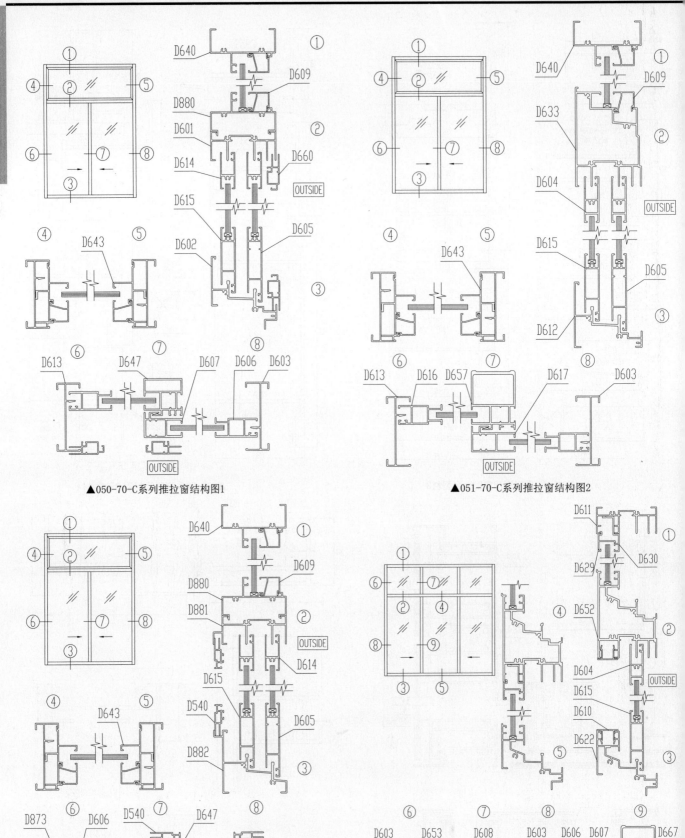

▲050-70-C系列推拉窗结构图1

▲051-70-C系列推拉窗结构图2

▲052-70-C系列推拉窗结构图3

▲053-70-C系列推拉窗结构图4

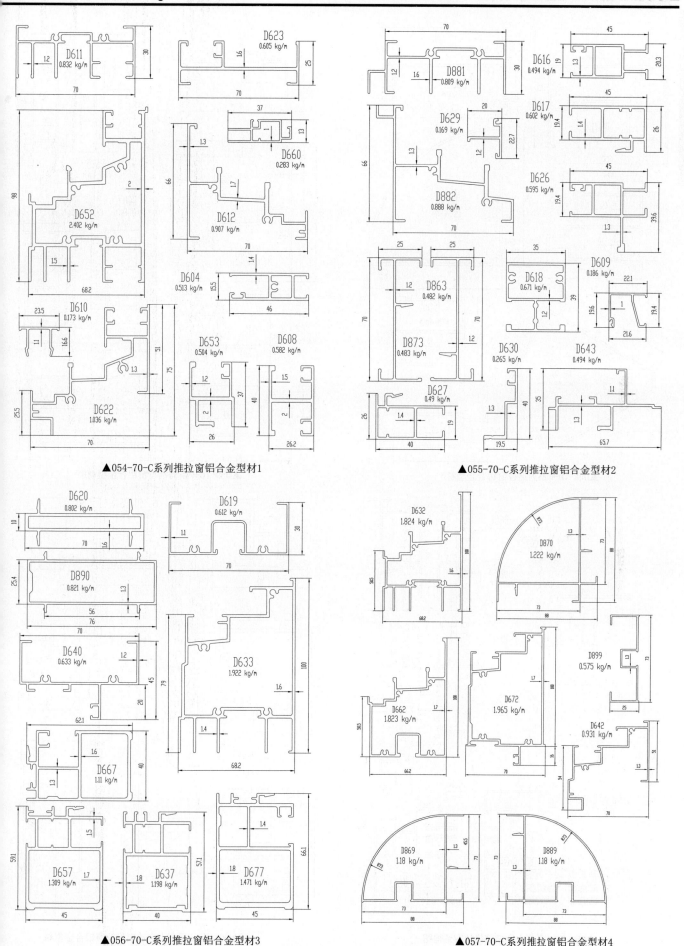

▲054-70-C系列推拉窗铝合金型材1

▲055-70-C系列推拉窗铝合金型材2

▲056-70-C系列推拉窗铝合金型材3

▲057-70-C系列推拉窗铝合金型材4

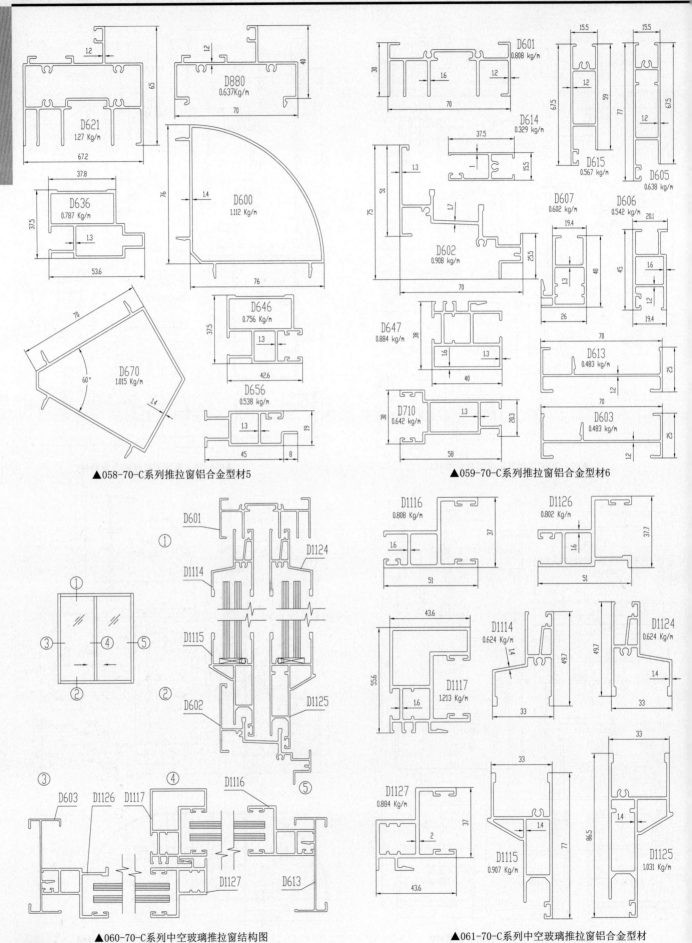

▲058-70-C系列推拉窗铝合金型材5

▲059-70-C系列推拉窗铝合金型材6

▲060-70-C系列中空玻璃推拉窗结构图

▲061-70-C系列中空玻璃推拉窗铝合金型材

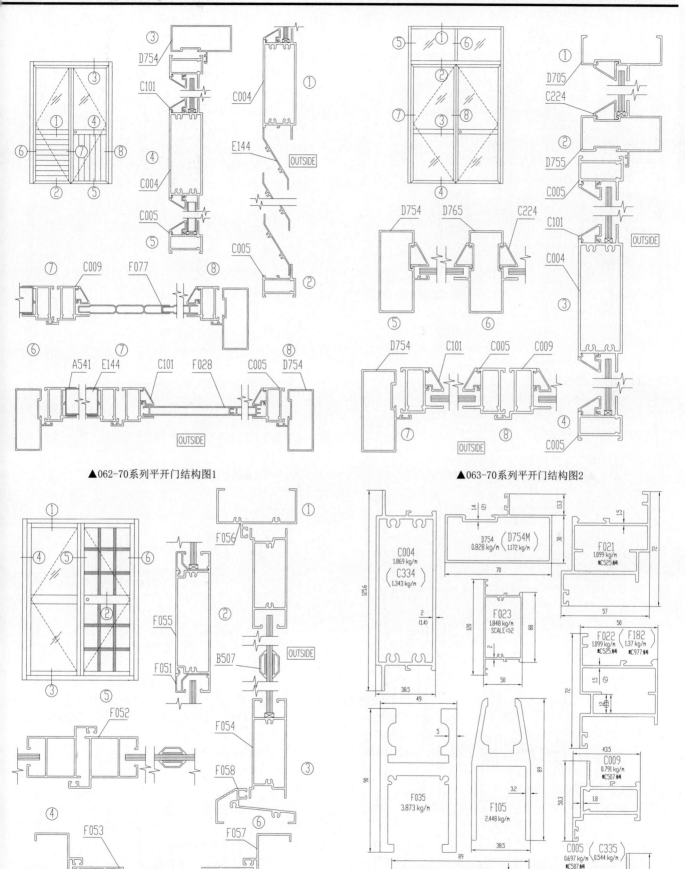

▲062-70系列平开门结构图1

▲063-70系列平开门结构图2

▲064-70系列平开门结构图3

▲065-70系列平开门铝合金型材1

金属门窗详图

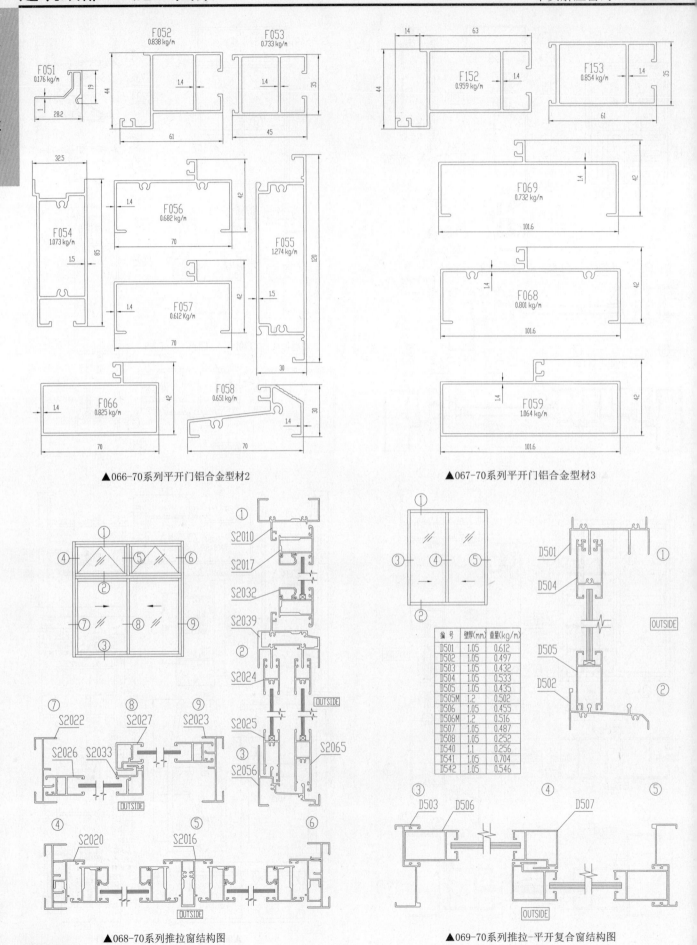

▲066-70系列平开门铝合金型材2

▲067-70系列平开门铝合金型材3

编 号	壁厚(mm)	重量(kg/m)
D501	1.05	0.612
D502	1.05	0.497
D503	1.05	0.432
D504	1.05	0.533
D505	1.05	0.435
D505M	1.2	0.502
D506	1.05	0.455
D506M	1.2	0.516
D507	1.05	0.487
D508	1.05	0.252
D540	1.1	0.256
D541	1.05	0.704
D542	1.05	0.546

▲068-70系列推拉窗结构图

▲069-70系列推拉-平开复合窗结构图

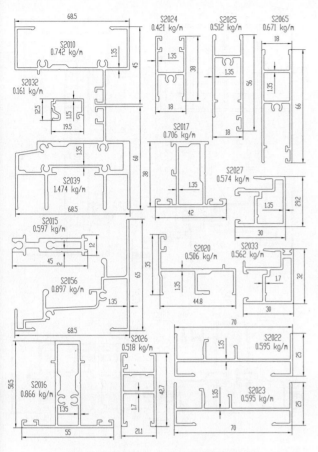

▲070-70系列推拉-平开复合窗铝合金型材

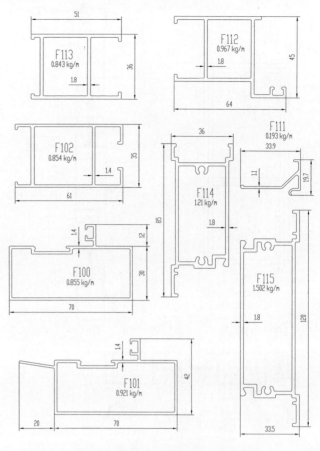

▲071-70系列中空玻璃平开门铝合金型材

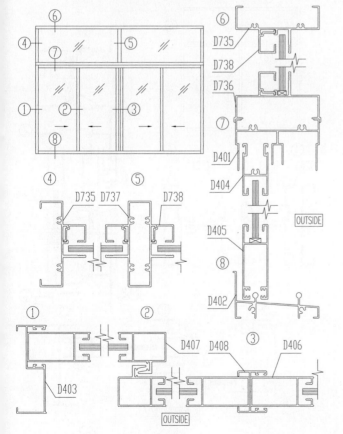

▲072-73系列推拉窗结构图

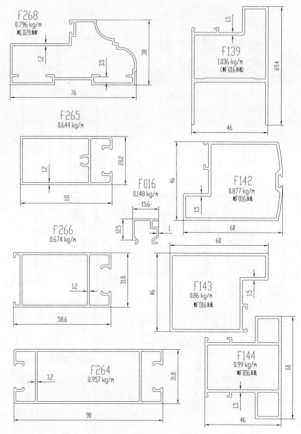

▲073-75平开门46-A地弹门系列铝合金型材

金属门窗详图

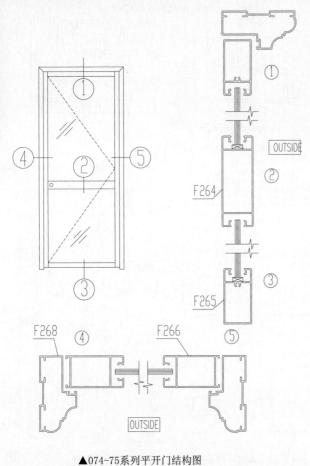

F264
F265
F268
F266

▲074-75系列平开门结构图

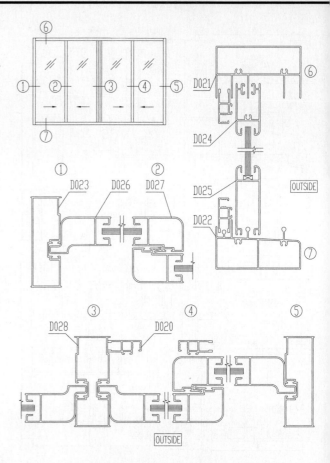

D021
D024
D025
D022
D023 D026 D027
D028 D020

▲075-76系列内带纱推拉窗结构图

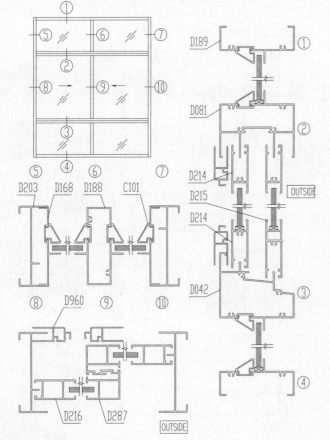

D189
D081
D203 D168 D188 C101
D214
D215
D214
D042
D960
D216 D287

▲076-88系列推拉窗结构图1

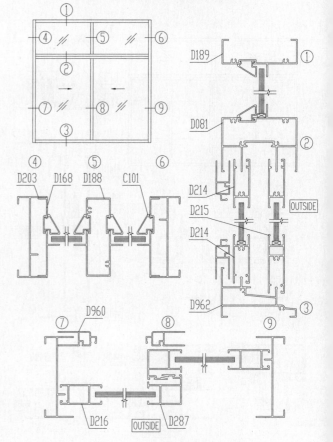

D189
D081
D203 D168 D188 C101
D214
D215
D214
D962
D960
D216 D287

▲077-88系列推拉窗结构图2

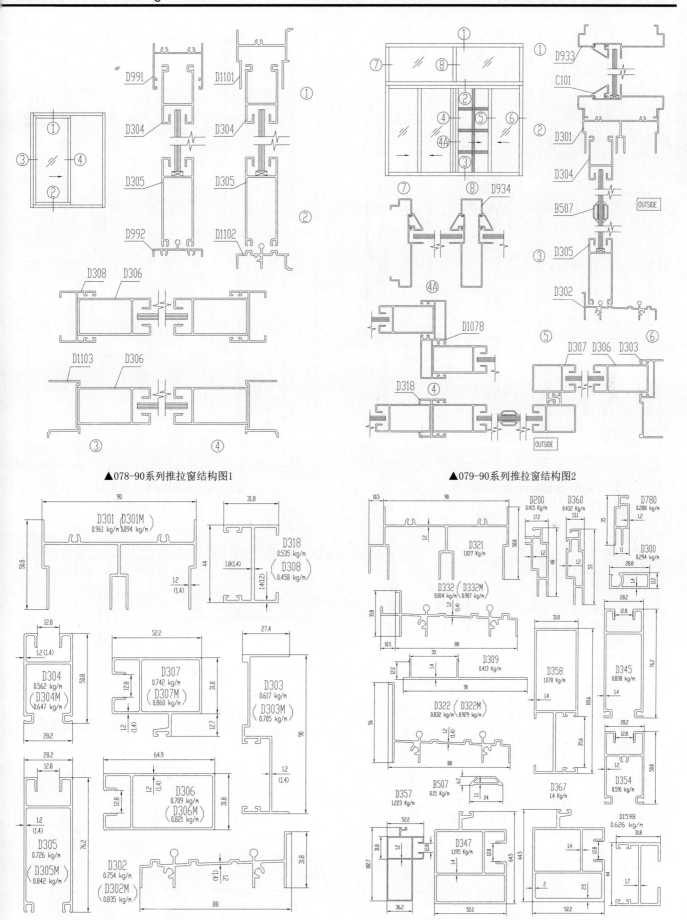

▲078-90系列推拉窗结构图1

▲079-90系列推拉窗结构图2

▲080-90系列推拉窗铝合金型材1

▲081-90系列推拉窗铝合金型材2

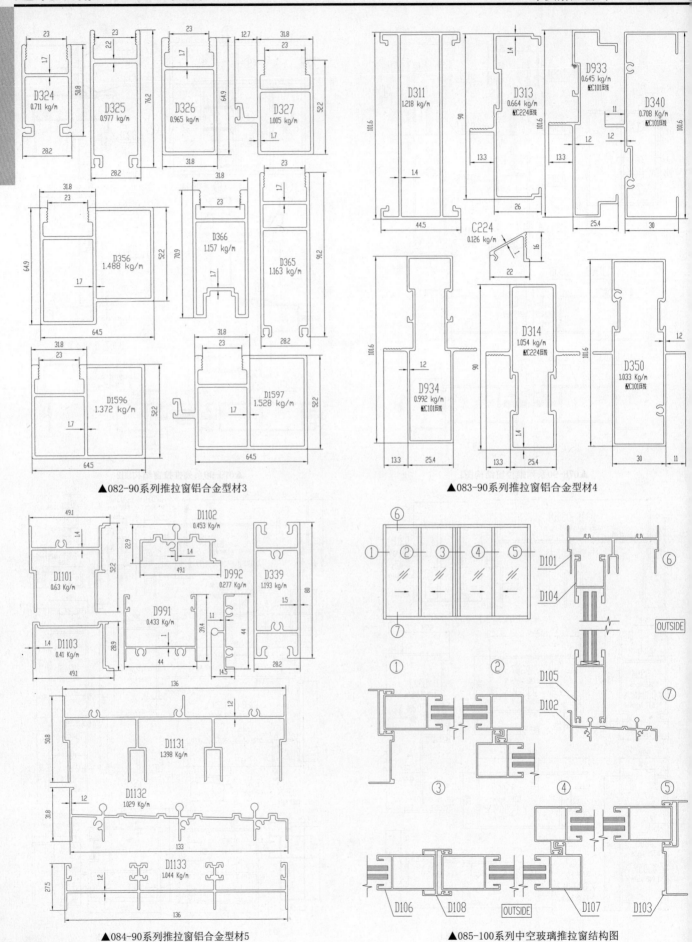

▲082-90系列推拉窗铝合金型材3

▲083-90系列推拉窗铝合金型材4

▲084-90系列推拉窗铝合金型材5

▲085-100系列中空玻璃推拉窗结构图

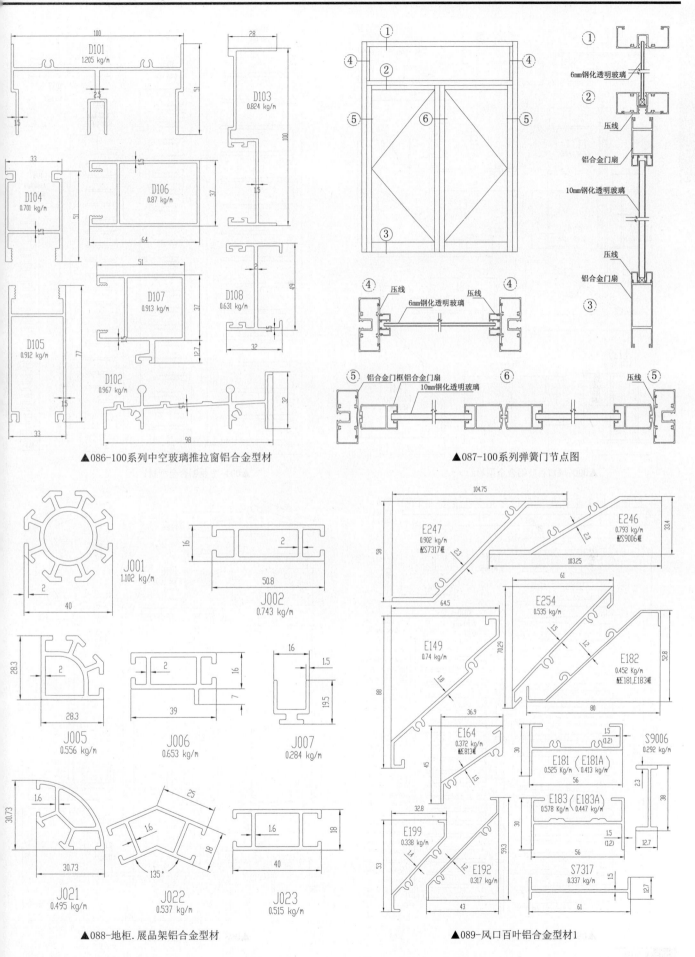

D101
1.205 kg/m

D103
0.824 kg/m

D104
0.701 kg/m

D106
0.87 kg/m

D107
0.913 kg/m

D108
0.631 kg/m

D105
0.912 kg/m

D102
0.967 kg/m

▲086-100系列中空玻璃推拉窗铝合金型材

6mm钢化透明玻璃
压线
铝合金门扇
10mm钢化透明玻璃
压线
铝合金门扇

压线
6mm钢化透明玻璃
压线

铝合金门框铝合金门扇
10mm钢化透明玻璃
压线

▲087-100系列弹簧门节点图

J001
1.102 kg/m

J002
0.743 kg/m

J005
0.556 kg/m

J006
0.653 kg/m

J007
0.284 kg/m

J021
0.495 kg/m

J022
0.537 kg/m

J023
0.515 kg/m

▲088-地柜.展品架铝合金型材

E247
0.902 kg/m
配7317框

E246
0.793 kg/m
配S9006框

E254
0.535 kg/m

E149
0.74 kg/m

E182
0.452 Kg/m
配181、E183框

E164
0.372 kg/m
配813框

S9006
0.292 kg/m

E181（E181A）
0.525 Kg/m 0.413 kg/m

E183（E183A）
0.578 kg/m 0.447 kg/m

E199
0.338 kg/m

E192
0.317 kg/m

S7317
0.337 kg/m

▲089-风口百叶铝合金型材1

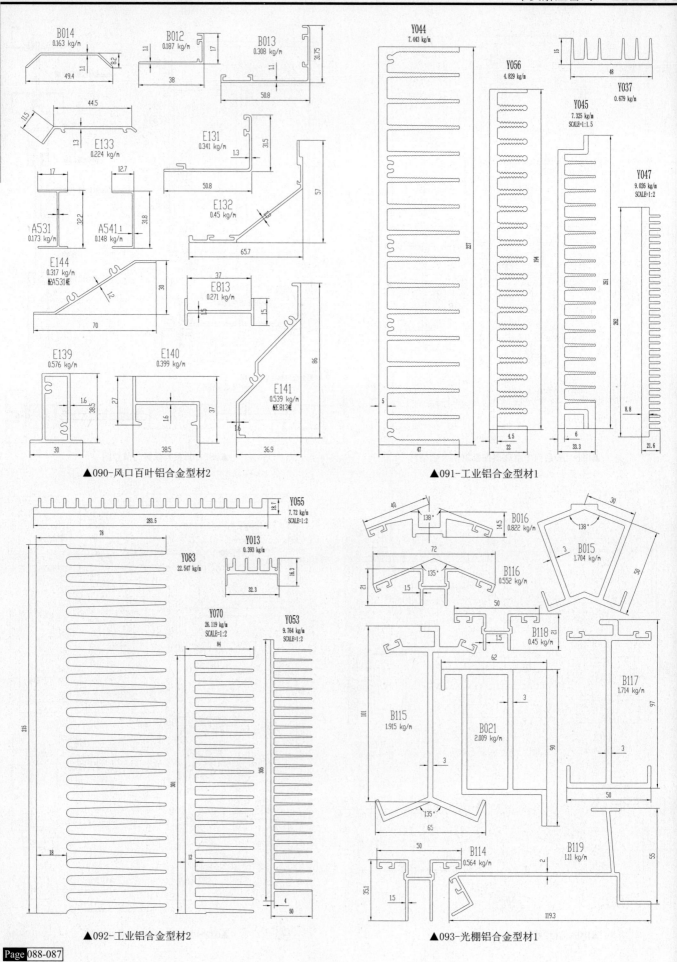

▲090-风口百叶铝合金型材2

▲091-工业铝合金型材1

▲092-工业铝合金型材2

▲093-光栅铝合金型材1

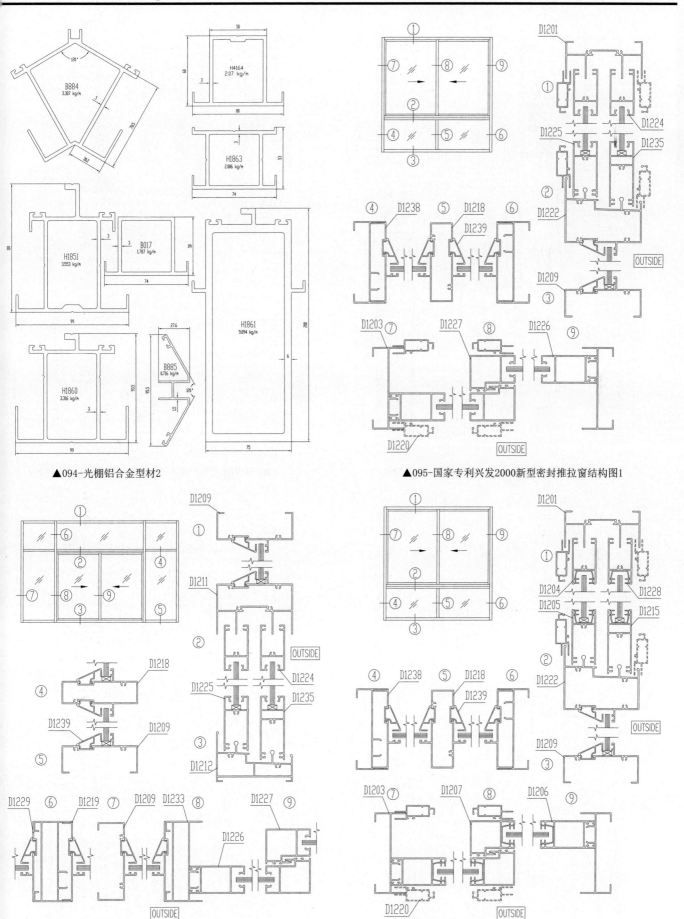

▲094-光栅铝合金型材2

▲095-国家专利兴发2000新型密封推拉窗结构图1

▲096-国家专利兴发2000新型密封推拉窗结构图2

▲097-国家专利兴发2000新型密封推拉窗结构图3

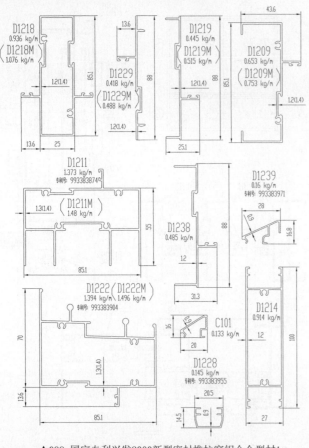

▲098-国家专利兴发2000新型密封推拉窗铝合金型材1

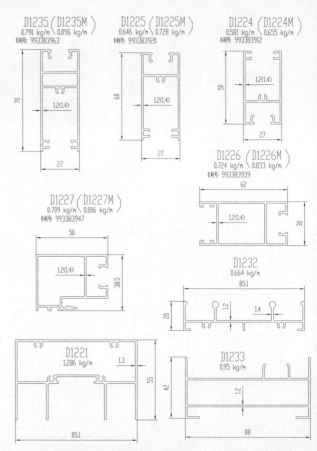

▲099-国家专利兴发2000新型密封推拉窗铝合金型材2

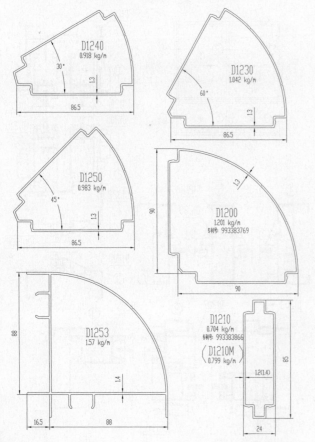

▲100-国家专利兴发2000新型密封推拉窗铝合金型材3

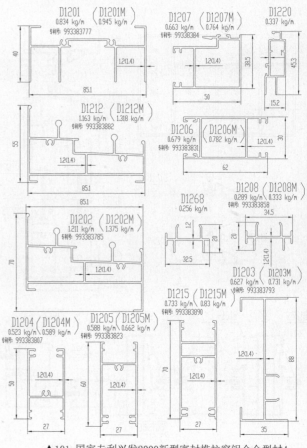

▲101-国家专利兴发2000新型密封推拉窗铝合金型材4

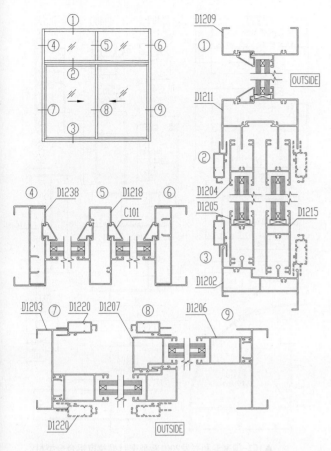

▲102-国家专利兴发2000新型密封中空玻璃推拉窗结构图1

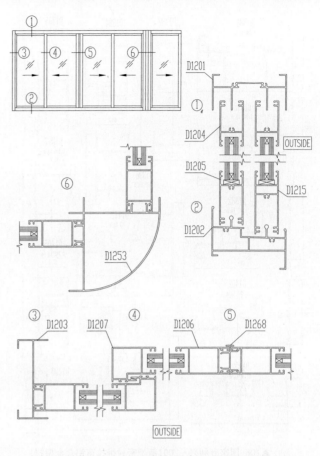

▲103-国家专利兴发2000新型密封中空玻璃推拉窗结构图2

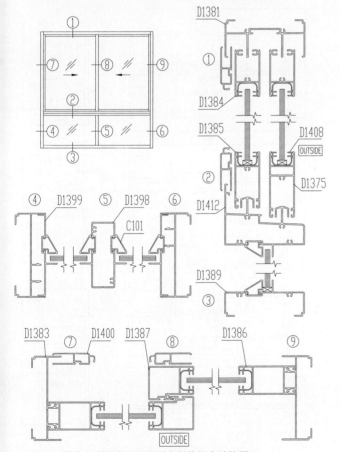

▲104-国家专利兴发2001新型密封推拉窗结构图1

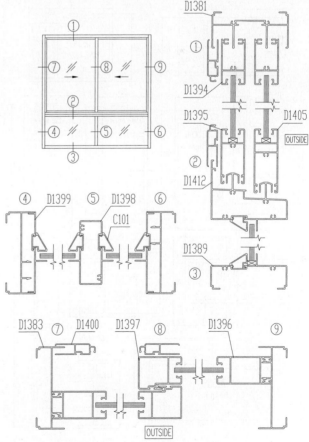

▲105-国家专利兴发2001新型密封推拉窗结构图2

金属门窗详图

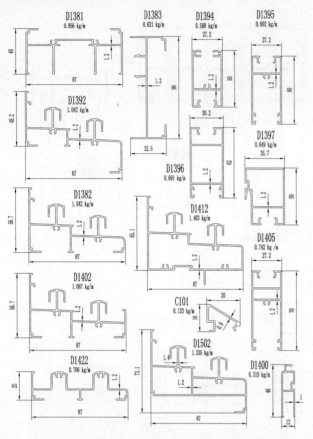

▲106-国家专利兴发2001新型密封推拉窗铝合金型材1

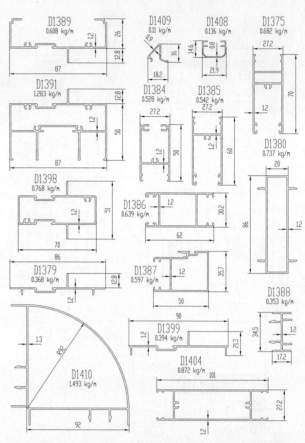

▲107-国家专利兴发2001新型密封推拉窗铝合金型材2

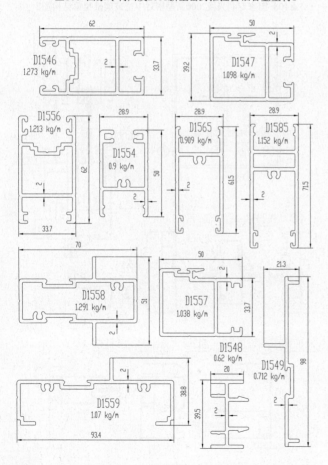

▲108-国家专利兴发2001新型密封推拉窗铝合金型材3

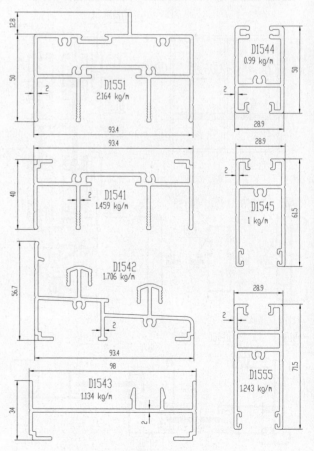

▲109-国家专利兴发2001新型密封推拉窗铝合金型材4

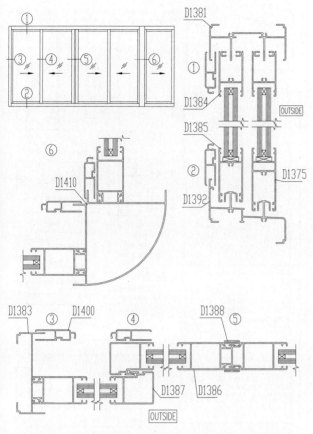

▲110-国家专利兴发2001新型密封中空玻璃推拉窗结构图1

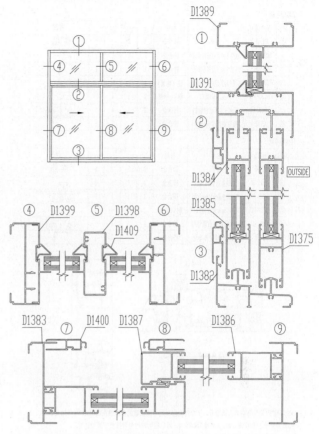

▲111-国家专利兴发2001新型密封中空玻璃推拉窗结构图2

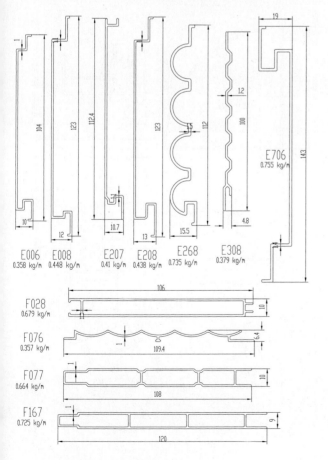

E706
0.755 kg/m

E006
0.358 kg/m

E008
0.448 kg/m

E207
0.41 kg/m

E208
0.438 kg/m

E268
0.735 kg/m

E308
0.379 kg/m

F028
0.679 kg/m

F076
0.357 kg/m

F077
0.664 kg/m

F167
0.725 kg/m

▲112-扣板铝合金型材

一、月亮型手柄

多点锁编号(套)	编号	附件编号	名称	材料	数量/套 2点	3点	4点	5点	样图
MHFP- (2.3. 4.5)	①	BHHF	合页	锌合金	2	2	2	2	
	②	MHFP-26	HK型多点锁按制式	锌合金	1	1	1	1	
	③	GBP-18	多点锁传动盒(18mm行程)	锌合金	1	1	1	1	
	④	ACRP-115	11.5mm滚珠锁口	铜+不锈钢	2	3	4	5	
	⑤	KTB	节能窗锁扣	锌合金	2	3	4	5	
	⑥	CTJP	圆钉型斜尖传动角	锌合金			2	2	

二、蜻蜓型手柄

多点锁编号(套)	编号	附件编号	名称	材料	数量/套 2点	3点	4点	5点	样图
MYKP- (2.3. 4.5)	①	BHHF	合页	锌合金	2	2	2	2	
	②	9K-10214-R	9K型多点锁按制式	锌合金	1	1	1	1	
	③	9K-10211	9K型传动盒	锌合金	1	1	1	1	
	④	ACRP-115	11.5mm滚珠锁口	铜+不锈钢	2	3	4	5	
	⑤	KTB	节能窗锁扣	锌合金	2	3	4	5	
	⑥	CTJP	圆钉型斜尖传动角	锌合金			2	2	

注: MHFP(MYKP)为外开窗多点锁编号,下单时根据采用不同点数的多点锁在MHFP(MYKP)后加上数字2、3、4、5
代表为几点的多点锁,如: 4点锁为MHFP-4,需单独配件时也可按相应编号订货。

▲113-铝合金门窗图65断桥配件1

金属门窗详图

一、鱼尾型手柄

多点锁编号(套)	编号	附件编号	名称	材料	数量/套 2点	3点	4点	5点	样图
MSD-(2、3、4、5)	①	BHHF	合页	锌合金	2	2	2	2	
	②	MSDHF-R	HK型单向多点锁右手柄	锌合金	1	1	1	1	
	②	MSDHF-L	HK型单向多点锁左手柄	锌合金	1	1	1	1	
	③	MSDHF-PBS	HF型单向多点锁-推杆螺丝钉	铁（电镀）	1	1	1	1	
	④	ACRP-15	15mm滚珠锁口	铜+不锈钢	2	3	4	5	
	⑤	ACKC-11	ACKC-11多点锁锁扣		2	3	4	5	
	⑥	CTJP	圆钉型斜尖传动角	锌合金			2	2	

二、月亮型手柄

多点锁编号(套)	编号	附件编号	名称	材料	数量/套 2点	3点	4点	5点	样图
MHFP-(2、3、4、5)	①	BHHF	合页	锌合金	2	2	2	2	
	②	MHFP-26	HK型多点锁按制式	锌合金	1	1	1	1	
	③	GBP-18	多点锁传动盒(18mm行程)	锌合金	1	1	1	1	
	④	ACRP-115	11.5mm滚珠锁口	铜+不锈钢	2	3	4	5	
	⑤	ACKC-11	ACKC-11多点锁锁扣		2	3	4	5	
	⑥	CTJP	圆钉型斜尖传动角	锌合金			2	2	

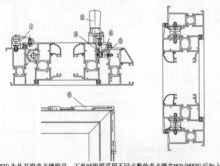

注：MSD(MHFP)为外开窗多点锁编号，下单时根据采用不同点数的多点锁在MSD(MHFP)后加上数字2、3、4、5代表为几点的多点锁；如：4点锁为MHFP-4，需单独附件时也可按相应编号订货。

▲114-铝合金门窗图65断桥配件2

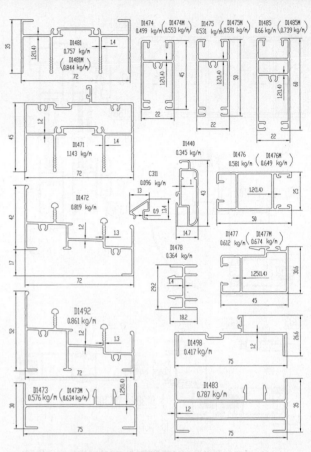

▲115-铝合金门窗图(2000A)1

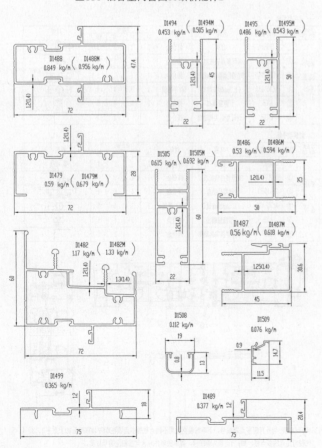

▲116-铝合金门窗图(2000A)2

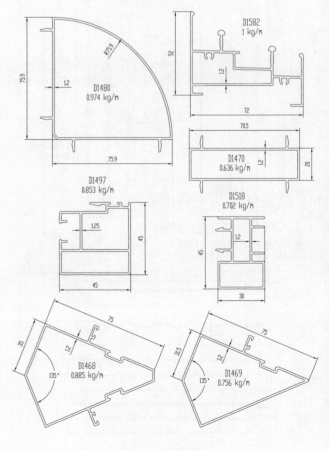

▲117-铝合金门窗图(2000A)3

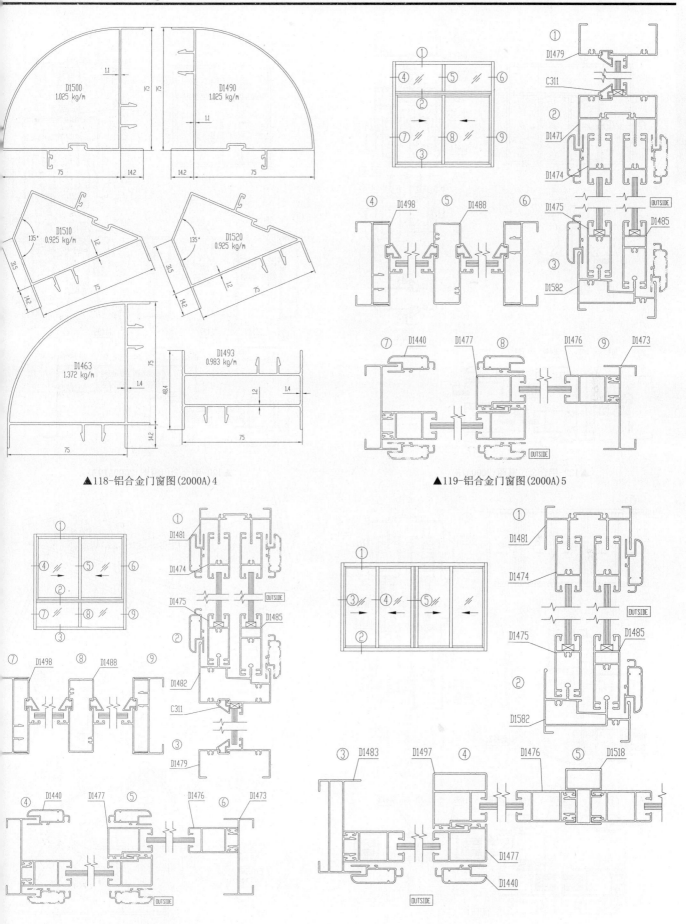

▲118-铝合金门窗图(2000A)4

▲119-铝合金门窗图(2000A)5

▲120-铝合金门窗图(2000A)6

▲121-铝合金门窗图(2000A)7

金属门窗详图

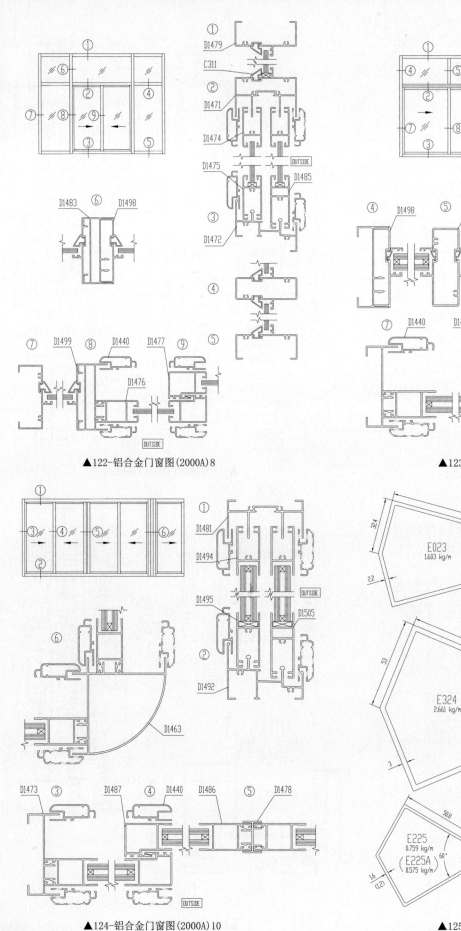

▲122-铝合金门窗图(2000A)8

▲123-铝合金门窗图(2000A)9

▲124-铝合金门窗图(2000A)10

▲125-转角管铝合金型材1

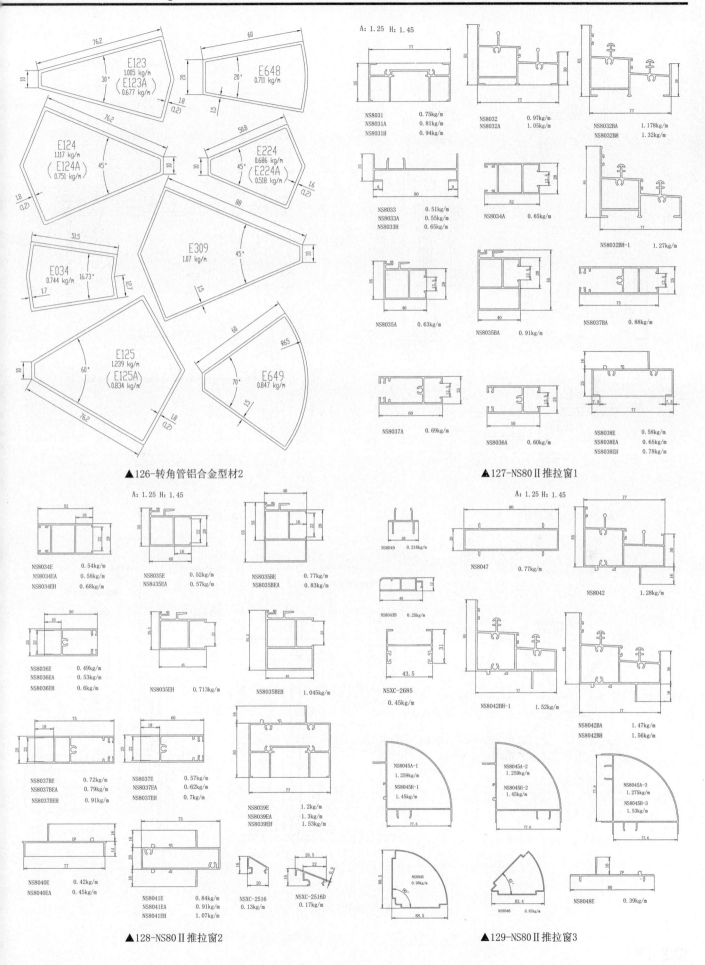

▲126-转角管铝合金型材2

▲127-NS80Ⅱ推拉窗1

▲128-NS80Ⅱ推拉窗2

▲129-NS80Ⅱ推拉窗3

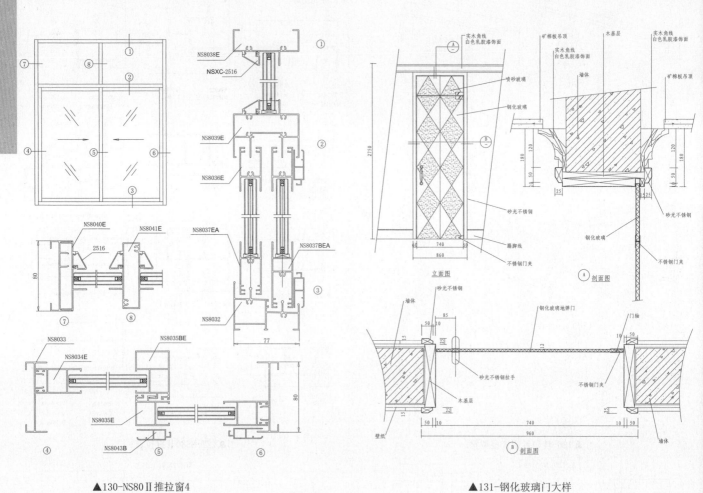

▲130-NS80Ⅱ推拉窗4

▲131-钢化玻璃门大样

▲132-旋转门做法

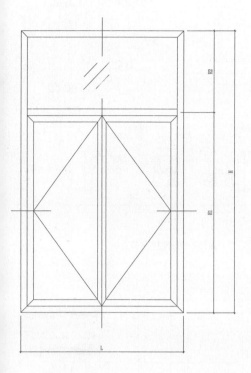

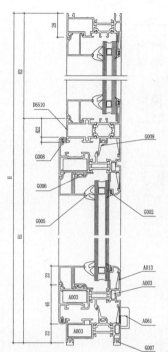

代号		名称	数量	尺寸	切割
型	D6501	横框	2	L	45°-45°
	D6501	竖框	2	H	45°-45°
	D6505	横扇	2	L-44	45°-45°
	D6505	竖扇	2	H1-44	45°-45°
材	D5630	横扇压条	2	L-180	90°-90°
	D5630	竖扇压条	2	H1-136	90°-90°
	D5630	横框压条	2	L-100	90°-90°
	D5630	竖框压条	2	H2-28	90°-90°
	D6510	横中框	1	L-56	90°-90°
配	A001	活动角码	8		
	A003	固定角码	8		
件	A013	角连接片	8		
	A042	合页	2		
	A061	排水盖	1		
胶	G001	玻璃胶条		4L+2H-888	
	G005	玻璃胶条		4L+2H-888	
条	G007	边框胶条		2L	
	G008	槽口胶条		2L+2H1-148	
	G009	中间胶条		2L+2H1-172	
玻璃		6+9A+6mm 中空钢化玻璃	2	宽：L-150 高：H1-150	宽：L-70 高：H2-42

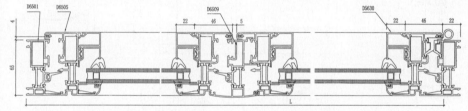

① 658系列隔热带亮窗结构简图
窗洞尺寸详见大样图

▲133-658系列隔热带亮窗结构简图

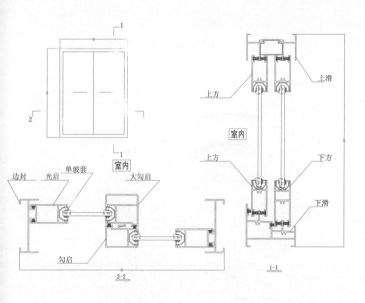

▲134-868推拉窗节点1

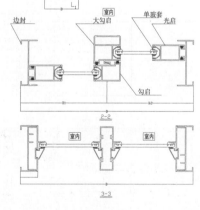

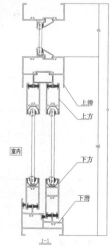

▲135-868推拉窗节点2

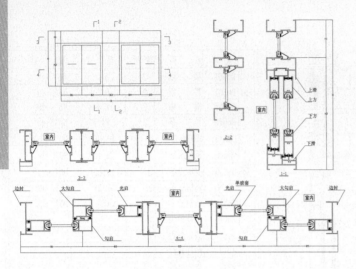

▲136-868推拉窗节点3

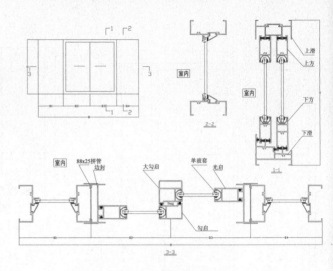

▲137-868推拉窗节点4

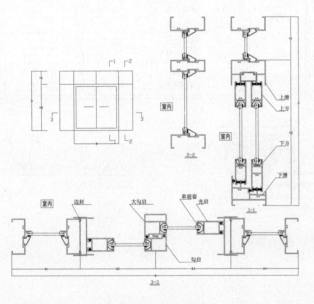

▲138-868推拉窗节点5

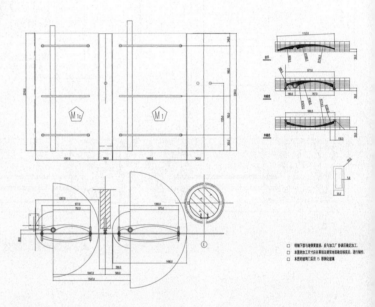

▲139-大厅　侧门　制作、安装图

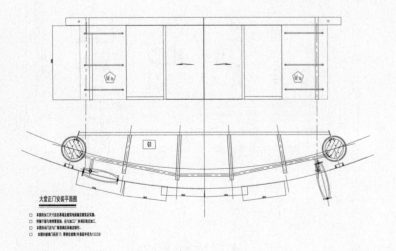

▲140-大厅　正门　制作、安装图

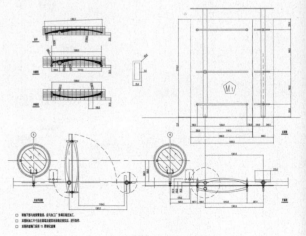

▲141-大厅东侧门　制作、安装图

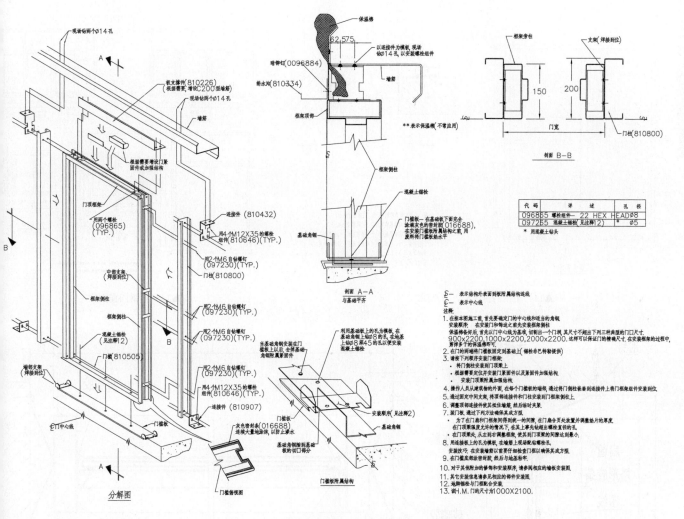

代 码	详 述	孔 径
096865	螺栓组件— 22 HEX HEAD Ø8	
097265	混凝土锚栓(见注释12)	* Ø5

* 用混凝土钻头

▲142-HM门框架安装在2250mm墙筋处

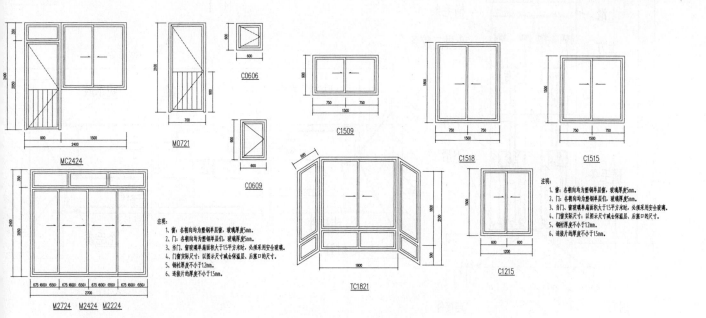

▲143-塑钢门窗大样、节点图1

金属门窗详图

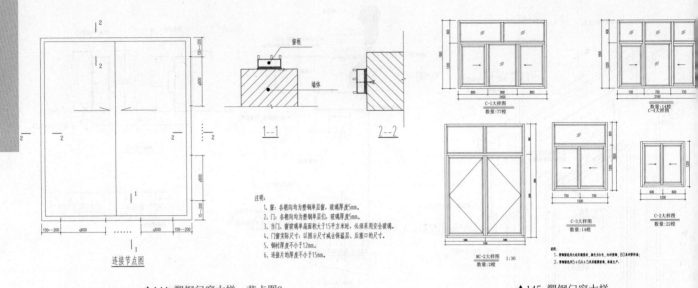

注明:
1、窗:各横向均为塑钢单层窗,玻璃厚度5mm。
2、门:各横向均为塑钢单层门,玻璃厚度5mm。
3、当门、窗玻璃单扇面积大于1.5平方米时,必须采用安全玻璃。
4、门窗实际尺寸:以图示尺寸减去保温层,后塞口的尺寸。
5、钢衬厚度不小于1.2mm。
6、连接片的厚度不小于1.5mm。

▲144-塑钢门窗大样、节点图2

▲145-塑钢门窗大样

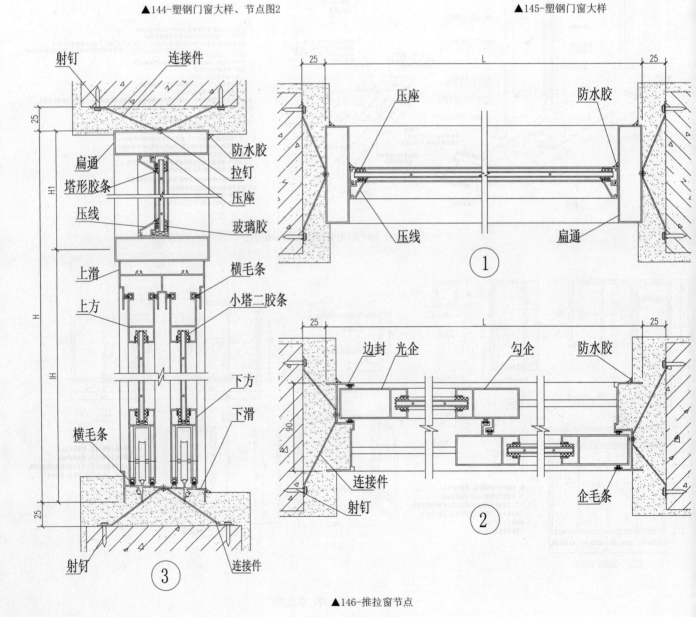

▲146-推拉窗节点

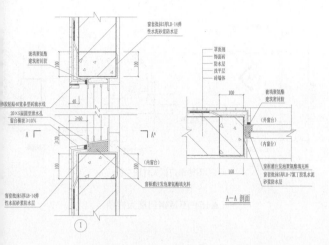

▲147-窗框节点防水构造

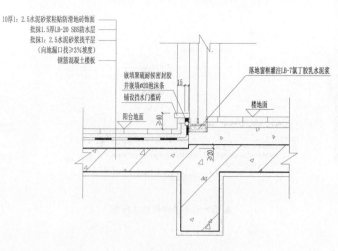

▲148-落地窗防水构造

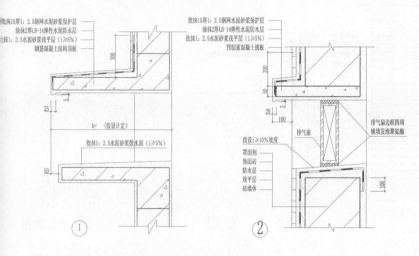

▲149-空调窗户构造 排气窗户构造

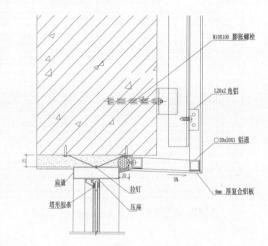

▲150-推拉窗顶部与铝板连接节点

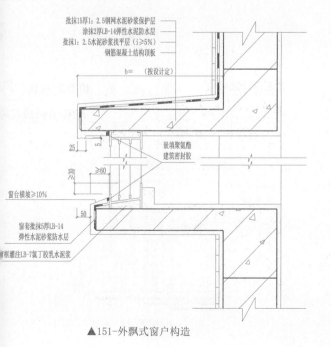

▲151-外飘式窗户构造

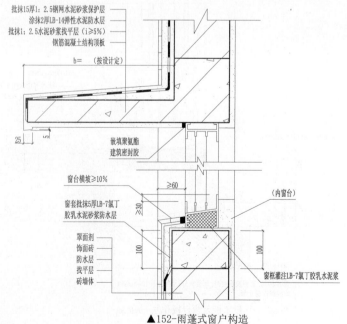

▲152-雨蓬式窗户构造

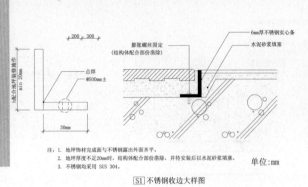

注: 1. 地坪饰材完成面与不锈钢露出外面齐平。
2. 地坪厚度不足20mm时,结构配合部份雷除,并持安装后以水泥砂浆填塞。
3. 不锈钢均采用 SUS 304。

单位:mm

S1 不锈钢收边大样图

▲153-S1不锈钢收边大样图

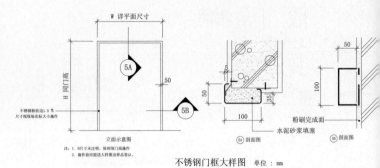

注: 1. H尺寸未注明,依框智订高施作。
2. 施作前应提送大样图及样品签认。

不锈钢门框大样图 单位:mm

▲154-不锈钢门框大样图

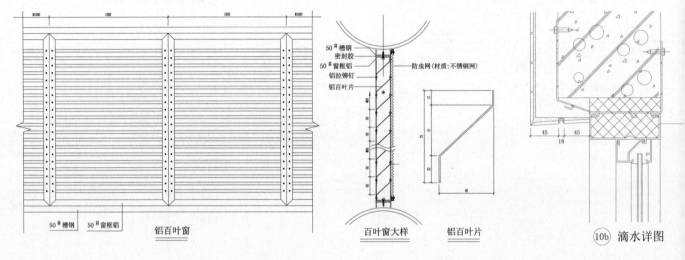

50# 槽钢 50# 窗框铝

铝百叶窗

▲155-彩钢百叶窗做法

50# 槽钢
密封胶
50# 窗框铝
铝拉铆钉
铝百叶片

防虫网(材质:不锈钢网)

百叶窗大样   铝百叶片

10b 滴水详图

▲156-滴水详图

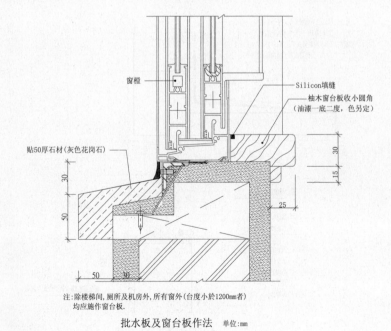

窗樘

贴50厚石材(灰色花岗石)

Silicon填缝
柚木窗台板收小圆角
(油漆一底二度, 色另定)

注:除楼梯间,厕所及机房外,所有窗外(台度小於1200mm者)
均应施作窗台板.

批水板及窗台板作法 单位:mm

▲157-批水板及窗台板作法

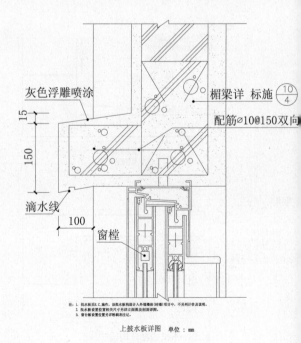

灰色浮雕喷涂

楣梁详 标施 10/4

配筋∅10@150双向

滴水线

100

窗樘

上披水板详图 单位:mm

▲158-上披水板详图

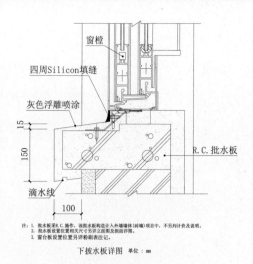

窗樘
四周Silicon填缝
灰色浮雕喷涂
R.C. 批水板
滴水线

15
150
100

注：1. 批水板采用R.C.预件，该批水板构造计入外墙墙体(砖墙)项目中，不另列计价与说明。
2. 批水板设置位置相关尺寸另详立面图及侧面详图。
3. 窗台板设置位置另详粉刷表注记。

下拔水板详图　单位：mm

▲159-下拔水板详图

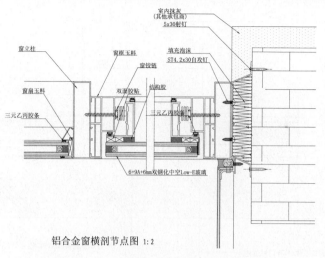

室内抹灰(其他承包商)
5x30射钉
窗立柱
窗框玉料
填充泡沫
窗扇玉料
ST4.2x30白攻钉
窗铰链
双面胶贴
结构胶
三元乙丙胶条
三元乙丙胶条
6+9A+6mm双钢化中空Low-E玻璃

铝合金窗横剖节点图 1:2

▲160-铝合金窗横剖节点图

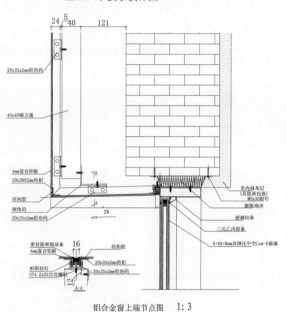

24 5 40 121

20x25x2mm铝角码
40x40钢方通
4mm复合铝板
20x20x2角码
结构胶
钢角码
20x25x2mm铝角码

室内抹灰层(其他承包商)
M5x30射钉
膨胀泡沫
玻璃扣条
三元乙丙胶条
6+9A+6mm双钢化中空Low-E玻璃

2%

密封胶和泡沫条
4mm复合铝板
M5铝拉钉
ST4.2x22自攻螺钉

16
12
结构胶
20x20x2mm角铝
20x25x2mm铝角码
A-A

铝合金窗上端节点图　1:3

▲161-铝合金窗上端节点图

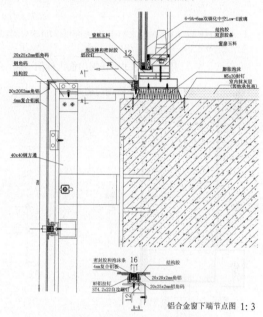

6+9A+6mm双钢化中空Low-E玻璃
结构胶
双面胶条
窗框玉料
窗扇玉料
泡沫棒和密封胶
铝拉钉
20x25x2mm铝角码
钢角码
结构胶
20x20x2mm角铝
4mm复合铝板
40x40钢方通
膨胀泡沫
M5x30射钉
室内抹灰层(其他承包商)

12
A

密封胶和泡沫条
4mm复合铝板
M5铝拉钉
ST4.2x22自攻螺钉

16
12
结构胶
20x20x2mm角铝
20x25x2mm铝角码
A-A

铝合金窗下端节点图 1:3

▲162-铝合金窗下端节点图

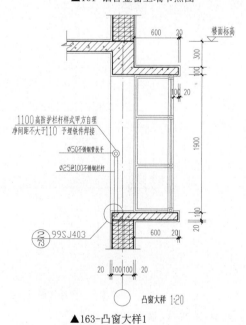

600 20
楼面标高
300
100
100 20

1100高防护栏样式甲方自理
净间距不大于110 予埋铁件焊接
Ø50不锈钢管扶手
Ø25@100不锈钢栏杆

1900

2 99SJ403
73

20 100 100 20
600 20

凸窗大样 1:20

▲163-凸窗大样1

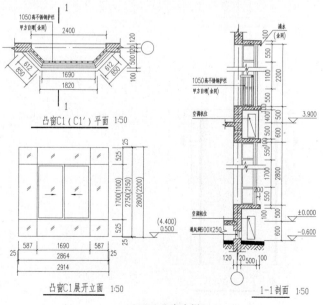

1050高不锈钢护栏
甲方自理(余同)
2400
612 612
850 850
1690
1820

凸窗C1(C1')平面 1:50

25
525
1700(1100)
2750(2150)
2800(2200)
525
25

587 1690 587
25 2864 25
2914

凸窗C1展开立面 1:50

滴水(余同)
100
550
1100
2200
1050高不锈钢护栏
甲方自理(余同)
550
空调位
3.900
550
400
1700
500
500
600
2800
200
550
空调机位
±0.000
通风隔600X250
100
-0.600
120 120 500 100

1-1剖面 1:50

▲164-凸窗大样2

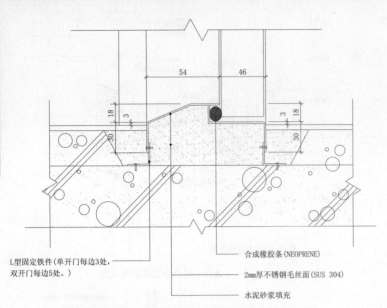

L型固定铁件(单开门每边3处,
双开门每边5处。)

合成橡胶条(NEOPRENE)

2mm厚不锈钢毛丝面(SUS 304)

水泥砂浆填充

注: 1. 地坪为耐磨地坪或整体粉光固定铁件应埋入结构体内或结构体配合部份打凿。
2. 不锈钢均采 SUS 304。

S4 气密式不锈钢门槛大样图 单位:mm

▲165-气密式不锈钢门槛大样图

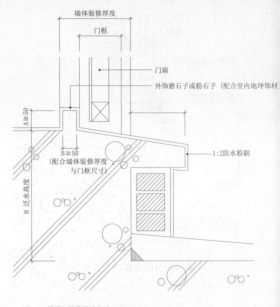

墙体装修厚度

门框

门扇

外饰磨石子或粉石子 (配合室内地坪饰材

1:2防水粉刷

注: 1. 屋顶门槛设置泛水时 H≧400mm。
2. A值=50mm, B值配合墙体装修厚度及门框位置与尺寸其值≧50mm。

S3 屋顶门槛大样图 单位:mm

▲166-屋顶门槛大样图

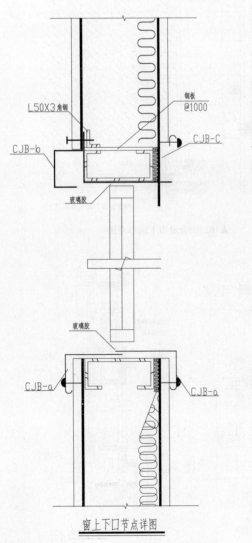

钢板
@1000

L50X3角钢

CJB-C

CJB-b

玻璃胶

玻璃胶

CJB-a

CJB-a

窗上下口节点详图

▲167-窗上下口节点详图

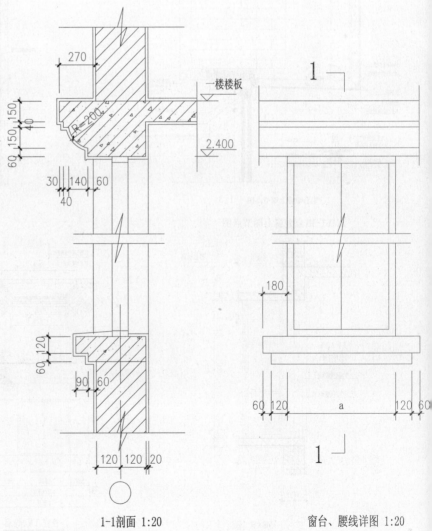

一楼楼板

2,400

1-1剖面 1:20

▲168-窗台、腰线详图

窗台、腰线详图 1:20

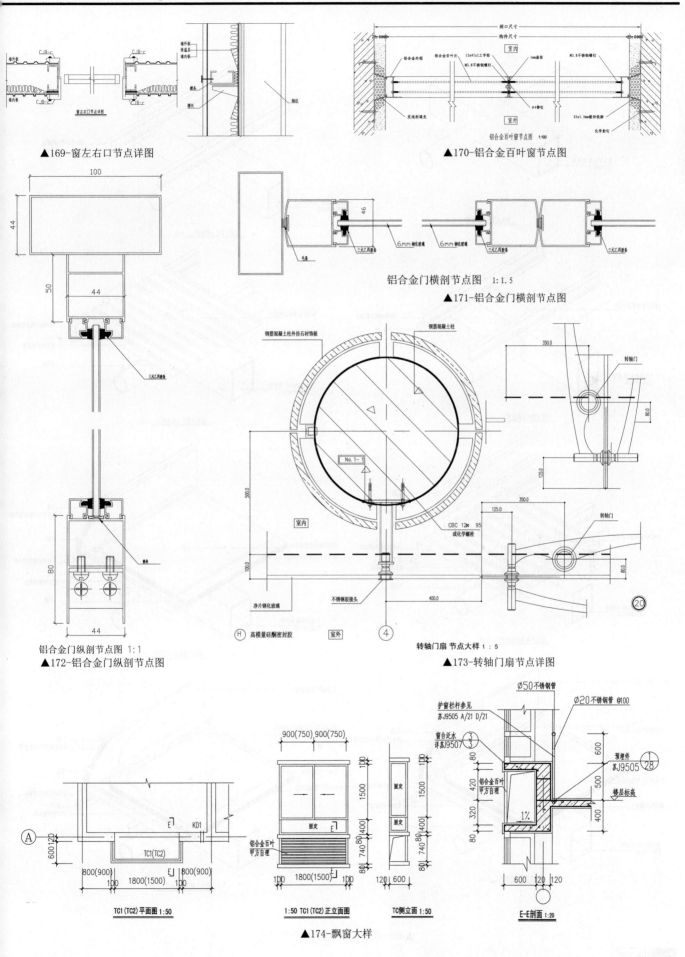

▲169-窗左右口节点详图

▲170-铝合金百叶窗节点图

铝合金门横剖节点图 1:1.5
▲171-铝合金门横剖节点图

铝合金门纵剖节点图 1:1
▲172-铝合金门纵剖节点图

转轴门扇 节点大样 1:5
▲173-转轴门扇节点详图

TC1(TC2)平面图 1:50

1:50 TC1(TC2)正立面图　　TC侧立面 1:50

E-E剖面 1:20

▲174-飘窗大样

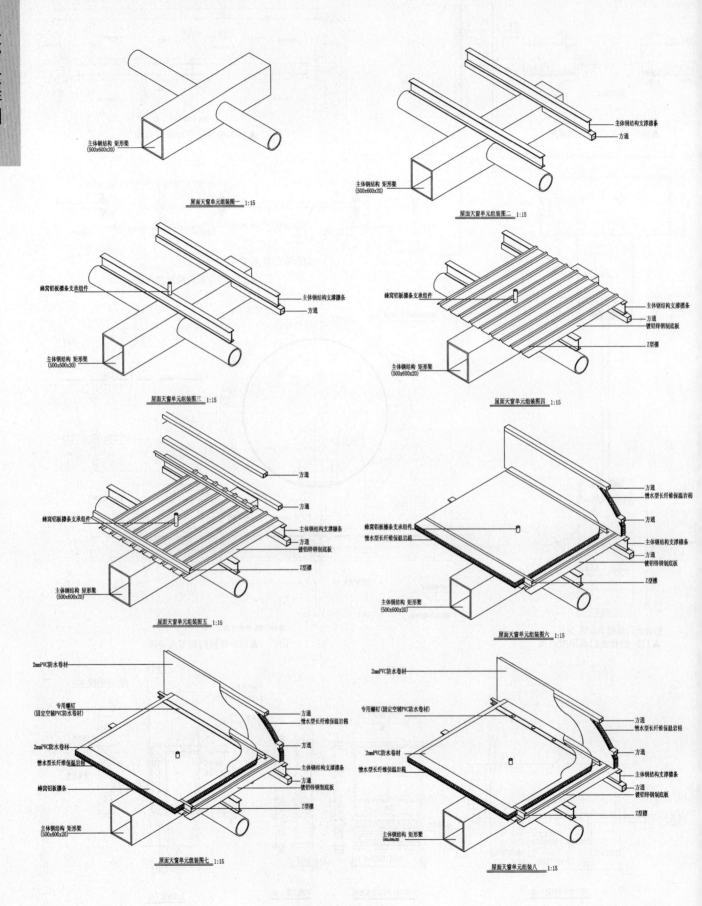

主体钢结构 矩形梁
(500x600x20)

屋面天窗单元组装图一 1:15

主体钢结构支撑檩条
方通

主体钢结构 矩形梁
(500x600x20)

屋面天窗单元组装图二 1:15

蜂窝铝板檩条支承组件
主体钢结构支撑檩条
方通

主体钢结构 矩形梁
(500x600x20)

屋面天窗单元组装图三 1:15

蜂窝铝板檩条支承组件
主体钢结构支撑檩条
方通
镀铝锌钢制底板
Z型檩

主体钢结构 矩形梁
(500x600x20)

屋面天窗单元组装图四 1:15

方通
方通
蜂窝铝板檩条支承组件
主体钢结构支撑檩条
方通
镀铝锌钢制底板
Z型檩

主体钢结构 矩形梁
(500x600x20)

屋面天窗单元组装图五 1:15

方通
憎水型长纤维保温岩棉
方通
主体钢结构支撑檩条
方通
镀铝锌钢制底板
Z型檩

蜂窝铝板檩条支承组件
憎水型长纤维保温岩棉

主体钢结构 矩形梁
(500x600x20)

屋面天窗单元组装图六 1:15

2mmPVC防水卷材
专用螺钉
(固定空轴PVC防水卷材)
2mmPVC防水卷材
憎水型长纤维保温岩棉
蜂窝铝板檩条

主体钢结构 矩形梁
(500x600x20)

方通
憎水型长纤维保温岩棉
方通
主体钢结构支撑檩条
方通
镀铝锌钢制底板
Z型檩

屋面天窗单元组装图七 1:15

2mmPVC防水卷材
专用螺钉(固定空轴PVC防水卷材)
2mmPVC防水卷材
憎水型长纤维保温岩棉

主体钢结构 矩形梁
(500x600x20)

方通
憎水型长纤维保温岩棉
方通
主体钢结构支撑檩条
方通
镀铝锌钢制底板
Z型檩

屋面天窗单元组装图八 1:15

▲001-屋面采光天窗构造大样图1

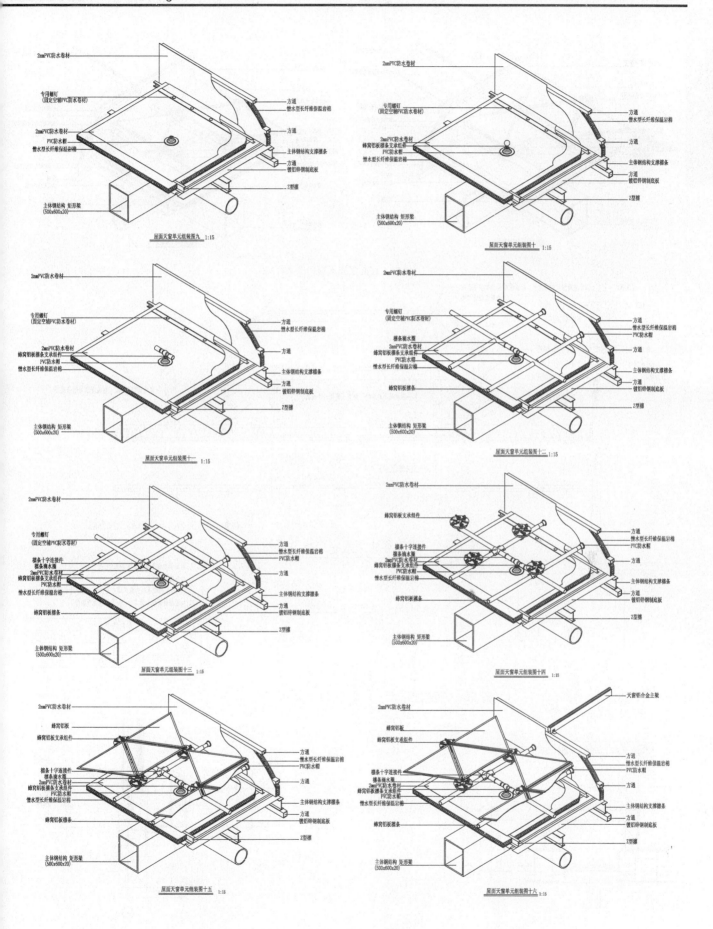

▲002-屋面采光天窗构造大样图2

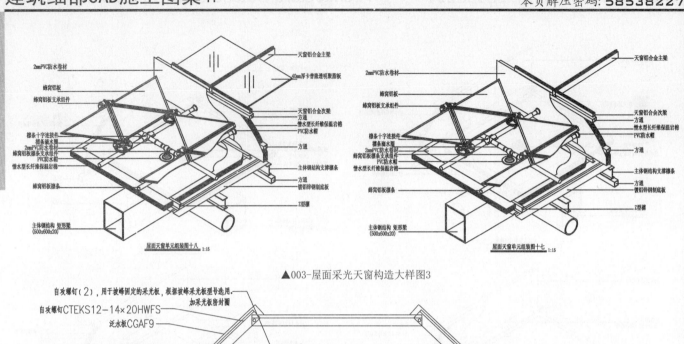

▲003-屋面采光天窗构造大样图3

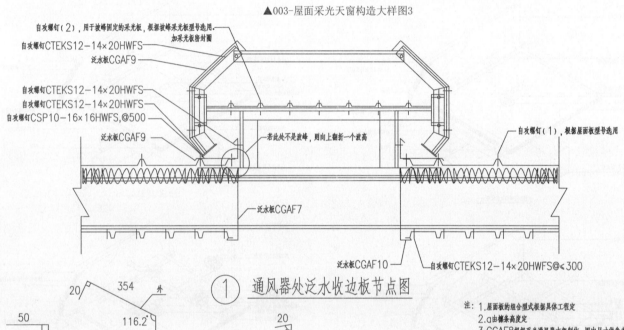

① 通风器处泛水收边板节点图

注: 1.屋面板的组合型式根据具体工程定
　　2.α由檩条高度定
　　3.CGAF8根据采光通风器支架制作,图中尺寸供参考
　　4.b根据屋面板参数定,Lw等于屋面板肋高

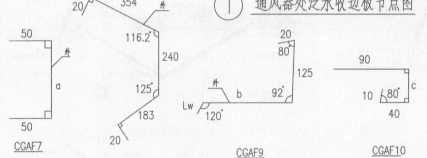

	屋面板型号			
	HXY-980	HXY-750	HXY-407	HXY-450
b	350	230	250	100
Lw	30	35	41	60

CGAF7　　CGAF8　　CGAF9　　CGAF10

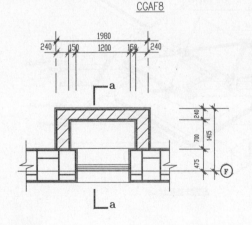

▲-采光井详图

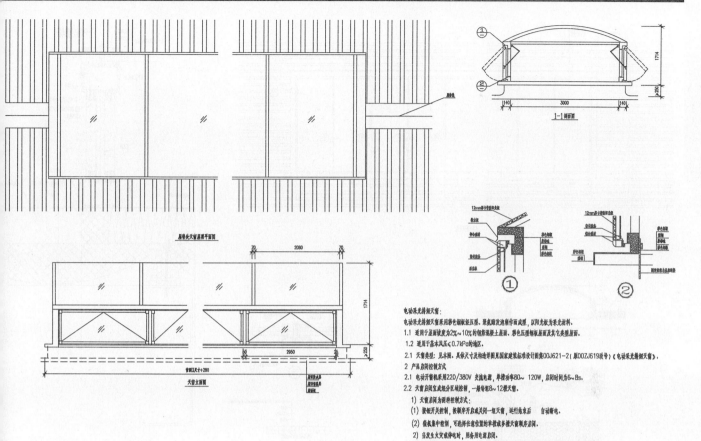

▲-圆拱型电动采光排烟天窗

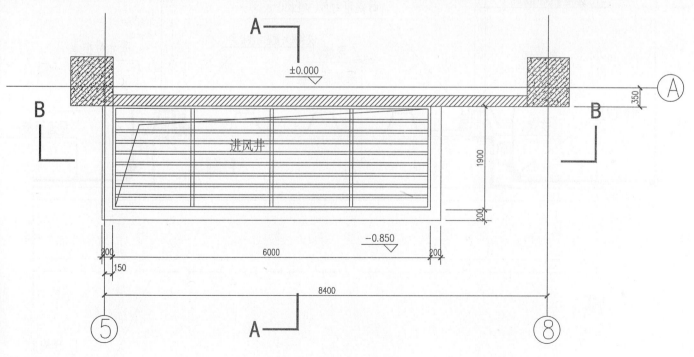

▲-窗井详图

天窗大样图

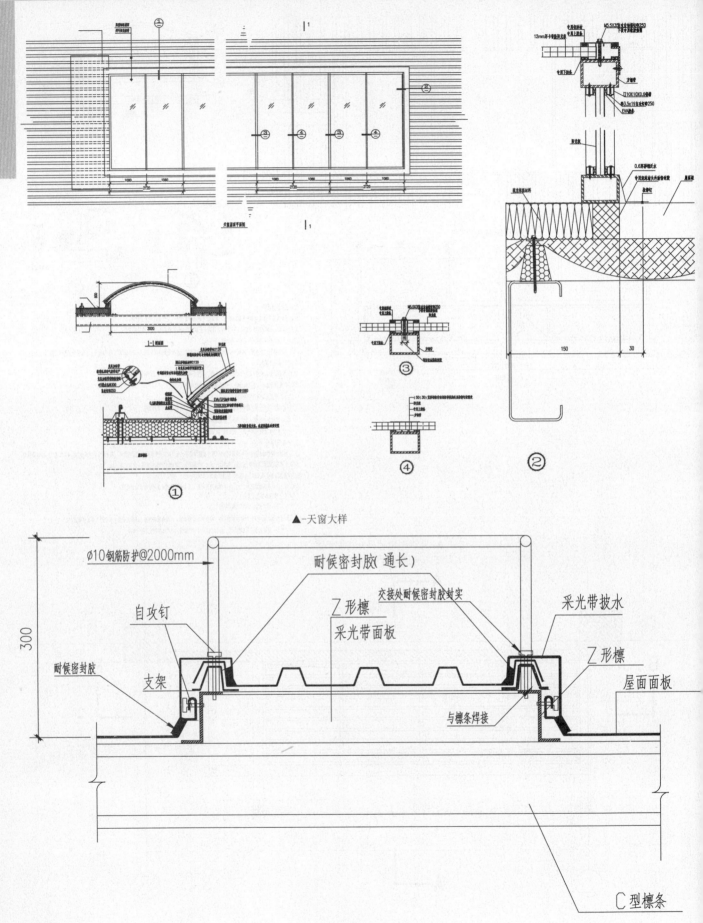

▲-天窗大样

▲-采光带节点做法

- Ø10钢筋防护@2000mm
- 耐候密封胶(通长)
- 交接处耐候密封胶封实
- Z形檩
- 采光带面板
- 采光带披水
- 自攻钉
- Z形檩
- 支架
- 屋面面板
- 耐候密封胶
- 与檩条焊接
- C型檩条

300

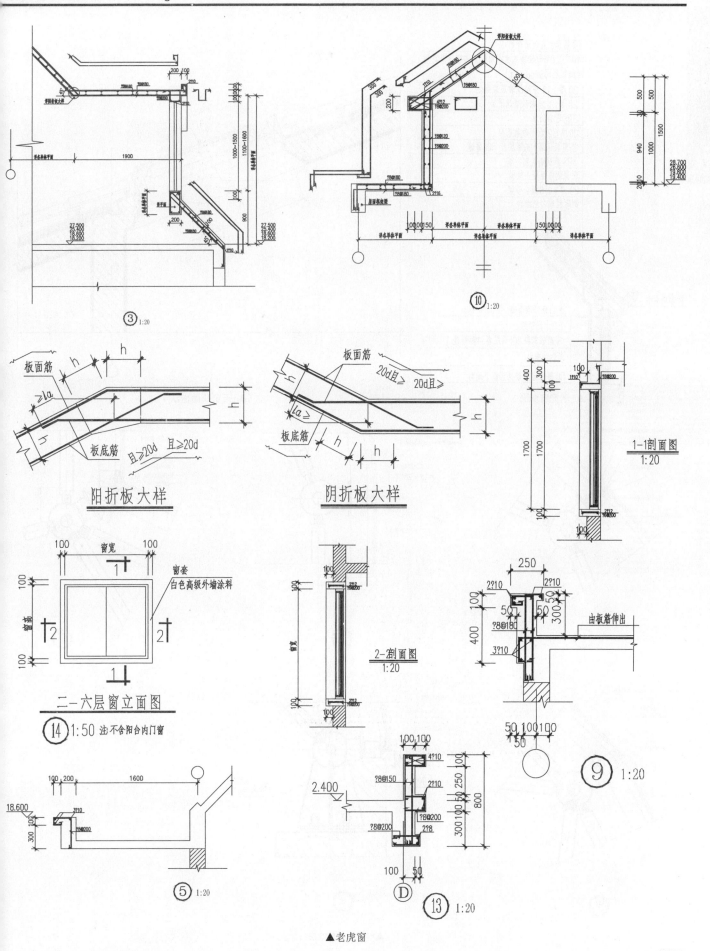

③ 1:20

⑩ 1:20

板面筋
≥la
板底筋
且≥20d 且≥20d

阳折板大样

板面筋
20d且≥
20d且≥
板底筋

阴折板大样

1-1剖面图
1:20

窗宽
窗套
白色高级外墙涂料
窗高

二-六层窗立面图
⑭ 1:50 注不含阳台内门窗

2-剖面图
1:20

由板筋伸出

⑨ 1:20

⑤ 1:20

Ⓓ ⑬ 1:20

▲ 老虎窗

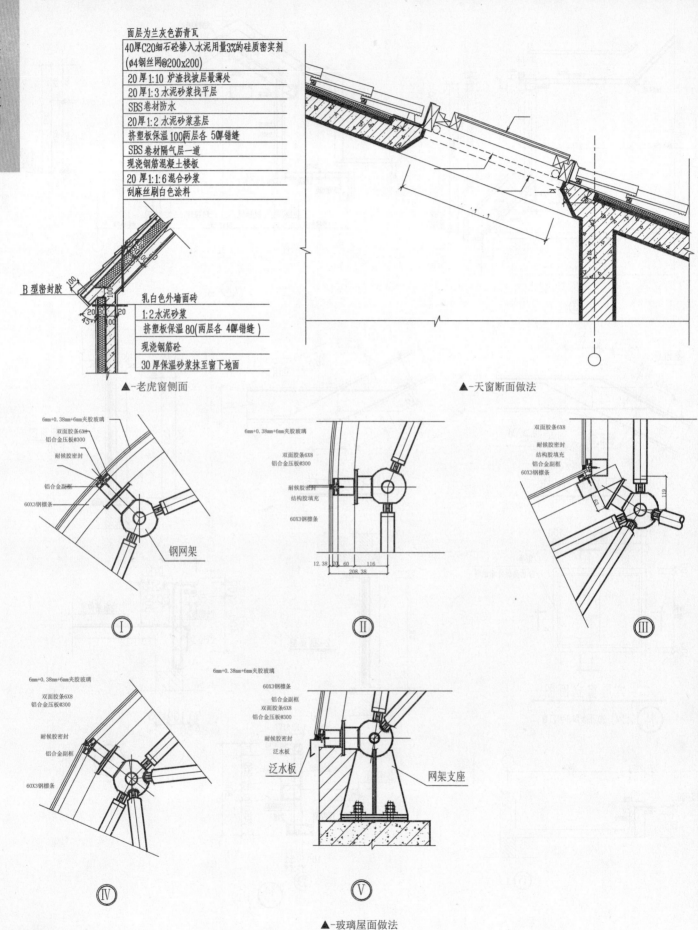

面层为兰灰色沥青瓦

40厚C20细石砼掺入水泥用量3%的硅质密实剂
(ø4钢丝网@200x200)

20厚1:10 炉渣找坡层最薄处

20厚1:3 水泥砂浆找平层

SBS卷材防水

20厚1:2 水泥砂浆基层

挤塑板保温100两层各 50厚错缝

SBS卷材隔气层一道

现浇钢筋混凝土楼板

20厚1:1:6 混合砂浆

刮麻丝刷白色涂料

B 型密封胶

乳白色外墙面砖

1:2水泥砂浆

挤塑板保温80(两层各 4厚错缝)

现浇钢筋砼

30厚保温砂浆抹至窗下地面

▲-老虎窗侧面

▲-天窗断面做法

6mm+0.38mm+6mm夹胶玻璃
双面胶条6X8
铝合金压板#300
耐候胶密封
铝合金副框
60X3钢檩条
钢网架

Ⅰ

6mm+0.38mm+6mm夹胶玻璃
双面胶条6X8
铝合金压板#300
耐候胶密封
结构胶填充
60X3钢檩条
12.38 20 60 116
208.38

Ⅱ

双面胶条6X8
耐候胶密封
结构胶填充
铝合金副框
60X3钢檩条

Ⅲ

6mm+0.38mm+6mm夹胶玻璃
双面胶条6X8
铝合金压板#300
耐候胶密封
铝合金副框
60X3钢檩条

Ⅳ

6mm+0.38mm+6mm夹胶玻璃
60X3钢檩条
双面胶条6X8
铝合金压板#300
耐候胶密封
泛水板
泛水板
网架支座

Ⅴ

▲-玻璃屋面做法

Architecture Details CAD Construction Atlas Ⅱ

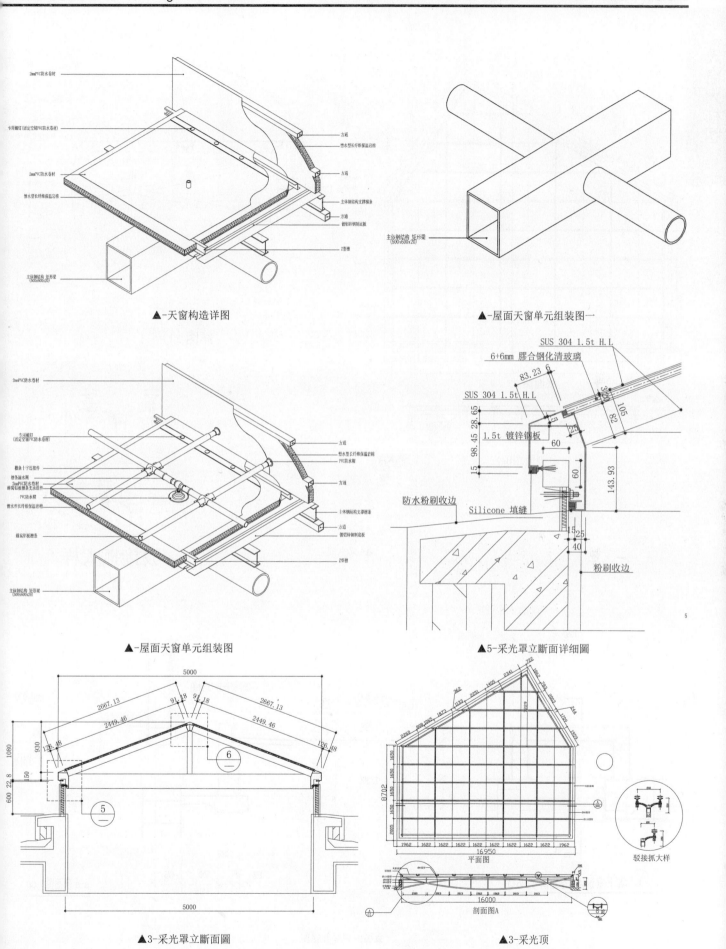

▲-天窗构造详图

▲-屋面天窗单元组装图一

▲-屋面天窗单元组装图

▲5-采光罩立断面详细圖

▲3-采光罩立断面圖

▲3-采光顶

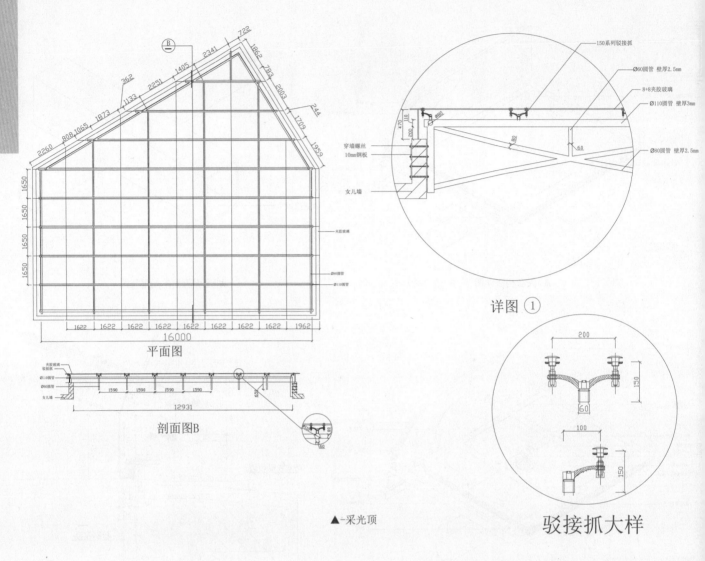

平面图

剖面图B

▲-采光顶

详图 ①

驳接抓大样

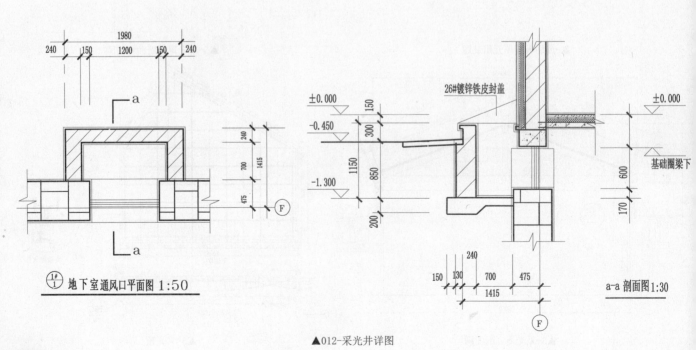

1#／1 地下室通风口平面图 1:50

a-a 剖面图1:30

26#镀锌铁皮封盖

基础圈梁下

▲012-采光井详图

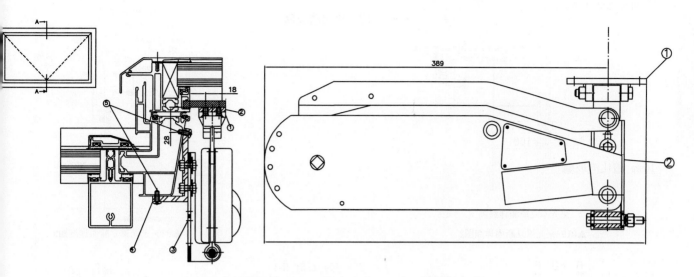

▲014-电动开窗详细节点-天窗b12-折臂式EA-KL Foliding arm2

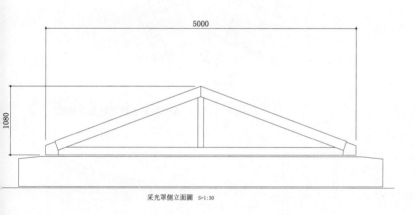

采光罩侧立面图　S=1:30

▲015-采光罩侧立面图

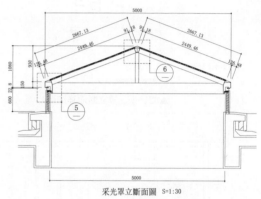

采光罩立断面图　S=1:30

▲016-采光罩立断面图1

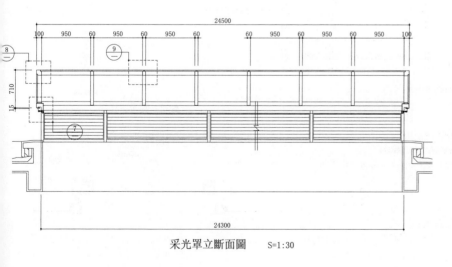

采光罩立断面图　　　S=1:30

▲017-采光罩立断面图2

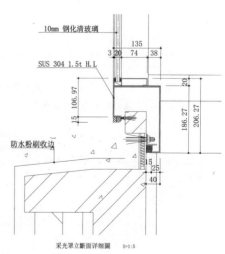

采光罩立断面详细图　S=1:5

▲018-采光罩立断面详细图1

天窗大样图

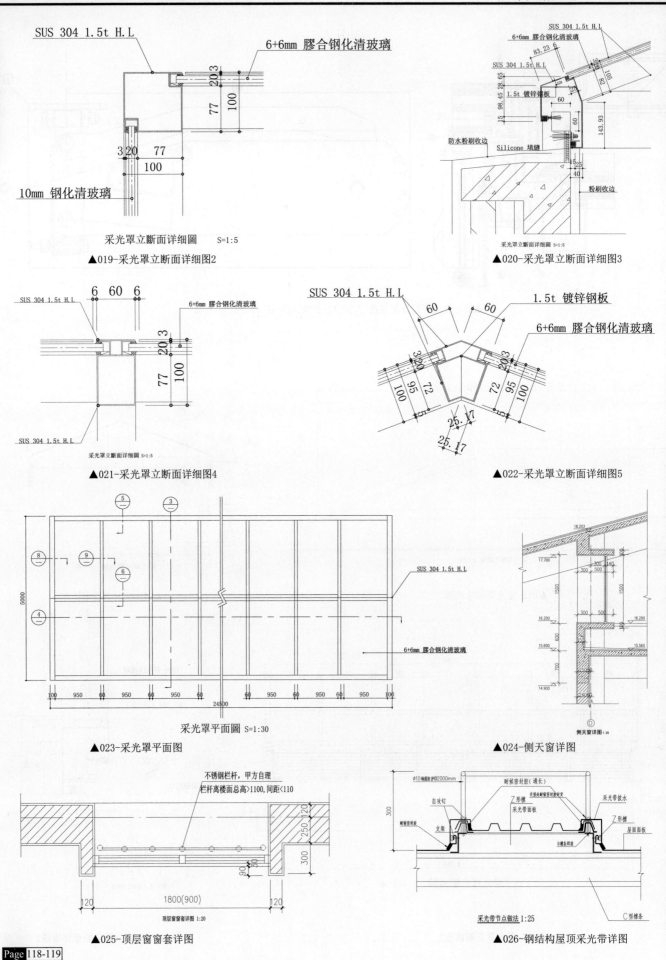

SUS 304 1.5t H.L
6+6mm 膠合钢化清玻璃
10mm 钢化清玻璃

采光罩立断面详细圖　S=1:5

▲019-采光罩立断面详细图2

SUS 304 1.5t H.L
6+6mm 膠合钢化清玻璃
1.5t 镀锌钢板
防水粉刷收边
Silicone 填缝
粉刷收边

采光罩立断面详细圖 S=1:5

▲020-采光罩立断面详细图3

SUS 304 1.5t H.L
6+6mm 膠合钢化清玻璃

采光罩立断面详细圖 S=1:5

▲021-采光罩立断面详细图4

SUS 304 1.5t H.L
1.5t 镀锌钢板
6+6mm 膠合钢化清玻璃

▲022-采光罩立断面详细图5

SUS 304 1.5t H.L
6+6mm 膠合钢化清玻璃

采光罩平面圖 S=1:30

▲023-采光罩平面图

侧天窗详图 1:20

▲024-侧天窗详图

不锈钢栏杆,甲方自理
栏杆离楼面总高>1100,间距<110

顶层窗窗套详圖 1:20

▲025-顶层窗窗套详图

Ø10钢筋扶护@2000mm
耐候密封胶(通长)
自攻钉
采光带放水
7形槽
采光带面板
耐候密封胶
支架
与檩条焊接
屋面板
C型檩条

采光带节点做法 1:25

▲026-钢结构屋顶采光带详图

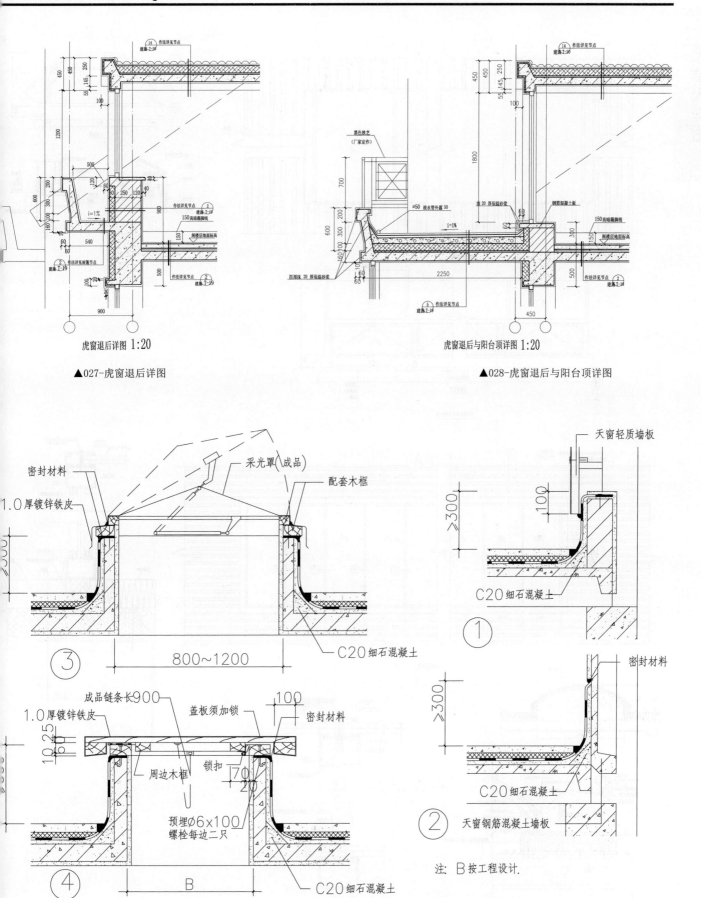

虎窗退后详图 1:20

▲027-虎窗退后详图

虎窗退后与阳台顶详图 1:20

▲028-虎窗退后与阳台顶详图

密封材料

采光罩(成品)

配套木框

1.0厚镀锌铁皮

③

800~1200

C20细石混凝土

天窗轻质墙板

①

C20细石混凝土

成品链条长900

1.0厚镀锌铁皮

盖板须加锁

密封材料

周边木框

锁扣

预埋Ø6x100
螺栓每边二只

④

B

C20细石混凝土

密封材料

②

C20细石混凝土

天窗钢筋混凝土墙板

注: B按工程设计.

▲029-天窗屋面人孔构造示意图

天窗大样图

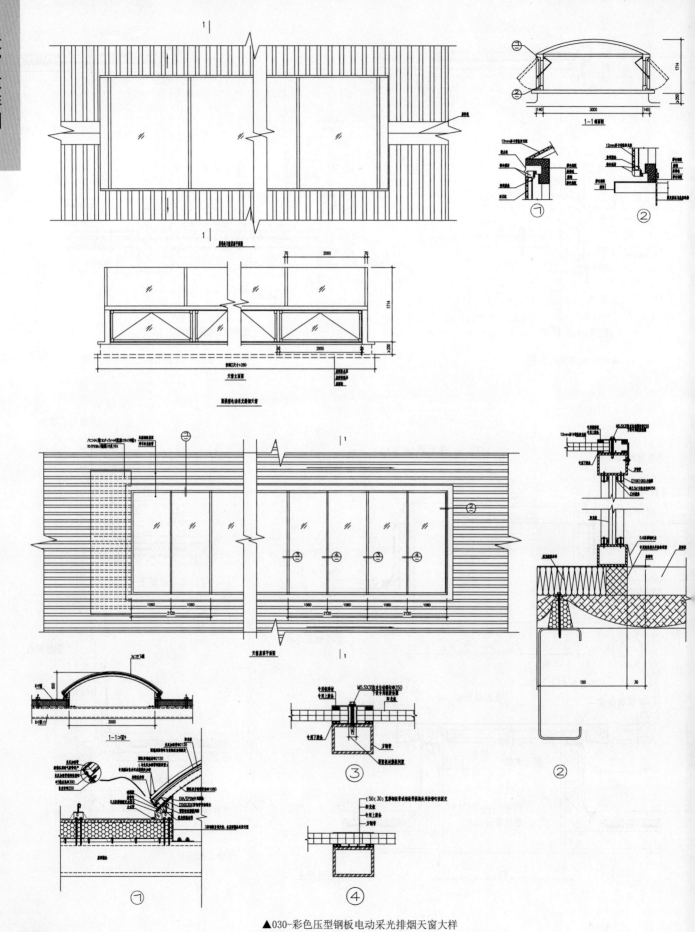

▲030-彩色压型钢板电动采光排烟天窗大样

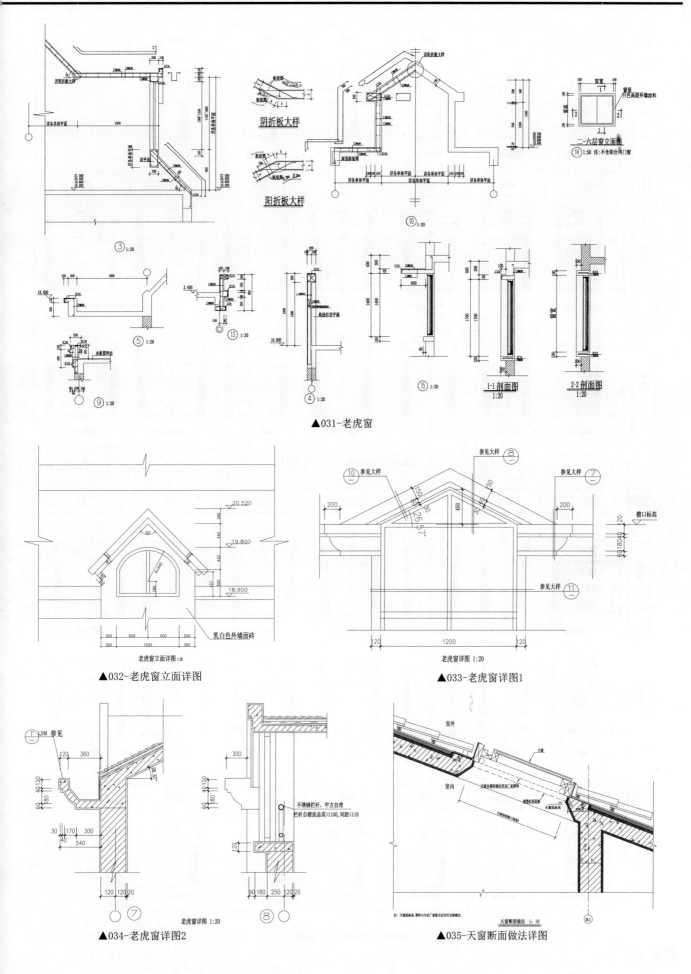

阴折板大样

阳折板大样

二~六层窗立面图

▲031-老虎窗

▲032-老虎窗立面详图

▲033-老虎窗详图1

▲034-老虎窗详图2

▲035-天窗断面做法详图

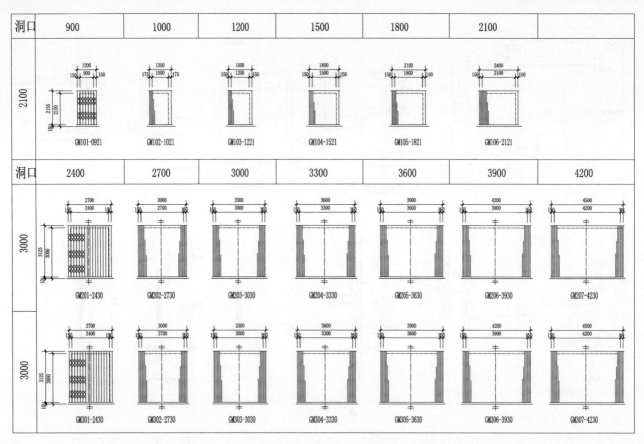

洞口	900	1000	1200	1500	1800	2100	
2100	GM101-0921	GM102-1021	GM103-1221	GM104-1521	GM105-1821	GM106-2121	

洞口	2400	2700	3000	3300	3600	3900	4200
3000	GM201-2430	GM202-2730	GM203-3030	GM204-3330	GM205-3630	GM206-3930	GM207-4230
3000	GM301-2430	GM302-2730	GM303-3030	GM304-3330	GM305-3630	GM306-3930	GM307-4230

▲001-GM1,DM2,GM3 铁栅门

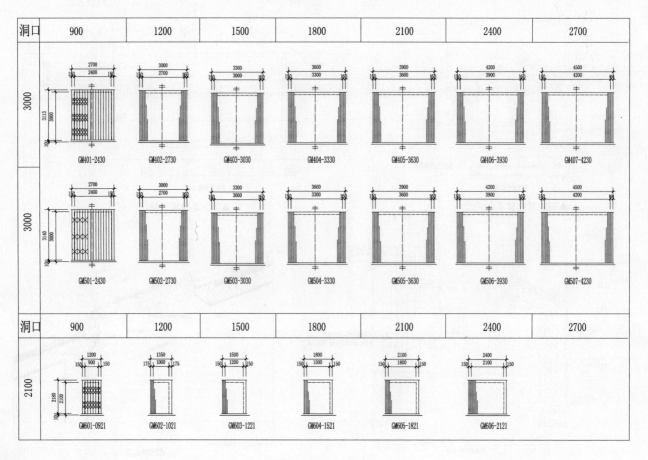

洞口	900	1200	1500	1800	2100	2400	2700
3000	GM401-2430	GM402-2730	GM403-3030	GM404-3330	GM405-3630	GM406-3930	GM407-4230
3000	GM501-2430	GM502-2730	GM503-3030	GM504-3330	GM505-3630	GM506-3930	GM507-4230

洞口	900	1200	1500	1800	2100	2400	2700
2100	GM601-0921	GM602-1021	GM603-1221	GM604-1521	GM605-1821	GM606-2121	

▲002-GM4,DM5,GM6 铁栅门

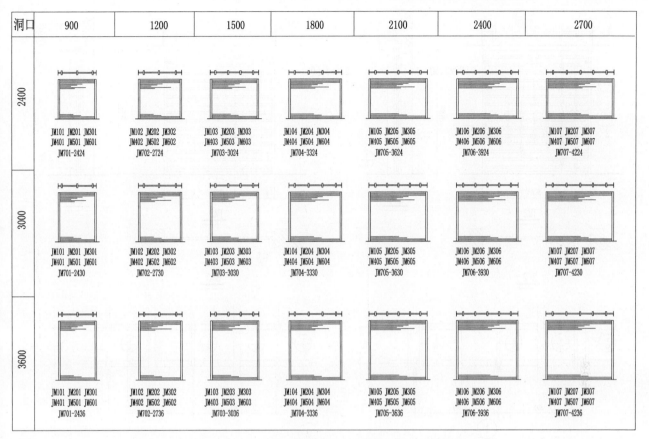

洞口	900	1200	1500	1800	2100	2400	2700
2400	JM101 JM201 JM301 JM401 JM501 JM601 JM701-2424	JM102 JM202 JM302 JM402 JM502 JM602 JM702-2724	JM103 JM203 JM303 JM403 JM503 JM603 JM703-3024	JM104 JM204 JM304 JM404 JM504 JM604 JM704-3324	JM105 JM205 JM305 JM405 JM505 JM605 JM705-3624	JM106 JM206 JM306 JM406 JM506 JM606 JM706-3924	JM107 JM207 JM307 JM407 JM507 JM607 JM707-4224
3000	JM101 JM201 JM301 JM401 JM501 JM601 JM701-2430	JM102 JM202 JM302 JM402 JM502 JM602 JM702-2730	JM103 JM203 JM303 JM403 JM503 JM603 JM703-3030	JM104 JM204 JM304 JM404 JM504 JM604 JM704-3330	JM105 JM205 JM305 JM405 JM505 JM605 JM705-3630	JM106 JM206 JM306 JM406 JM506 JM606 JM706-3930	JM107 JM207 JM307 JM407 JM507 JM607 JM707-4230
3600	JM101 JM201 JM301 JM401 JM501 JM601 JM701-2436	JM102 JM202 JM302 JM402 JM502 JM602 JM702-2736	JM103 JM203 JM303 JM403 JM503 JM603 JM703-3036	JM104 JM204 JM304 JM404 JM504 JM604 JM704-3336	JM105 JM205 JM305 JM405 JM505 JM605 JM705-3636	JM106 JM206 JM306 JM406 JM506 JM606 JM706-3936	JM107 JM207 JM307 JM407 JM507 JM607 JM707-4236

▲003-JM1,JM2,JM3,JM4,JM5,JM6,JM7铁栅门

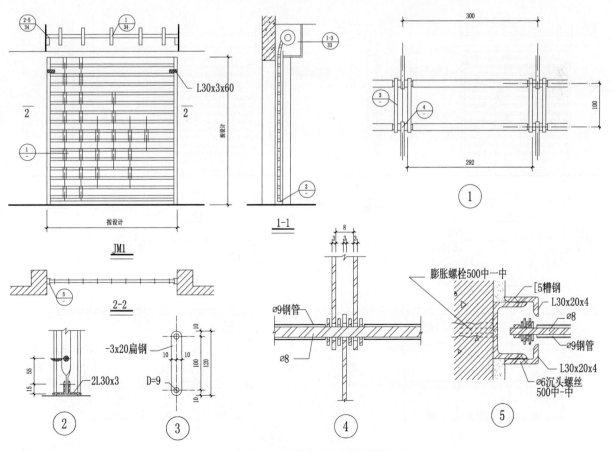

▲004-JM1空格卷帘门及节点祥图

铁栅门节点详图

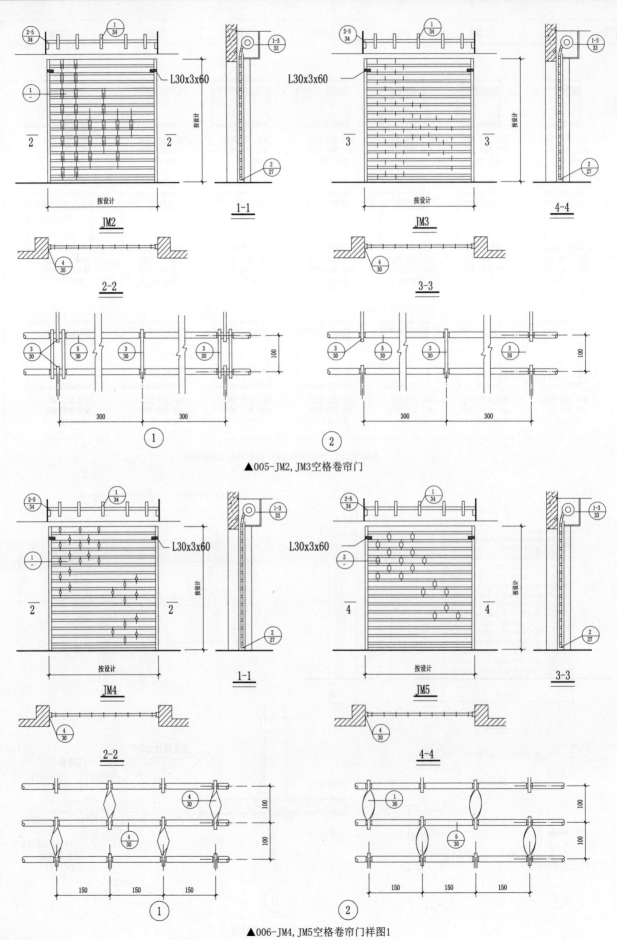

▲005-JM2,JM3空格卷帘门

▲006-JM4,JM5空格卷帘门祥图1

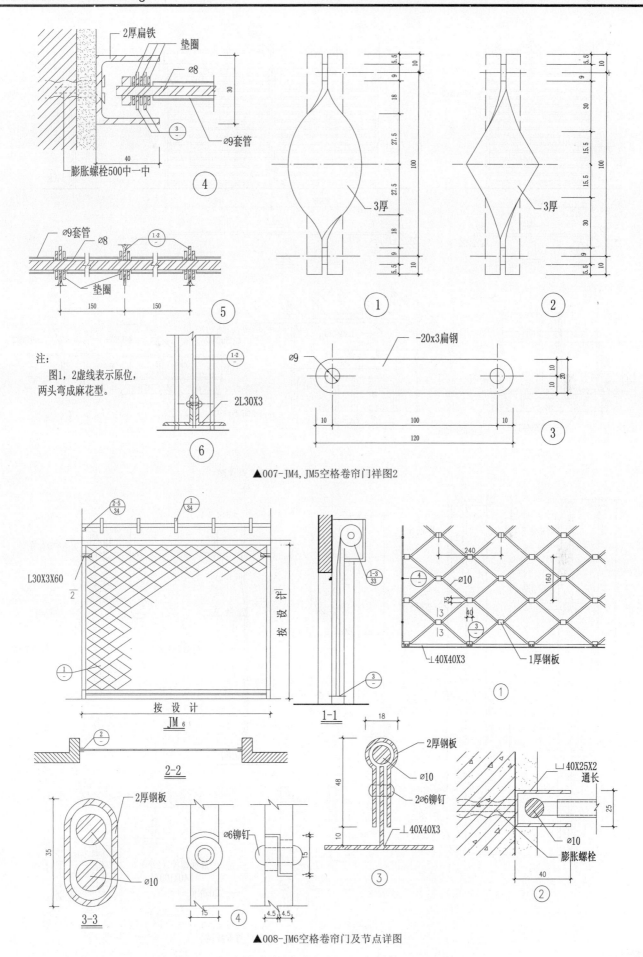

2厚扁铁
垫圈
∅8
∅9套管
膨胀螺栓500中一中
④

∅9套管 ∅8
垫圈
⑤

注:
图1,2虚线表示原位,
两头弯成麻花型。

2L30X3
⑥

3厚
①

3厚
②

-20x3扁钢
∅9
③

▲007-JM4,JM5空格卷帘门祥图2

L30X3X60
按设计
按设计
JM₆
1-1

2-2

2厚钢板
∅10
⊥40X40X3
1厚钢板
①

∅10
膨胀螺栓
⊥40X25X2 通长
②

2厚钢板
∅10
3-3

∅6铆钉
④

2厚钢板
∅10
2∅6铆钉
⊥40X40X3
③

▲008-JM6空格卷帘门及节点详图

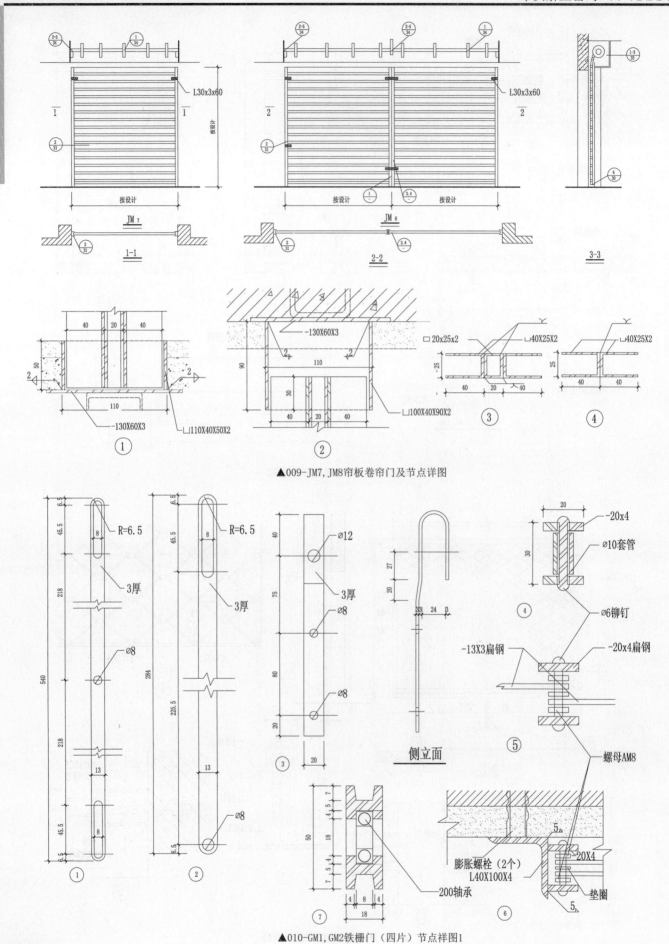

▲009-JM7，JM8帘板卷帘门及节点详图

▲010-GM1，GM2铁栅门（四片）节点祥图1

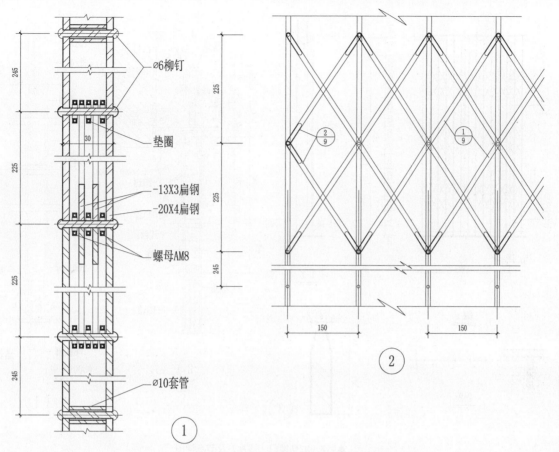

▲011-GM1,GM2铁栅门（四片）节点详图2

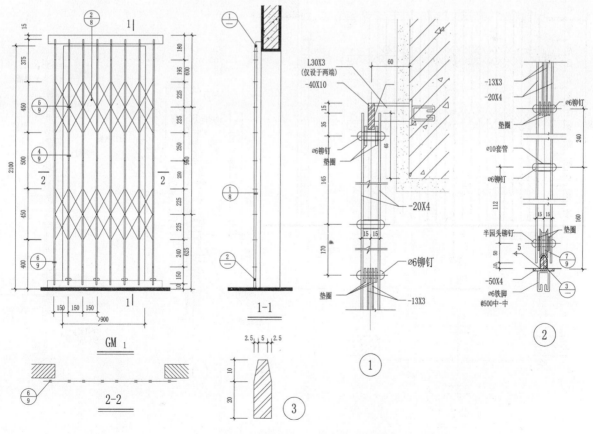

▲012-GM1铁栅门（四片）及节点祥图

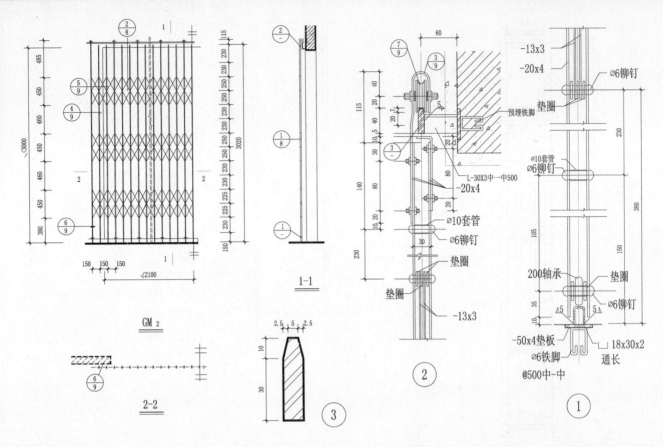

▲013-GM2铁栅门（四片）及节点祥图

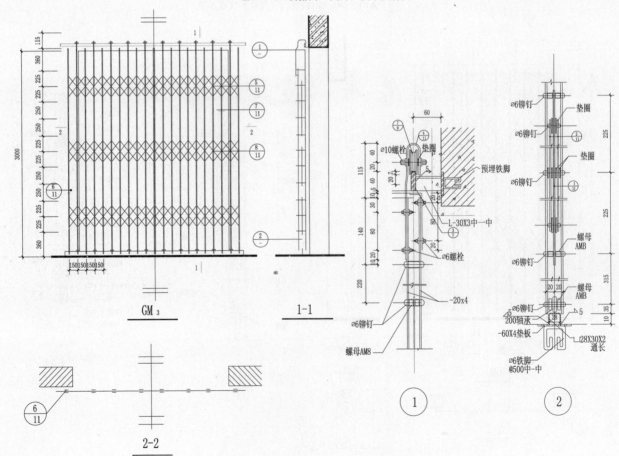

▲014-GM1铁栅门（五片）及节点祥图

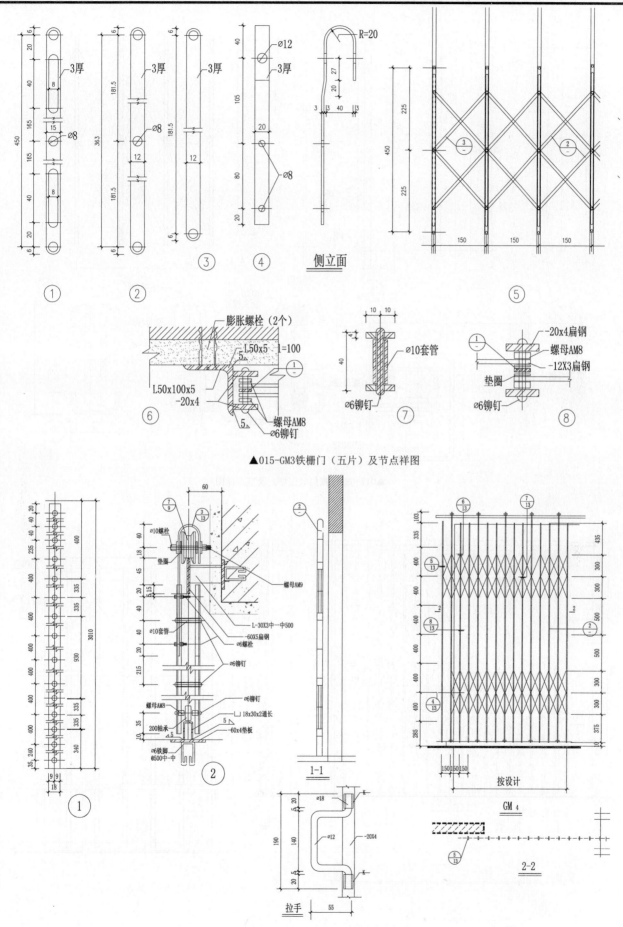

▲015-GM3铁栅门（五片）及节点祥图

▲016-GM4铁栅门（[型）及节点详图

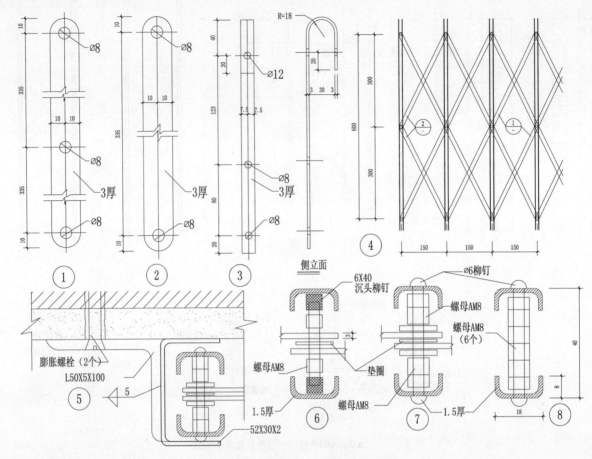

▲017-GM4铁栅门（匚型）及节点详图

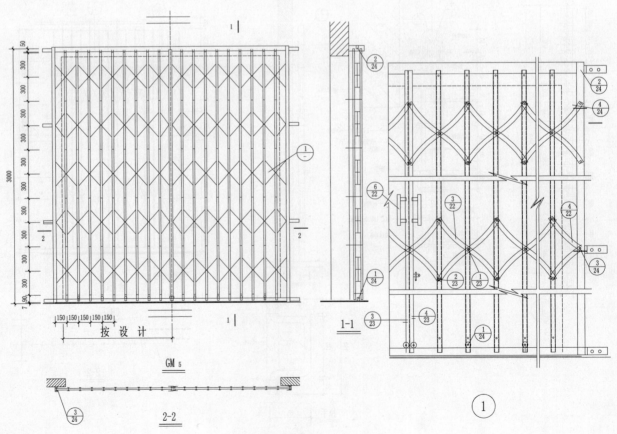

▲018-GM5异型铁栅门

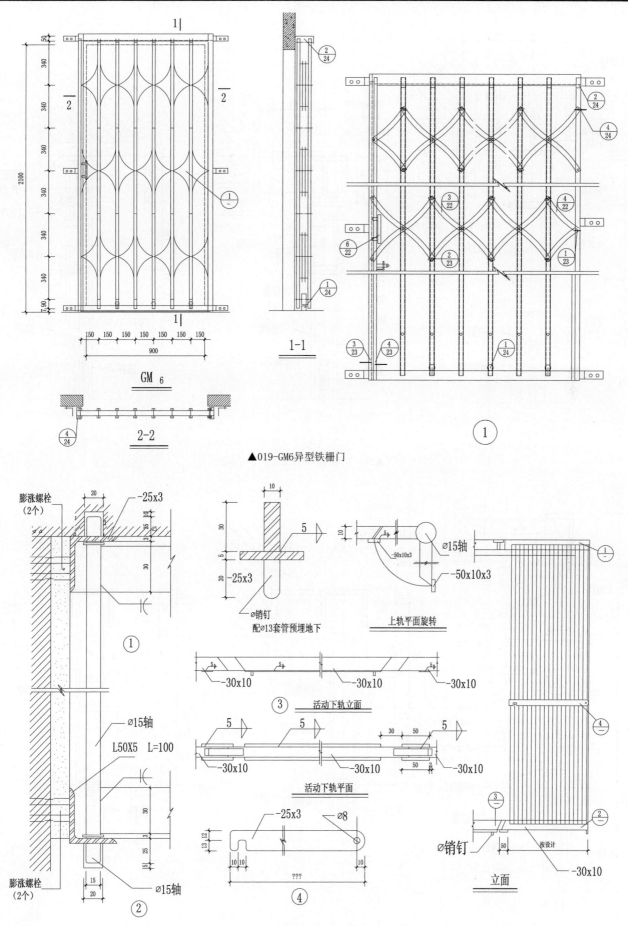

▲019-GM6异型铁栅门

▲020-铁栅门活动及旋转上下轨详图1

铁栅门节点详图

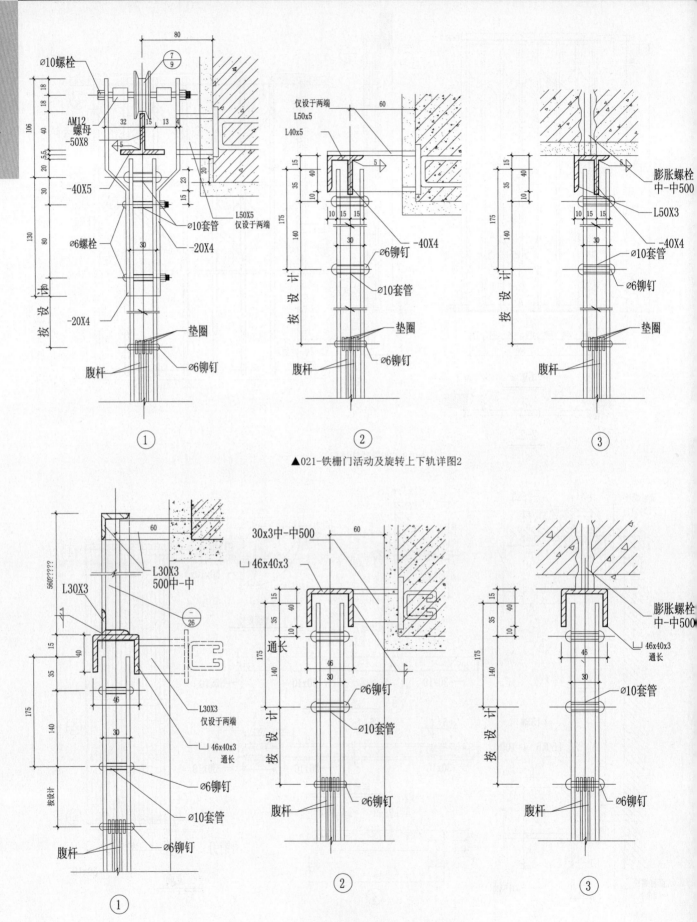

▲021-铁栅门活动及旋转上下轨详图2

▲022-铁栅门活动及旋转上下轨详图3

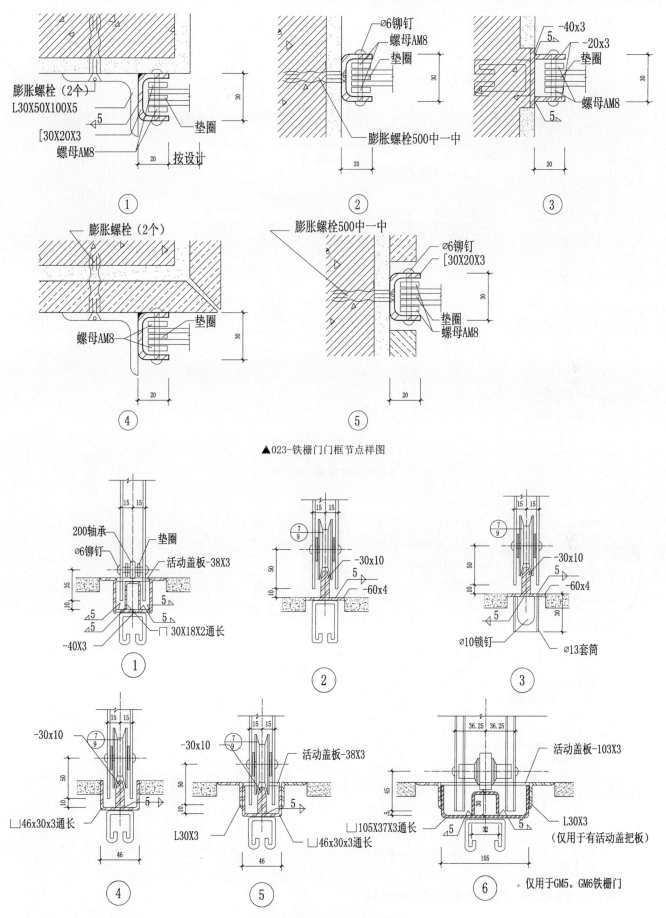

▲023-铁栅门门框节点祥图

▲024-铁栅门下轨及节点祥图

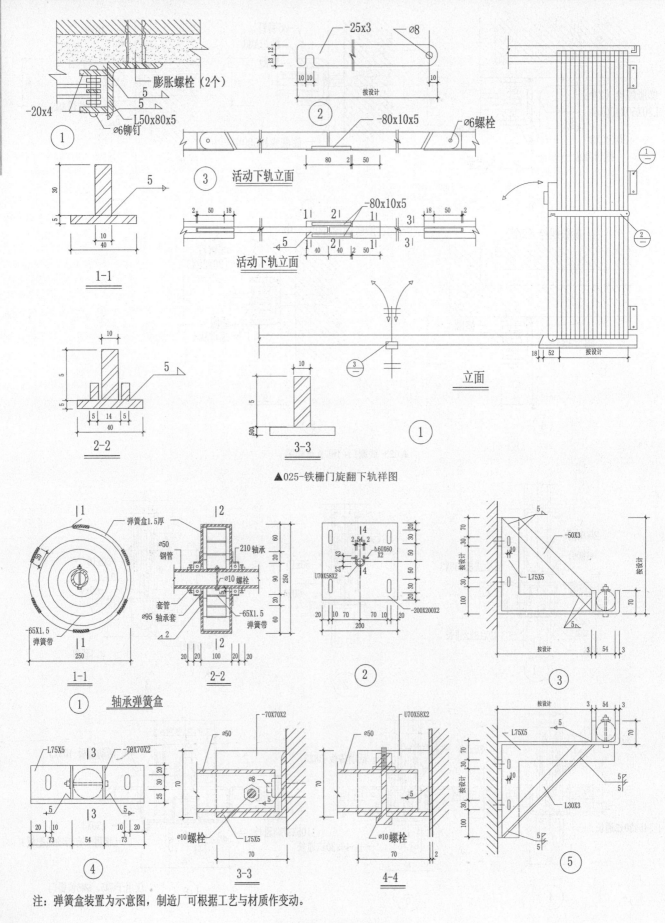

▲025-铁栅门旋翻下轨详图

▲026-轴承弹簧盒及支架详图

注：弹簧盒装置为示意图，制造厂可根据工艺与材质作变动。

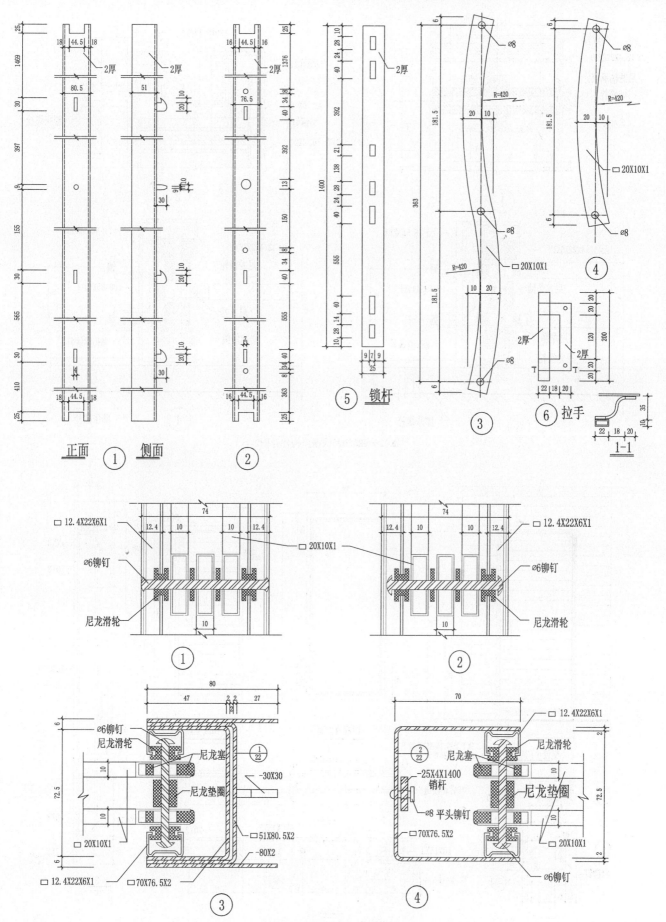

▲027-GM5,DM6铁栅门构件详图1

铁栅门节点详图

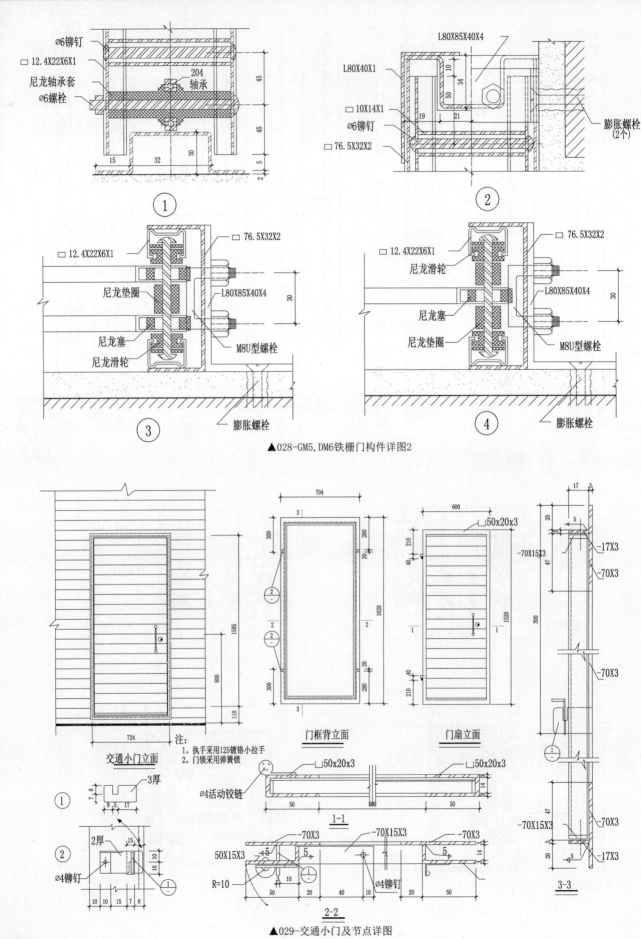

∅6铆钉
□12.4X22X6X1
尼龙轴承套
∅6螺栓
204轴承

L80X85X40X4
L80X40X1
□10X14X1
∅6铆钉
□76.5X32X2
膨胀螺栓(2个)

①

②

□12.4X22X6X1
□76.5X32X2
尼龙垫圈
尼龙塞
尼龙滑轮
L80X85X40X4
M8U型螺栓
膨胀螺栓

③

□12.4X22X6X1
□76.5X32X2
尼龙滑轮
尼龙塞
尼龙垫圈
L80X85X40X4
M8U型螺栓
膨胀螺栓

④

▲028-GM5,DM6铁栅门构件详图2

交通小门立面

注:
1.执手采用125镀铬小拉手
2.门锁采用弹簧锁

门框背立面

门扇立面

□50x20x3
∅4活动铰链
1-1

50X15X3
-70X15X3
-70X3
R=10
∅4铆钉
2-2

-17X3
-70X3
-70X3
-70X15X3
-70X3
-17X3
3-3

①　3厚

②　2厚
∅4铆钉

▲029-交通小门及节点详图

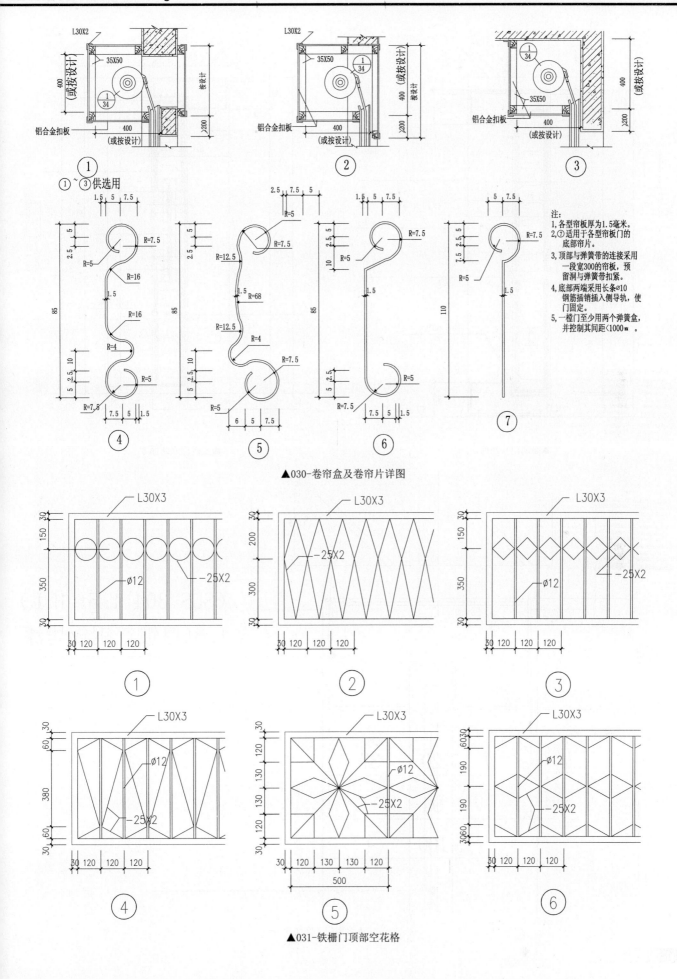

注:
1、各型帘板厚为1.5毫米。
2、⑦适用于各型帘板门的底部帘片。
3、顶部与弹簧带的连接采用一段宽300的帘板，预留洞与弹簧带扣紧。
4、底部两端采用长条∅10钢筋插销插入侧导轨，使门固定。
5、一樘门至少用两个弹簧盒，并控制其间距<1000㎜。

▲030-卷帘盒及卷帘片详图

▲031-铁栅门顶部空花格

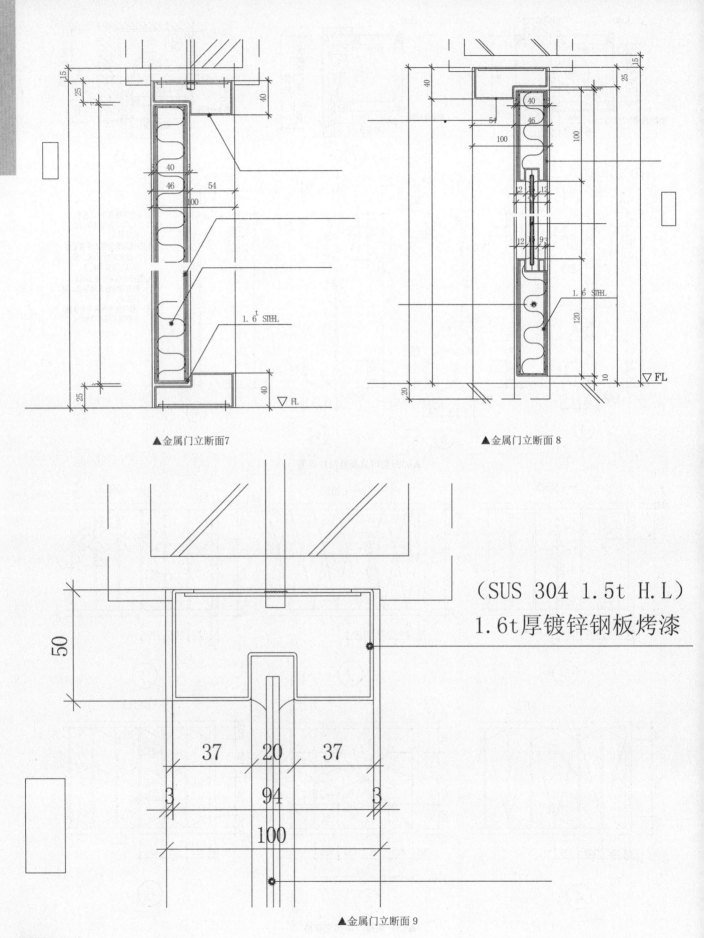

▲金属门立断面7

▲金属门立断面 8

（SUS 304 1.5t H.L）
1.6t厚镀锌钢板烤漆

▲金属门立断面 9

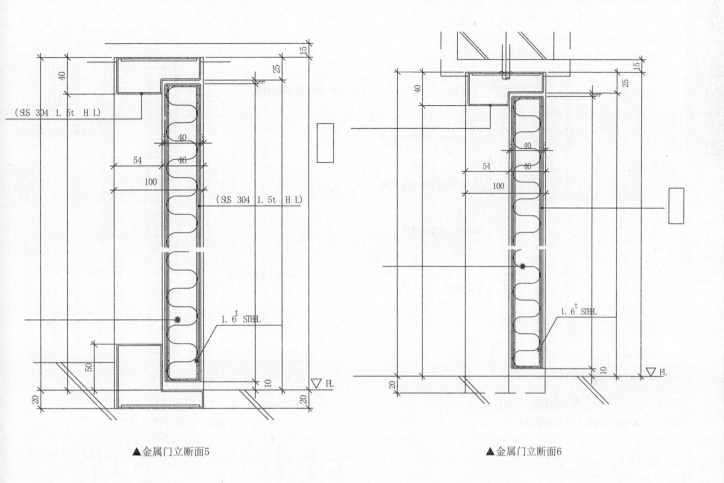

▲金属门立断面5   ▲金属门立断面6

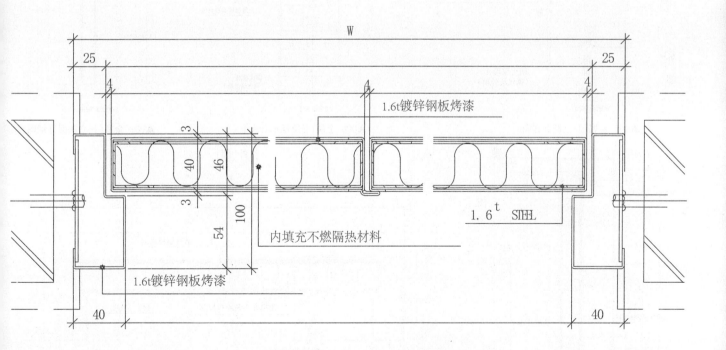

▲金属们门断面详图2

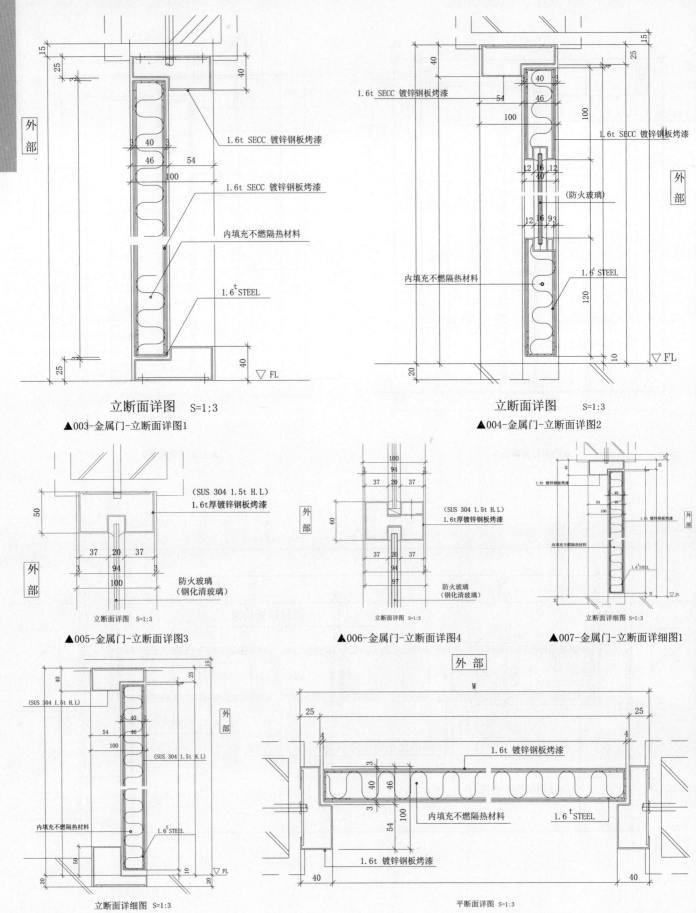

外部

1.6t SECC 镀锌钢板烤漆

1.6t SECC 镀锌钢板烤漆

内填充不燃隔热材料

1.6^t STEEL

立断面详图　S=1:3

▲003-金属门-立断面详图1

1.6t SECC 镀锌钢板烤漆

1.6t SECC 镀锌钢板烤漆

外部

(防火玻璃)

内填充不燃隔热材料

1.6^t STEEL

立断面详图　S=1:3

▲004-金属门-立断面详图2

(SUS 304 1.5t H.L)
1.6t厚镀锌钢板烤漆

外部

外部

防火玻璃
(钢化清玻璃)

立断面详图 S=1:3

▲005-金属门-立断面详图3

(SUS 304 1.5t H.L)
1.6t厚镀锌钢板烤漆

外部

防火玻璃
(钢化清玻璃)

立断面详图 S=1:3

▲006-金属门-立断面详图4

1.6t 镀锌钢板烤漆

1.6t 镀锌钢板烤漆

外部

内填充不燃隔热材料

1.6^t STEEL

立断面详细图 S=1:3

▲007-金属门-立断面详细图1

(SUS 304 1.5t H.L)

外部

(SUS 304 1.5t H.L)

内填充不燃隔热材料

1.6^t STEEL

立断面详细图 S=1:3

▲008-金属门-立断面详细图2

外部

W

1.6t 镀锌钢板烤漆

内填充不燃隔热材料　　1.6^t STEEL

1.6t 镀锌钢板烤漆

平断面详图 S=1:3

▲009-金属门-平断面详图1

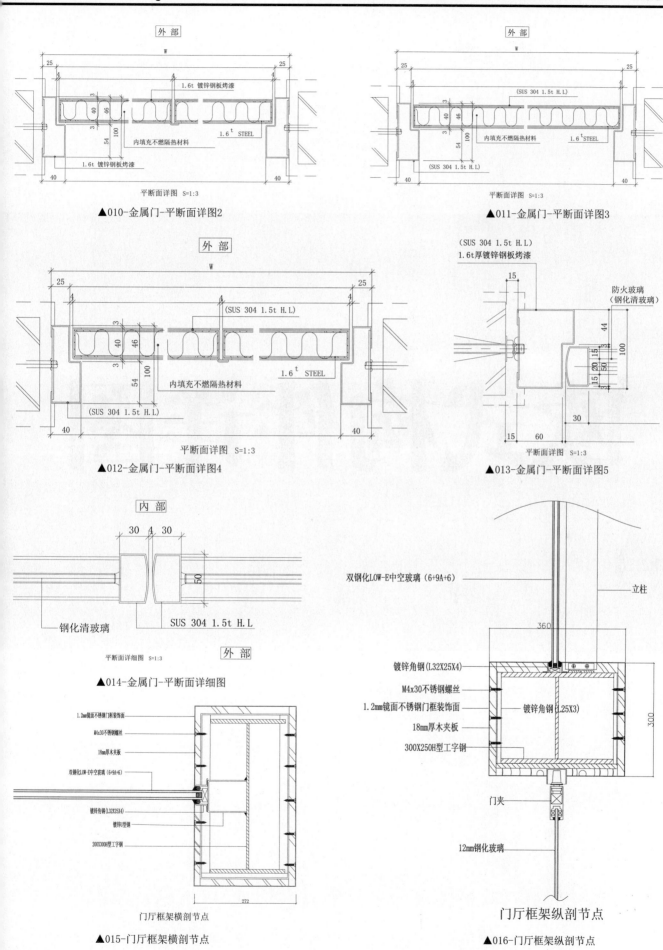

外 部

25 　 　 25
1.6t 镀锌钢板烤漆
3 40 46
3 54 100
1.6ᵗ STEEL
内填充不燃隔热材料
1.6t 镀锌钢板烤漆
40 　 40

平断面详图　S=1:3

▲010-金属门-平断面详图2

外 部

25 　 25
(SUS 304 1.5t H.L)
3 40 46
3 54 100
内填充不燃隔热材料
1.6ᵗ STEEL
(SUS 304 1.5t H.L)
40 　 40

平断面详图　S=1:3

▲011-金属门-平断面详图3

外 部

25 　 25
(SUS 304 1.5t H.L)
3 40 46
3 54 100
内填充不燃隔热材料
1.6ᵗ STEEL
(SUS 304 1.5t H.L)
40 　 40

平断面详图　S=1:3

▲012-金属门-平断面详图4

(SUS 304 1.5t H.L)
1.6t厚镀锌钢板烤漆
15
防火玻璃
（钢化清玻璃）
44
3 15 100
20 15 50
15 3
30
15 　 60

平断面详图　S=1:3

▲013-金属门-平断面详图5

内 部

30 4 30
50
钢化清玻璃
SUS 304 1.5t H.L

平断面详细图　S=1:3
外 部

▲014-金属门-平断面详细图

1.2mm镜面不锈钢门框装饰面
M4x30不锈钢螺丝
18mm厚木夹板
双钢化LOW-E中空玻璃 (6+9A+6)
镀锌角钢(L32X25X4)
镀锌III型钢
200X300B型工字钢

272

门厅框架横剖节点

▲015-门厅框架横剖节点

双钢化LOW-E中空玻璃（6+9A+6）
立柱

360

镀锌角钢(L32X25X4)
M4x30不锈钢螺丝
1.2mm镜面不锈钢门框装饰面
18mm厚木夹板
300X250H型工字钢
镀锌角钢(L25X3)
300

门夹

12mm钢化玻璃

门厅框架纵剖节点

▲016-门厅框架纵剖节点

欧式构件详图

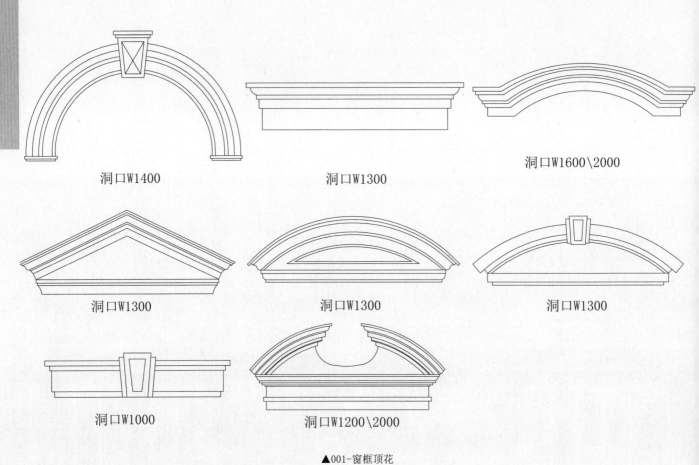

洞口W1400

洞口W1300

洞口W1600\2000

洞口W1300

洞口W1300

洞口W1300

洞口W1000

洞口W1200\2000

▲001-窗框顶花

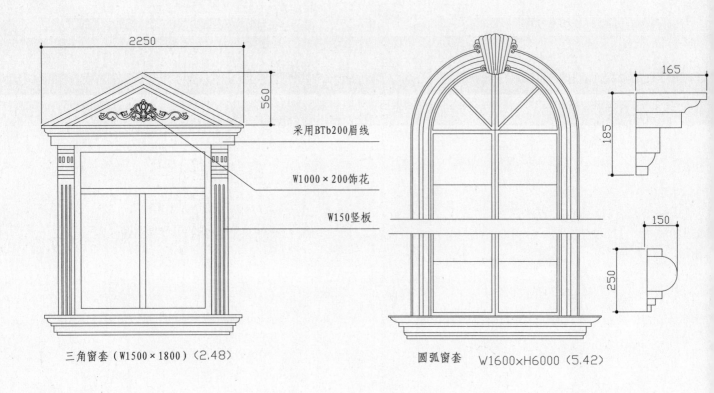

2250

560

采用BTb200眉线

W1000×200饰花

W150竖板

三角窗套（W1500×1800）（2.48）

圆弧窗套 W1600×H6000（5.42）

165

185

150

250

▲002-窗系列1

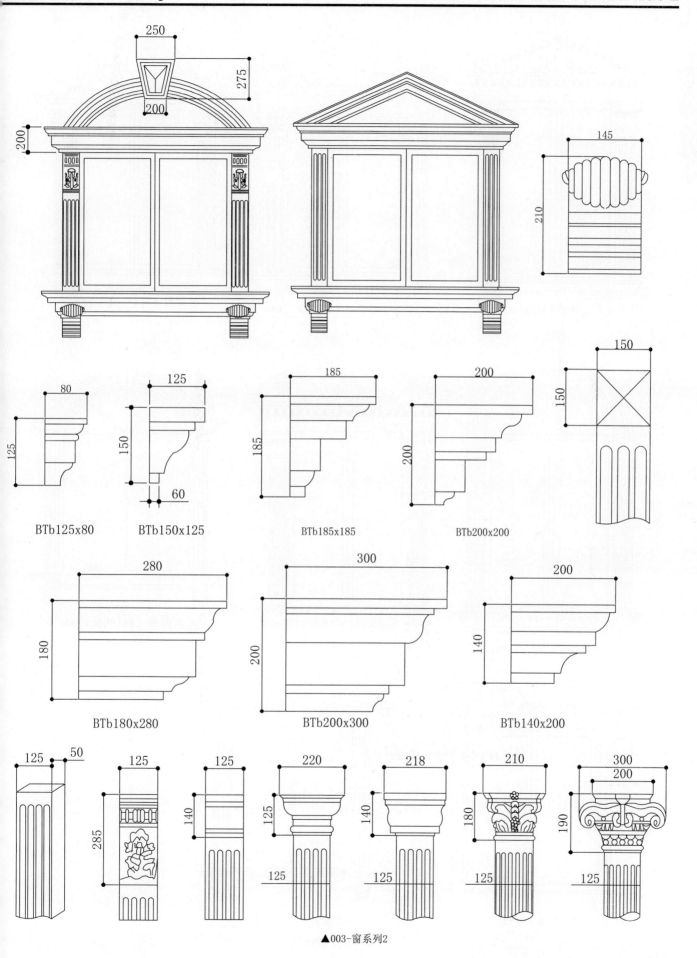

BTb125x80

BTb150x125

BTb185x185

BTb200x200

BTb180x280

BTb200x300

BTb140x200

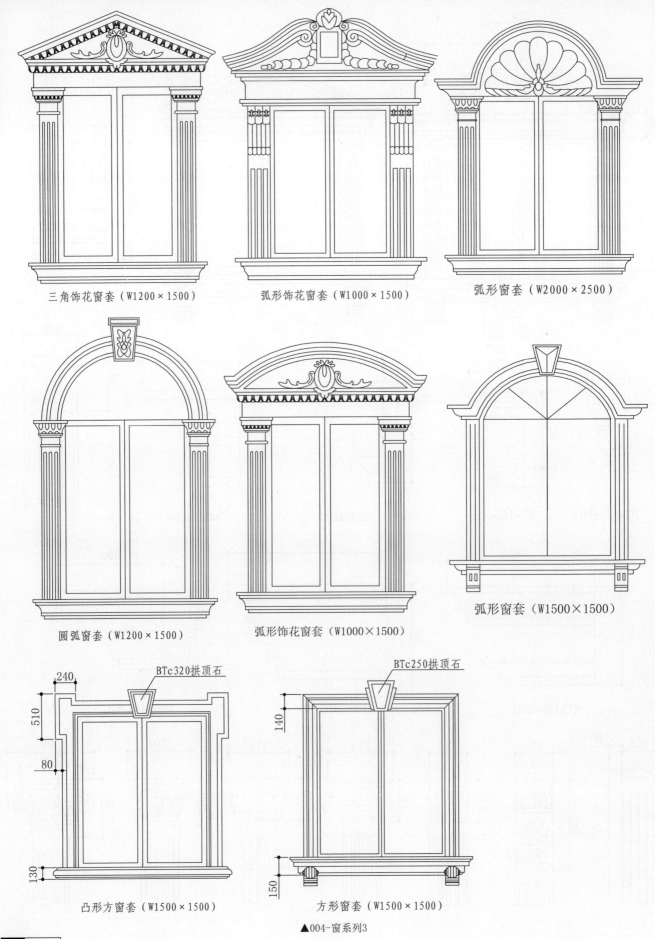

三角饰花窗套（W1200×1500）

弧形饰花窗套（W1000×1500）

弧形窗套（W2000×2500）

圆弧窗套（W1200×1500）

弧形饰花窗套（W1000×1500）

弧形窗套（W1500×1500）

BTc320拱顶石

BTc250拱顶石

凸形方窗套（W1500×1500）

方形窗套（W1500×1500）

▲004-窗系列3

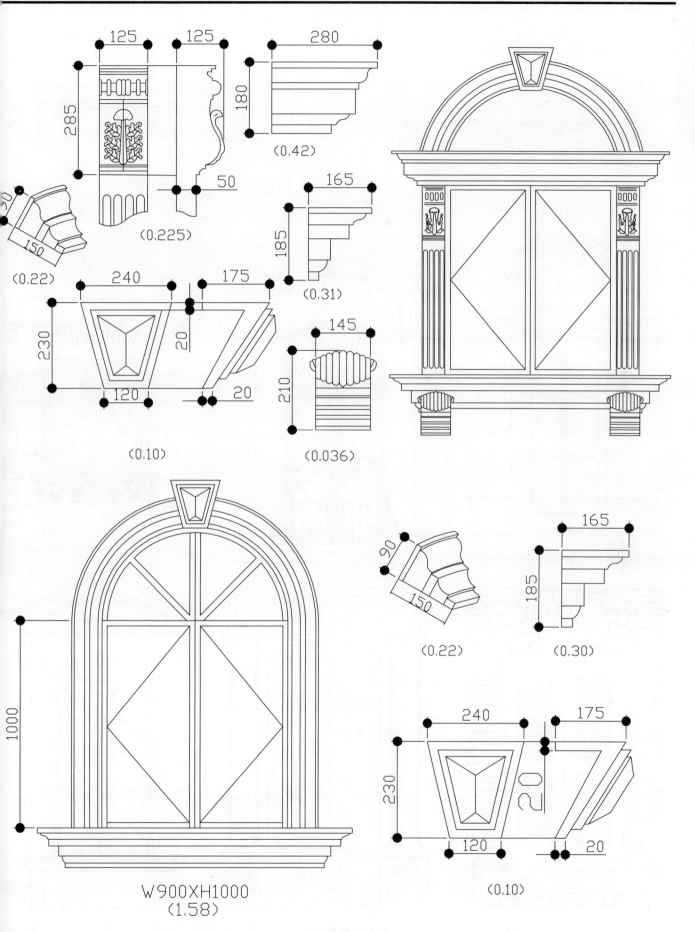

125 125

285

（0.225）

50

280

180

（0.42）

30

150

（0.22）

240   175

230

20

120   20

（0.10）

165

185

（0.31）

145

210

（0.036）

1000

W900XH1000
（1.58）

90

150

（0.22）

165

185

（0.30）

240   175

230   20

120   20

（0.10）

▲006-窗系列5

▲007-豪华西式窗1

▲008-豪华西式窗2

欧式门窗详图

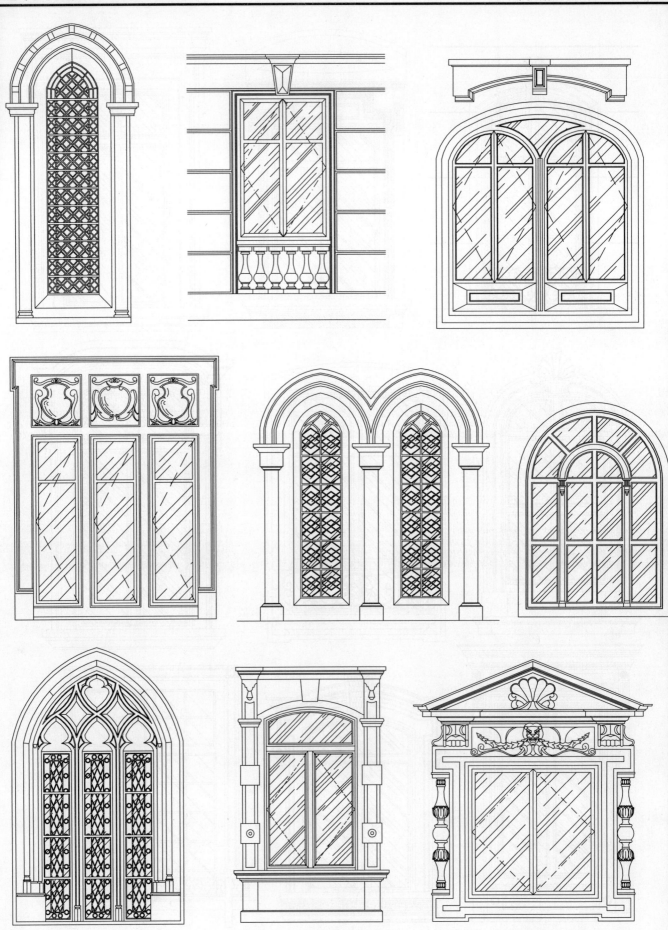

▲009-豪华西式窗3

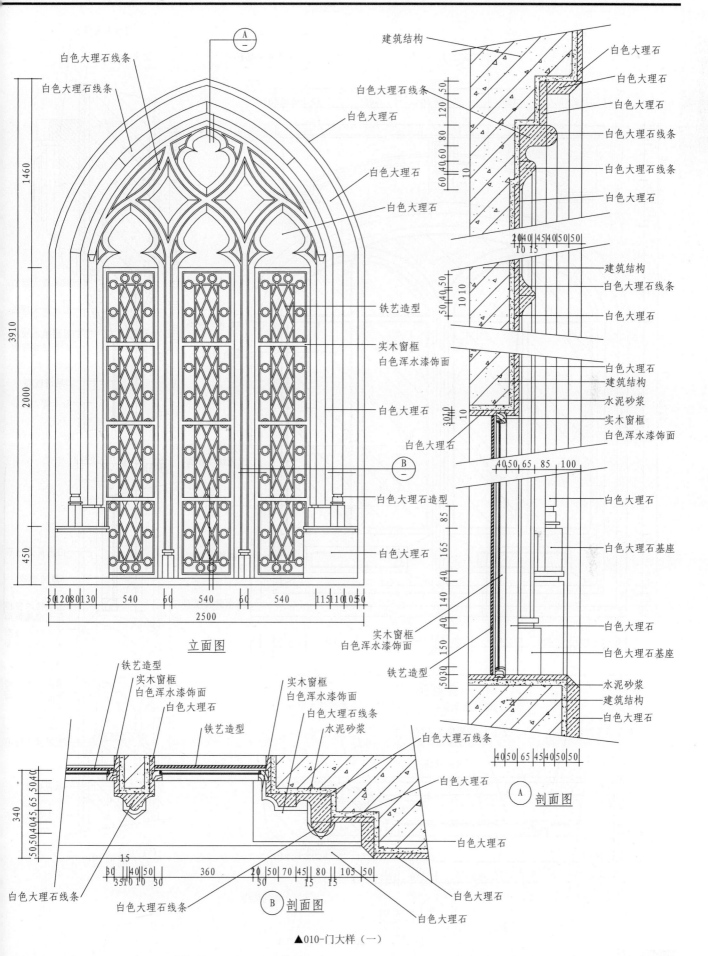

立面图

白色大理石线条
白色大理石线条
白色大理石
白色大理石
白色大理石
铁艺造型
实木窗框
白色浑水漆饰面
白色大理石
白色大理石造型
白色大理石

建筑结构
白色大理石
白色大理石
白色大理石
白色大理石线条
白色大理石线条
白色大理石
建筑结构
白色大理石线条
白色大理石

白色大理石
建筑结构
水泥砂浆
实木窗框
白色浑水漆饰面

白色大理石
白色大理石基座
白色大理石
白色大理石基座
水泥砂浆
建筑结构
白色大理石

A 剖面图

铁艺造型
实木窗框
白色浑水漆饰面
白色大理石
铁艺造型
实木窗框
白色浑水漆饰面
白色大理石线条
水泥砂浆
白色大理石线条
白色大理石
白色大理石

实木窗框
白色浑水漆饰面
铁艺造型

白色大理石线条
白色大理石线条
白色大理石
白色大理石

B 剖面图

▲010-门大样（一）

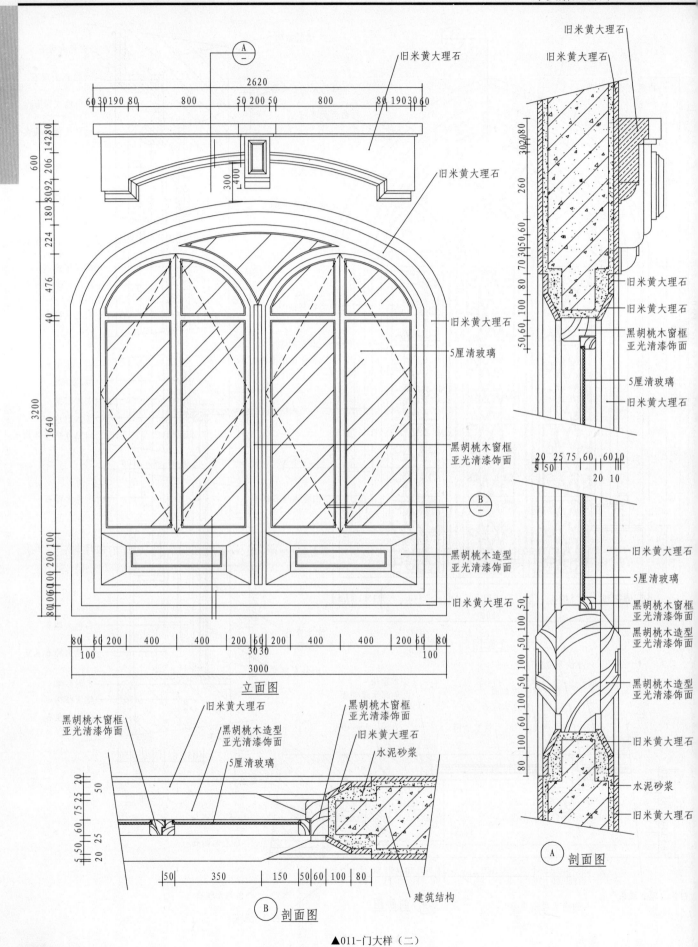

立面图

旧米黄大理石

旧米黄大理石

5厘清玻璃

黑胡桃木窗框
亚光清漆饰面

黑胡桃木造型
亚光清漆饰面

旧米黄大理石

旧米黄大理石
旧米黄大理石
旧米黄大理石
旧米黄大理石
黑胡桃木窗框
亚光清漆饰面
5厘清玻璃
旧米黄大理石

旧米黄大理石
5厘清玻璃
黑胡桃木窗框
亚光清漆饰面
黑胡桃木造型
亚光清漆饰面
黑胡桃木造型
亚光清漆饰面
旧米黄大理石
水泥砂浆
旧米黄大理石

Ⓐ 剖面图

黑胡桃木窗框
亚光清漆饰面

旧米黄大理石

黑胡桃木造型
亚光清漆饰面

5厘清玻璃

黑胡桃木窗框
亚光清漆饰面

旧米黄大理石

水泥砂浆

建筑结构

Ⓑ 剖面图

▲011-门大样（二）

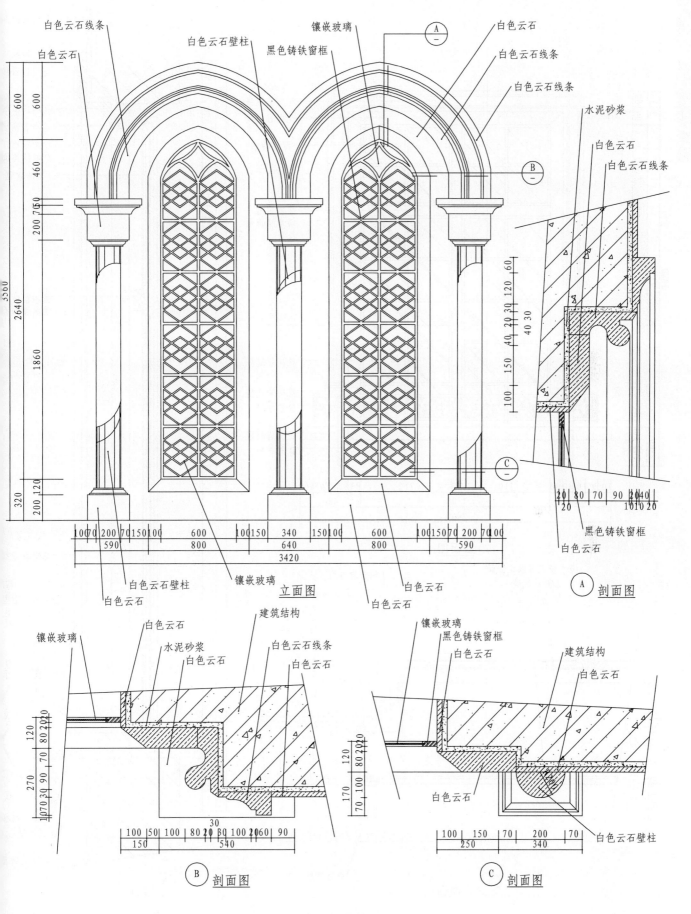

白色云石线条
白色云石
白色云石壁柱
镶嵌玻璃
黑色铸铁窗框
白色云石
白色云石线条
白色云石线条
水泥砂浆
白色云石
白色云石线条

600
600
460
200 750
2640
3360
1860
320
200 120

100 70 200 70 150 100　600　100 150　340　150 100　600　100 150 70 200 70 100
590　　　800　　640　　800　　590
3420

白色云石壁柱
镶嵌玻璃
立面图
白色云石
白色云石
白色云石

60
40 30 20 120
40 30
150
100

20 80 70 90 20 40
20　　101 20
黑色铸铁窗框
白色云石

Ⓐ 剖面图

镶嵌玻璃
白色云石
水泥砂浆
白色云石
建筑结构
白色云石线条
白色云石

120
80 20 20
270
90 70
100 70 30

100 50 100 80 20 30 100 20 60 90
150　　540
30

Ⓑ 剖面图

镶嵌玻璃
黑色铸铁窗框
白色云石
建筑结构
白色云石

120
80 20 20
170
100
70 100

100　150 70　200　70
250　　340
白色云石壁柱

Ⓒ 剖面图

▲012-门大样（三）

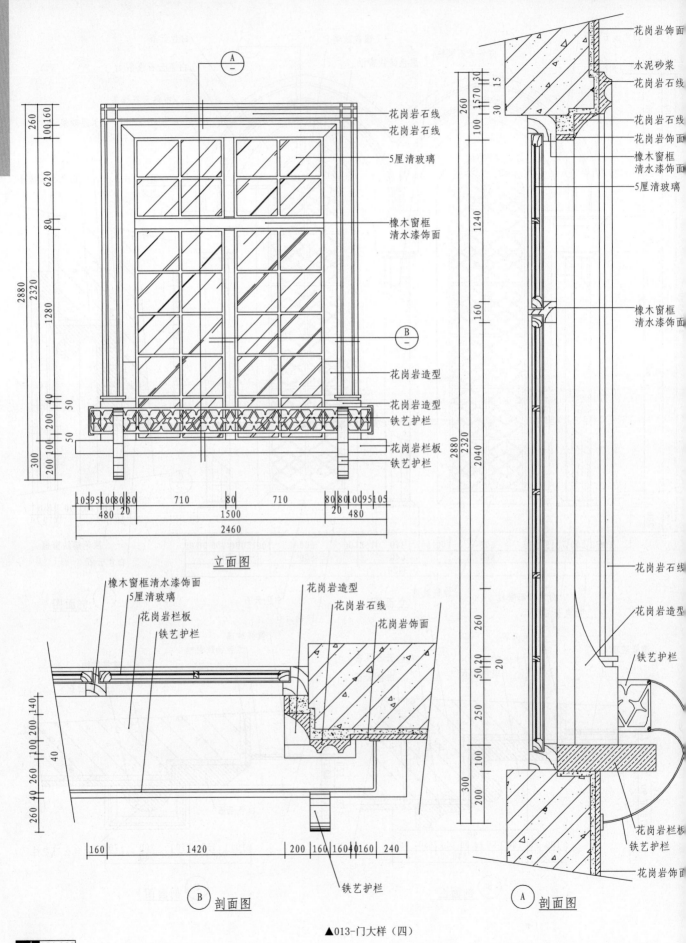

花岗岩石线
花岗岩石线
5厘清玻璃
橡木窗框
清水漆饰面

花岗岩造型
花岗岩造型
铁艺护栏
花岗岩栏板
铁艺护栏

花岗岩饰面
水泥砂浆
花岗岩石线
花岗岩石线
花岗岩饰面
橡木窗框
清水漆饰面
5厘清玻璃

橡木窗框
清水漆饰面

花岗岩石线

花岗岩造型

铁艺护栏

花岗岩栏板
铁艺护栏
花岗岩饰面

立面图

橡木窗框清水漆饰面
5厘清玻璃
花岗岩栏板
铁艺护栏

花岗岩造型
花岗岩石线
花岗岩饰面

铁艺护栏

Ⓑ 剖面图

Ⓐ 剖面图

▲013-门大样（四）

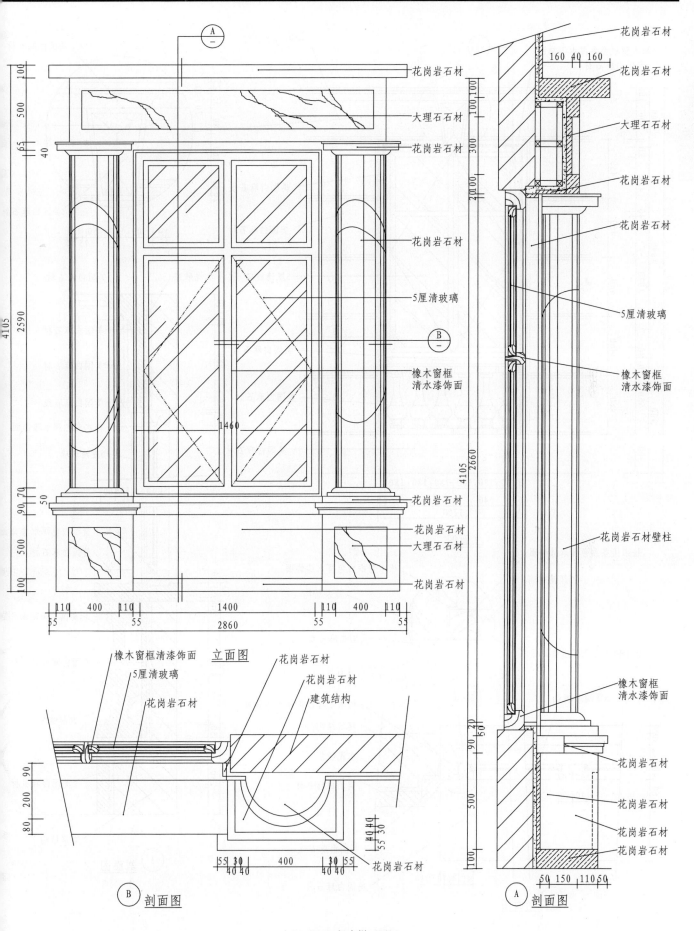

花岗岩石材

大理石石材

花岗岩石材

花岗岩石材

5厘清玻璃

橡木窗框
清水漆饰面

花岗岩石材

花岗岩石材
大理石石材

花岗岩石材

花岗岩石材

花岗岩石材

大理石石材

花岗岩石材

5厘清玻璃

橡木窗框
清水漆饰面

花岗岩石材壁柱

橡木窗框
清水漆饰面

花岗岩石材

花岗岩石材

花岗岩石材

花岗岩石材

立面图

橡木窗框清漆饰面
5厘清玻璃
花岗岩石材

花岗岩石材
花岗岩石材
建筑结构

花岗岩石材

Ⓑ 剖面图

Ⓐ 剖面图

▲014-门大样（五）

欧式门窗详图

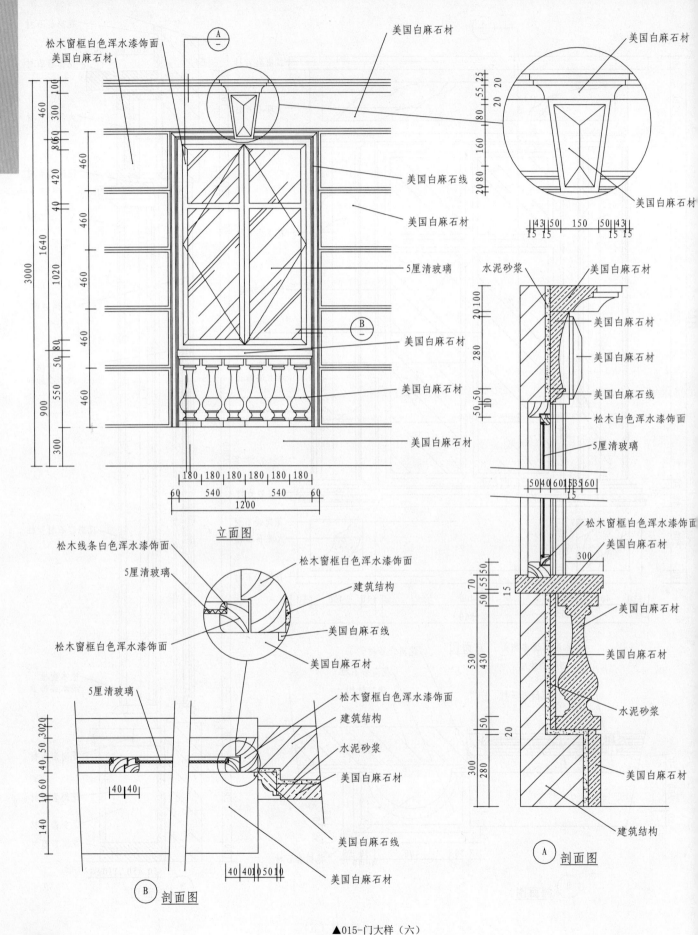

松木窗框白色浑水漆饰面
美国白麻石材

美国白麻石材

美国白麻石线

美国白麻石材

5厘清玻璃

美国白麻石材

美国白麻石材

美国白麻石材

立面图

3000
460 100
300
860
420
40
1640
460
1020
460
460
550 50 80
900
300

180 180 180 180 180 180
60 540 540 60
1200

美国白麻石材

美国白麻石材

美国白麻石材

水泥砂浆
美国白麻石材

美国白麻石材

美国白麻石材

美国白麻石线

松木白色浑水漆饰面

5厘清玻璃

43 50 150 50 43
15 15 15 15

松木线条白色浑水漆饰面

5厘清玻璃

松木窗框白色浑水漆饰面

松木窗框白色浑水漆饰面

建筑结构

美国白麻石线

美国白麻石材

5厘清玻璃

松木窗框白色浑水漆饰面

建筑结构

水泥砂浆

美国白麻石材

美国白麻石线

美国白麻石材

松木窗框白色浑水漆饰面

美国白麻石材

美国白麻石材

水泥砂浆

美国白麻石材

建筑结构

B 剖面图

A 剖面图

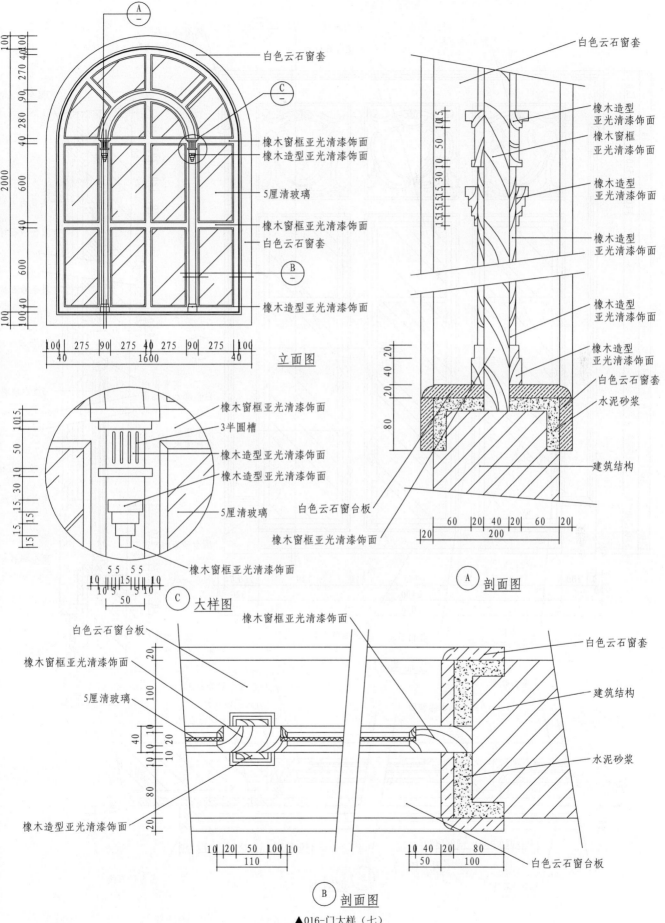

白色云石窗套

橡木窗框亚光清漆饰面
橡木造型亚光清漆饰面

5厘清玻璃

橡木窗框亚光清漆饰面
白色云石窗套

橡木造型亚光清漆饰面

立面图

橡木窗框亚光清漆饰面
3半圆槽

橡木造型亚光清漆饰面

橡木造型亚光清漆饰面

5厘清玻璃

橡木窗框亚光清漆饰面

C 大样图

白色云石窗套

橡木造型
亚光清漆饰面
橡木窗框
亚光清漆饰面

橡木造型
亚光清漆饰面

橡木造型
亚光清漆饰面

橡木造型
亚光清漆饰面

橡木造型
亚光清漆饰面

白色云石窗套

水泥砂浆

白色云石窗台板

橡木窗框亚光清漆饰面

建筑结构

A 剖面图

白色云石窗台板
橡木窗框亚光清漆饰面

橡木窗框亚光清漆饰面

白色云石窗套

5厘清玻璃

建筑结构

水泥砂浆

橡木造型亚光清漆饰面

白色云石窗台板

B 剖面图

▲016-门大样（七）

欧式门窗详图

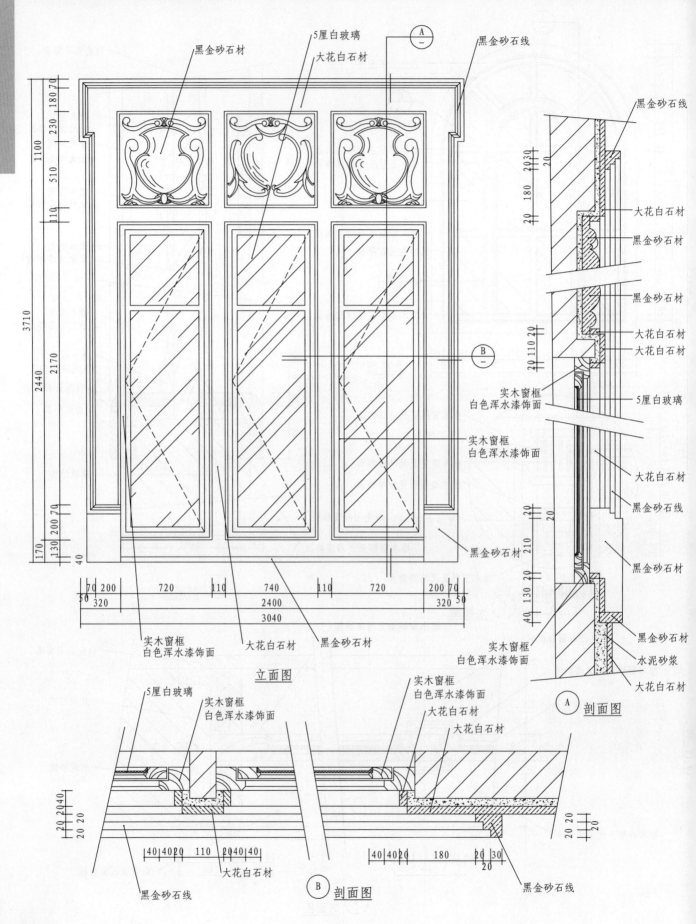

黑金砂石材

5厘白玻璃

大花白石材

黑金砂石线

黑金砂石线

大花白石材

黑金砂石材

黑金砂石材

大花白石材
大花白石材

实木窗框
白色浑水漆饰面

5厘白玻璃

大花白石材

黑金砂石线

黑金砂石材

黑金砂石材
水泥砂浆

大花白石材

Ⓐ 剖面图

实木窗框
白色浑水漆饰面

黑金砂石材

实木窗框
白色浑水漆饰面
大花白石材
黑金砂石材

立面图

5厘白玻璃

实木窗框
白色浑水漆饰面

实木窗框
白色浑水漆饰面
大花白石材
大花白石材

大花白石材

黑金砂石线

Ⓑ 剖面图

黑金砂石线

▲017-门大样（八）

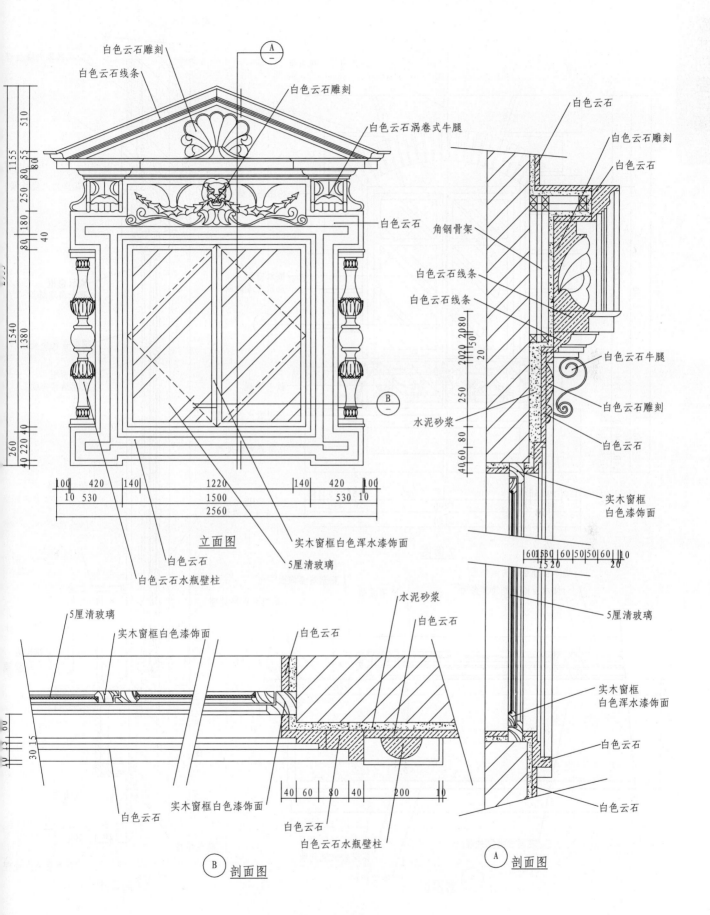

白色云石雕刻

白色云石线条

白色云石雕刻

白色云石涡卷式牛腿

白色云石

白色云石

白色云石雕刻

白色云石

角钢骨架

白色云石线条

白色云石线条

白色云石牛腿

白色云石雕刻

白色云石

水泥砂浆

实木窗框
白色漆饰面

实木窗框白色浑水漆饰面

5厘清玻璃

白色云石

白色云石水瓶壁柱

立面图

5厘清玻璃

5厘清玻璃

实木窗框白色漆饰面

白色云石

水泥砂浆

白色云石

实木窗框
白色浑水漆饰面

白色云石

白色云石

实木窗框白色漆饰面

白色云石

白色云石水瓶壁柱

白色云石

B 剖面图

A 剖面图

欧式门窗详图

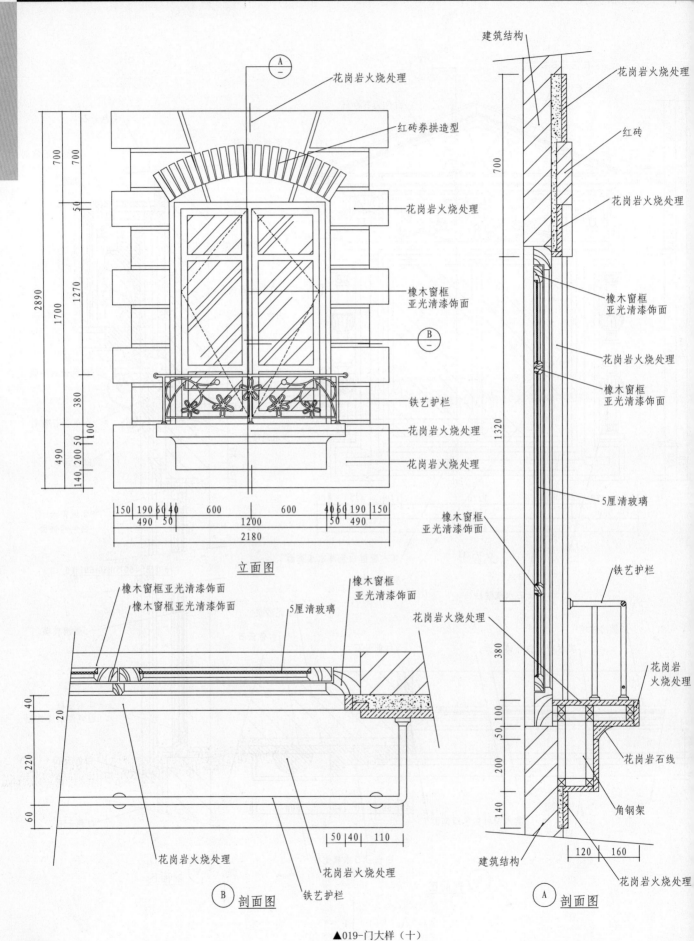

花岗岩火烧处理

红砖券拱造型

花岗岩火烧处理

橡木窗框
亚光清漆饰面

铁艺护栏

花岗岩火烧处理

花岗岩火烧处理

700
700
50
2890
1270
1700
380
490 200 50 100
140

150 190 60 40   600   600   40 60 190 150
490 50   1200   50   490
2180

立面图

建筑结构

花岗岩火烧处理

红砖

花岗岩火烧处理

橡木窗框
亚光清漆饰面

花岗岩火烧处理

橡木窗框
亚光清漆饰面

5厘清玻璃

铁艺护栏

花岗岩
火烧处理

花岗岩石线

角钢架

700
1320
380
50 100
200
140

120   160

建筑结构

花岗岩火烧处理

Ⓐ 剖面图

橡木窗框亚光清漆饰面
橡木窗框亚光清漆饰面

5厘清玻璃

橡木窗框
亚光清漆饰面

花岗岩火烧处理

40
20
220
60

50 40   110

花岗岩火烧处理

花岗岩火烧处理

铁艺护栏

Ⓑ 剖面图

橡木窗框
亚光清漆饰面

▲019-门大样（十）

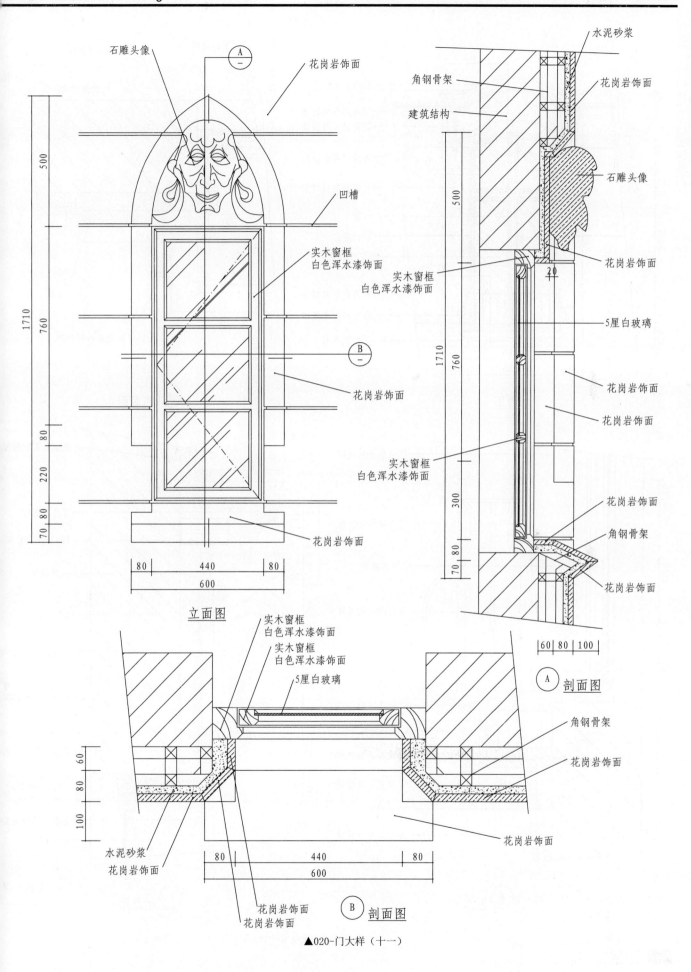

石雕头像

花岗岩饰面

凹槽

实木窗框
白色浑水漆饰面

花岗岩饰面

花岗岩饰面

500

1710

760

80

220

70 80

80   440   80

600

立面图

水泥砂浆

角钢骨架

建筑结构

石雕头像

花岗岩饰面

实木窗框
白色浑水漆饰面

5厘白玻璃

花岗岩饰面

花岗岩饰面

实木窗框
白色浑水漆饰面

花岗岩饰面

角钢骨架

花岗岩饰面

500

1710

760

300

70 80

20

60 80 100

A 剖面图

实木窗框
白色浑水漆饰面

实木窗框
白色浑水漆饰面

5厘白玻璃

角钢骨架

花岗岩饰面

花岗岩饰面

水泥砂浆
花岗岩饰面

花岗岩饰面
花岗岩饰面

60

80

100

80   440   80

600

B 剖面图

▲020-门大样（十一）

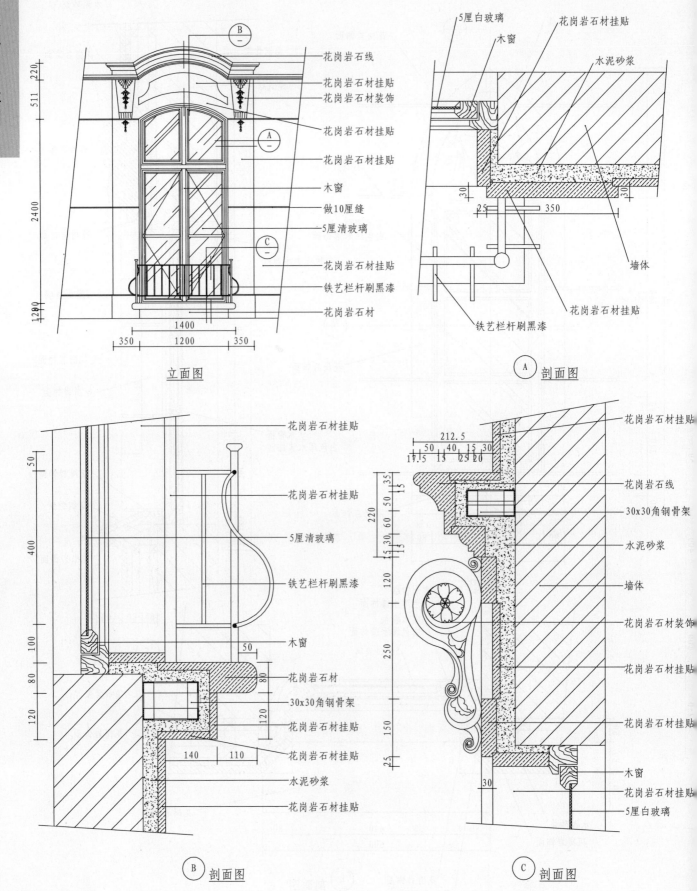

花岗岩石线
花岗岩石材挂贴
花岗岩石材装饰
花岗岩石材挂贴
花岗岩石材挂贴
木窗
做10厘缝
5厘清玻璃
花岗岩石材挂贴
铁艺栏杆刷黑漆
花岗岩石材

立面图

5厘白玻璃
木窗
花岗岩石材挂贴
水泥砂浆
墙体
花岗岩石材挂贴
铁艺栏杆刷黑漆

Ⓐ 剖面图

花岗岩石材挂贴
花岗岩石材挂贴
5厘清玻璃
铁艺栏杆刷黑漆
木窗
花岗岩石材
30x30角钢骨架
花岗岩石材挂贴
花岗岩石材挂贴
水泥砂浆
花岗岩石材挂贴

Ⓑ 剖面图

花岗岩石材挂贴
花岗岩石线
30x30角钢骨架
水泥砂浆
墙体
花岗岩石材装饰
花岗岩石材挂贴
花岗岩石材挂贴
木窗
花岗岩石材挂贴
5厘白玻璃

Ⓒ 剖面图

▲021-门大样(十二)

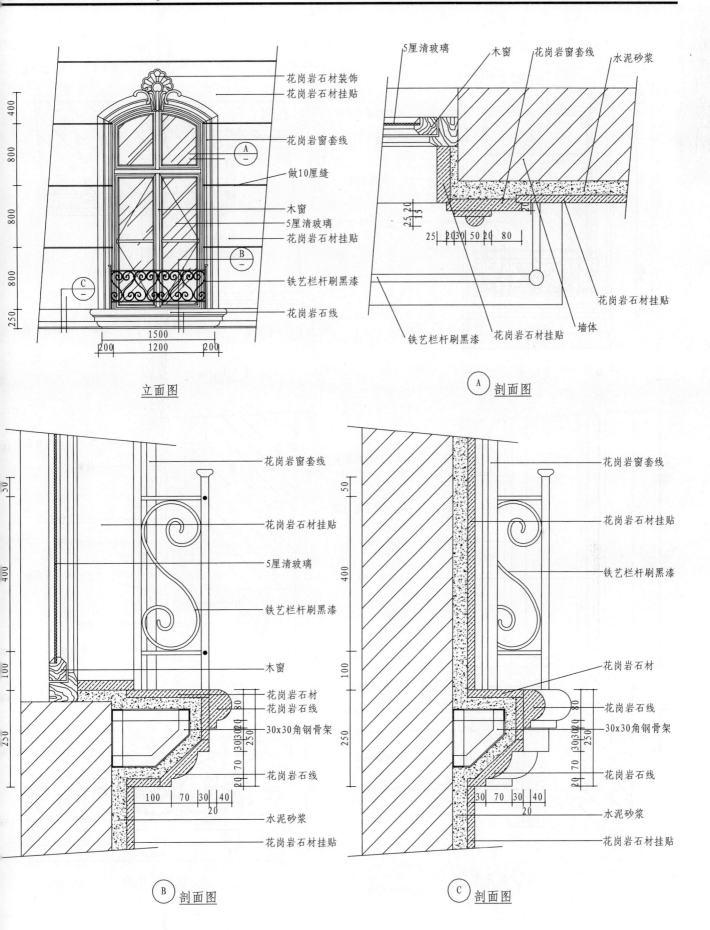

立面图

花岗岩石材装饰
花岗岩石材挂贴
花岗岩窗套线
做10厘缝
木窗
5厘清玻璃
花岗岩石材挂贴
铁艺栏杆刷黑漆
花岗岩石线

5厘清玻璃　木窗　花岗岩窗套线　水泥砂浆

Ⓐ 剖面图

花岗岩石材挂贴
墙体
铁艺栏杆刷黑漆　花岗岩石材挂贴

花岗岩窗套线
花岗岩石材挂贴
5厘清玻璃
铁艺栏杆刷黑漆
木窗
花岗岩石材
花岗岩石线
30x30角钢骨架
花岗岩石线
水泥砂浆
花岗岩石材挂贴

Ⓑ 剖面图

花岗岩窗套线
花岗岩石材挂贴
铁艺栏杆刷黑漆
花岗岩石材
花岗岩石线
30x30角钢骨架
花岗岩石线
水泥砂浆
花岗岩石材挂贴

Ⓒ 剖面图

▲022-门大样（十三）

欧式门窗详图

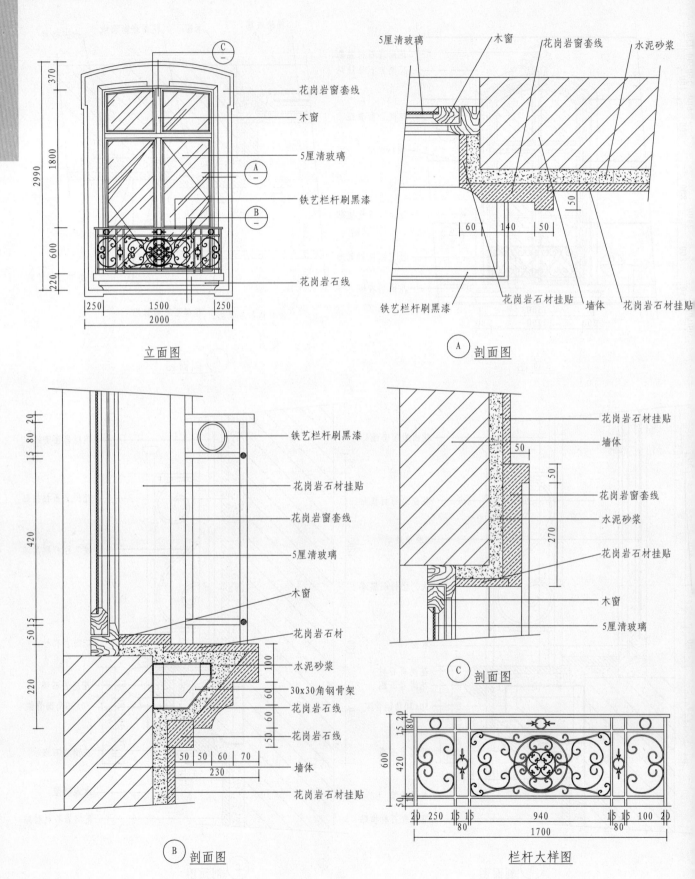

立面图

Ⓐ 剖面图

Ⓑ 剖面图

Ⓒ 剖面图

栏杆大样图

花岗岩窗套线
木窗
5厘清玻璃
铁艺栏杆刷黑漆
花岗岩石线

5厘清玻璃
木窗
花岗岩窗套线
水泥砂浆
铁艺栏杆刷黑漆
花岗岩石材挂贴
墙体
花岗岩石材挂贴

铁艺栏杆刷黑漆
花岗岩石材挂贴
花岗岩窗套线
5厘清玻璃
木窗
花岗岩石材
水泥砂浆
30x30角钢骨架
花岗岩石线
花岗岩石线
墙体
花岗岩石材挂贴

花岗岩石材挂贴
墙体
花岗岩窗套线
水泥砂浆
花岗岩石材挂贴
木窗
5厘清玻璃

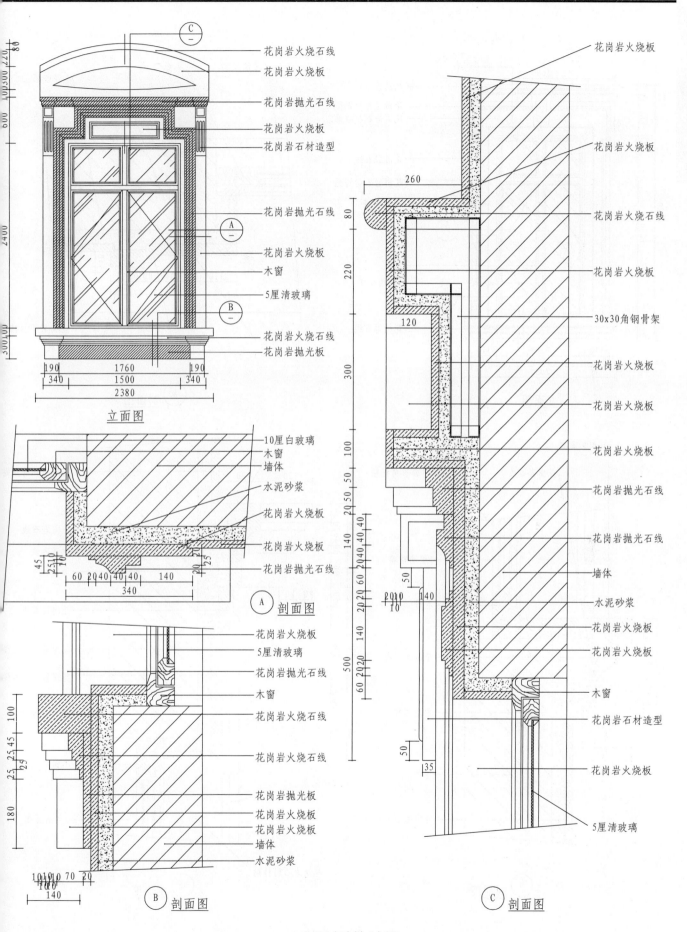

花岗岩火烧石线
花岗岩火烧板
花岗岩抛光石线
花岗岩火烧板
花岗岩石材造型

花岗岩抛光石线

花岗岩火烧板
木窗
5厘清玻璃

花岗岩火烧石线
花岗岩抛光板

立面图

花岗岩火烧板
花岗岩火烧板
花岗岩火烧石线
花岗岩火烧板
30x30角钢骨架
花岗岩火烧板
花岗岩火烧板
花岗岩火烧板
花岗岩抛光石线
花岗岩抛光石线
墙体
水泥砂浆
花岗岩火烧板
花岗岩火烧板
木窗
花岗岩石材造型
花岗岩火烧板
5厘清玻璃

10厘白玻璃
木窗
墙体
水泥砂浆
花岗岩火烧板
花岗岩火烧板
花岗岩抛光石线

Ⓐ 剖面图

花岗岩火烧板
5厘清玻璃
花岗岩抛光石线
木窗
花岗岩火烧石线
花岗岩火烧石线
花岗岩抛光板
花岗岩火烧板
花岗岩火烧板
墙体
水泥砂浆

Ⓑ 剖面图　　　　　Ⓒ 剖面图

▲024-门大样（十五）

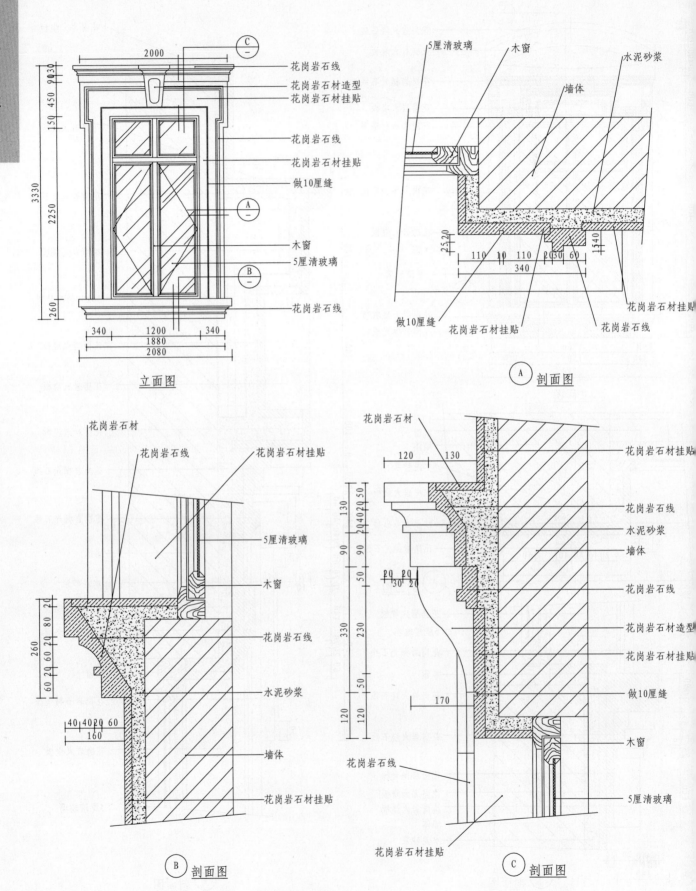

立面图

花岗岩石线
花岗岩石材造型
花岗岩石材挂贴
花岗岩石线
花岗岩石材挂贴
做10厘缝
木窗
5厘清玻璃
花岗岩石线

2000
3330
2250
260
340 1200 340
1880
2080

5厘清玻璃
木窗
墙体
水泥砂浆

340
110 10 110 20 30 60

做10厘缝
花岗岩石材挂贴
花岗岩石材挂贴
花岗岩石线

Ⓐ 剖面图

花岗岩石材
花岗岩石线
花岗岩石材挂贴

5厘清玻璃
木窗
花岗岩石线
水泥砂浆
墙体
花岗岩石材挂贴

40 40 20 60
160
260

Ⓑ 剖面图

花岗岩石材
120 130

花岗岩石材挂贴
花岗岩石线
水泥砂浆
墙体
花岗岩石线
花岗岩石材造型
花岗岩石材挂贴
做10厘缝
木窗
5厘清玻璃

花岗岩石线
花岗岩石材挂贴

Ⓒ 剖面图

▲025-门窗大样（十六）

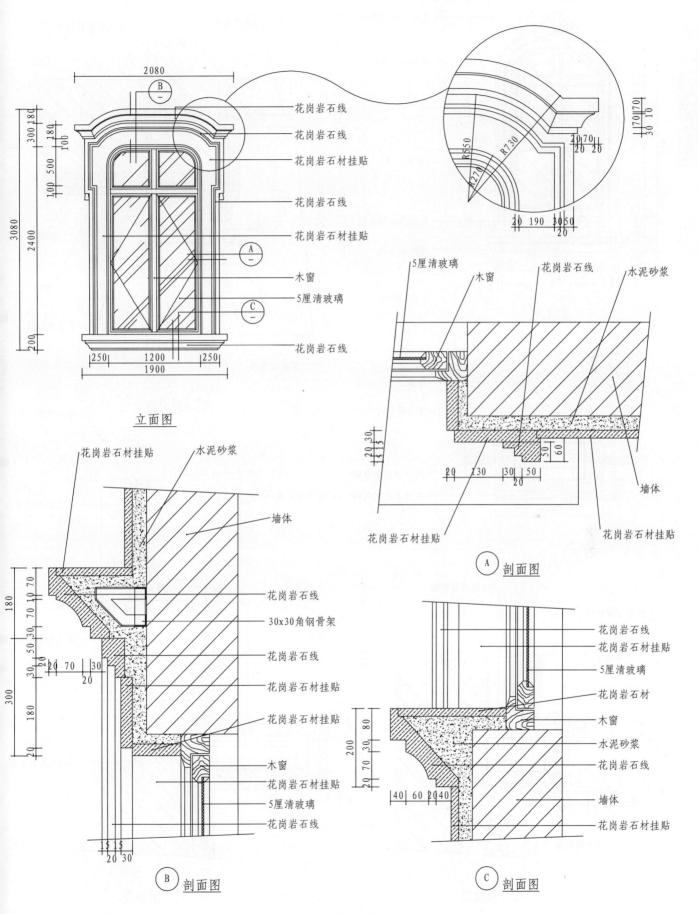

2080

花岗岩石线
花岗岩石线
花岗岩石材挂贴
花岗岩石线
花岗岩石材挂贴
木窗
5厘清玻璃
花岗岩石线

立面图

R550
R730
R270

5厘清玻璃
木窗
花岗岩石线
水泥砂浆
墙体
花岗岩石材挂贴
花岗岩石材挂贴

Ⓐ 剖面图

花岗岩石材挂贴
水泥砂浆
墙体
花岗岩石线
30x30角钢骨架
花岗岩石线
花岗岩石材挂贴
花岗岩石材挂贴
木窗
花岗岩石材挂贴
5厘清玻璃
花岗岩石线

Ⓑ 剖面图

花岗岩石线
花岗岩石材挂贴
5厘清玻璃
花岗岩石材
木窗
水泥砂浆
花岗岩石线
墙体
花岗岩石材挂贴

Ⓒ 剖面图

▲026-门窗大样（十七）

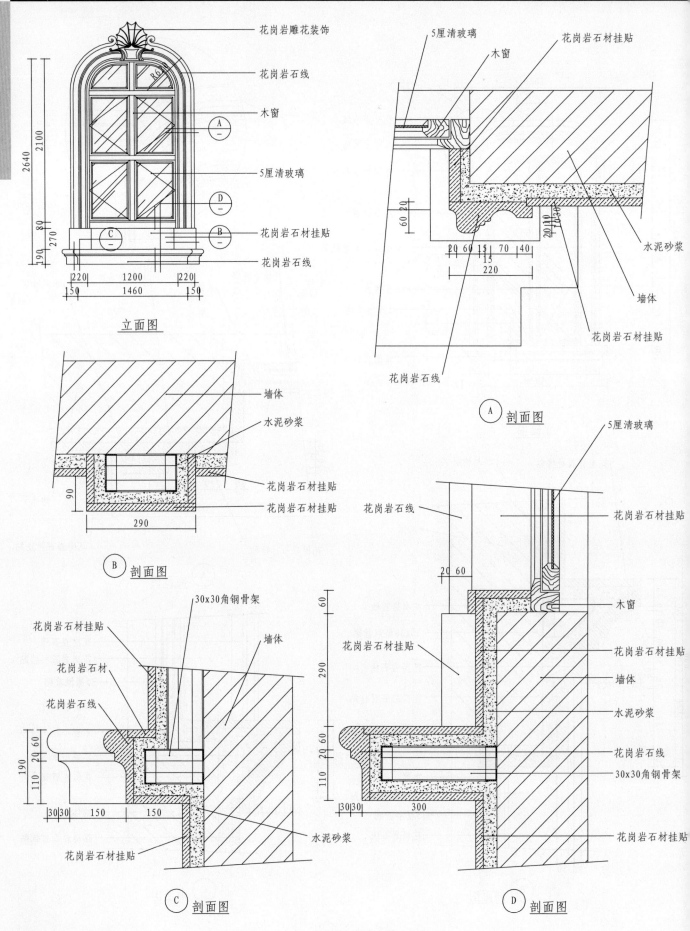

立面图

花岗岩雕花装饰
花岗岩石线
木窗
5厘清玻璃
花岗岩石材挂贴
花岗岩石线

5厘清玻璃
木窗
花岗岩石材挂贴
水泥砂浆
墙体
花岗岩石材挂贴
花岗岩石线

Ⓐ 剖面图

墙体
水泥砂浆
花岗岩石材挂贴
花岗岩石材挂贴

Ⓑ 剖面图

30x30角钢骨架
花岗岩石材挂贴
墙体
花岗岩石材
花岗岩石线
水泥砂浆
花岗岩石材挂贴

Ⓒ 剖面图

5厘清玻璃
花岗岩石线
花岗岩石材挂贴
木窗
花岗岩石材挂贴
墙体
水泥砂浆
花岗岩石材挂贴
花岗岩石线
30x30角钢骨架
花岗岩石材挂贴

Ⓓ 剖面图

▲027-门窗大样（十八）

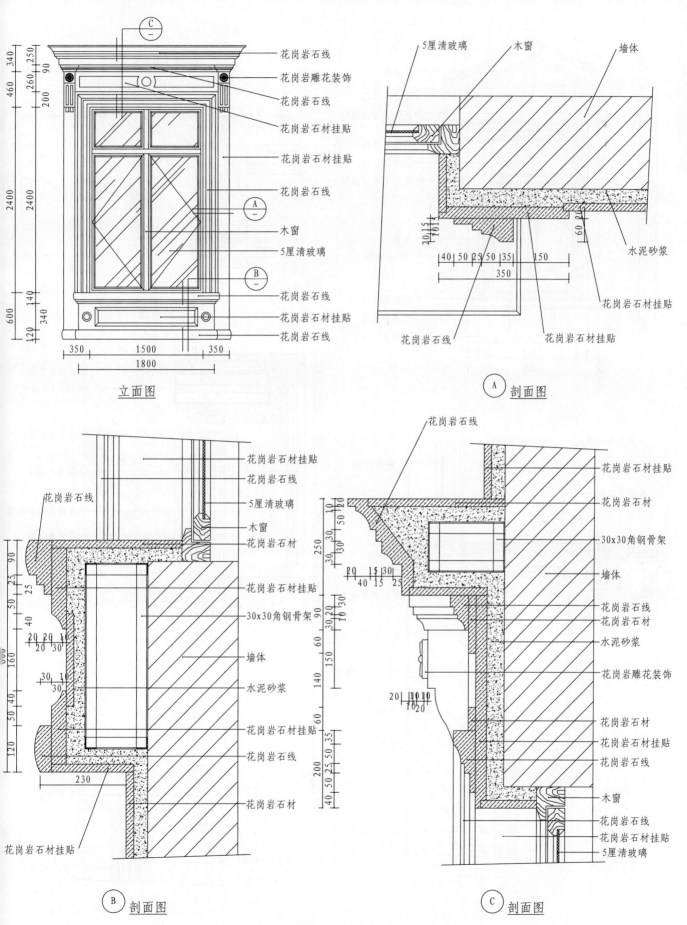

立面图

花岗岩石线
花岗岩雕花装饰
花岗岩石线
花岗岩石材挂贴
花岗岩石材挂贴
花岗岩石线
木窗
5厘清玻璃
花岗岩石线
花岗岩石材挂贴
花岗岩石线

5厘清玻璃   木窗   墙体
水泥砂浆
花岗岩石材挂贴
花岗岩石线   花岗岩石材挂贴

Ⓐ 剖面图

花岗岩石材挂贴
花岗岩石线
5厘清玻璃
木窗
花岗岩石材
花岗岩石材挂贴
30x30角钢骨架
墙体
水泥砂浆
花岗岩石材挂贴
花岗岩石线
花岗岩石材
花岗岩石材挂贴
花岗岩石线

Ⓑ 剖面图

花岗岩石线
花岗岩石材挂贴
花岗岩石材
30x30角钢骨架
墙体
花岗岩石线
花岗岩石材
水泥砂浆
花岗岩雕花装饰
花岗岩石材
花岗岩石材挂贴
花岗岩石线
木窗
花岗岩石线
花岗岩石材挂贴
5厘清玻璃

Ⓒ 剖面图

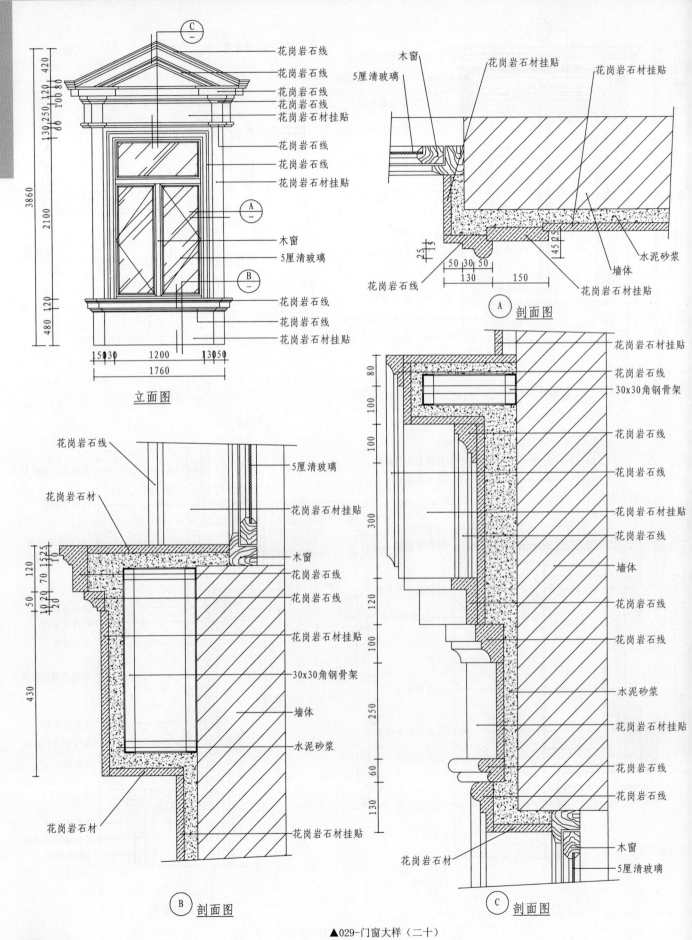

花岗岩石线
花岗岩石线
花岗岩石线
花岗岩石线
花岗岩石材挂贴
花岗岩石线
花岗岩石线
花岗岩石材挂贴

木窗
5厘清玻璃

花岗岩石线
花岗岩石线
花岗岩石材挂贴

立面图

木窗
花岗岩石材挂贴
5厘清玻璃
花岗岩石材挂贴

水泥砂浆
墙体
花岗岩石线
花岗岩石材挂贴

Ⓐ 剖面图

花岗岩石线
5厘清玻璃
花岗岩石材

花岗岩石材挂贴

木窗
花岗岩石线
花岗岩石线

花岗岩石材挂贴

30x30角钢骨架

墙体

水泥砂浆

花岗岩石材

Ⓑ 剖面图

花岗岩石材挂贴
花岗岩石线
30x30角钢骨架
花岗岩石线
花岗岩石线
花岗岩石材挂贴
花岗岩石线
墙体
花岗岩石线
花岗岩石线
水泥砂浆
花岗岩石材挂贴
花岗岩石线
花岗岩石线
木窗
5厘清玻璃

花岗岩石材

Ⓒ 剖面图

▲029-门窗大样（二十）

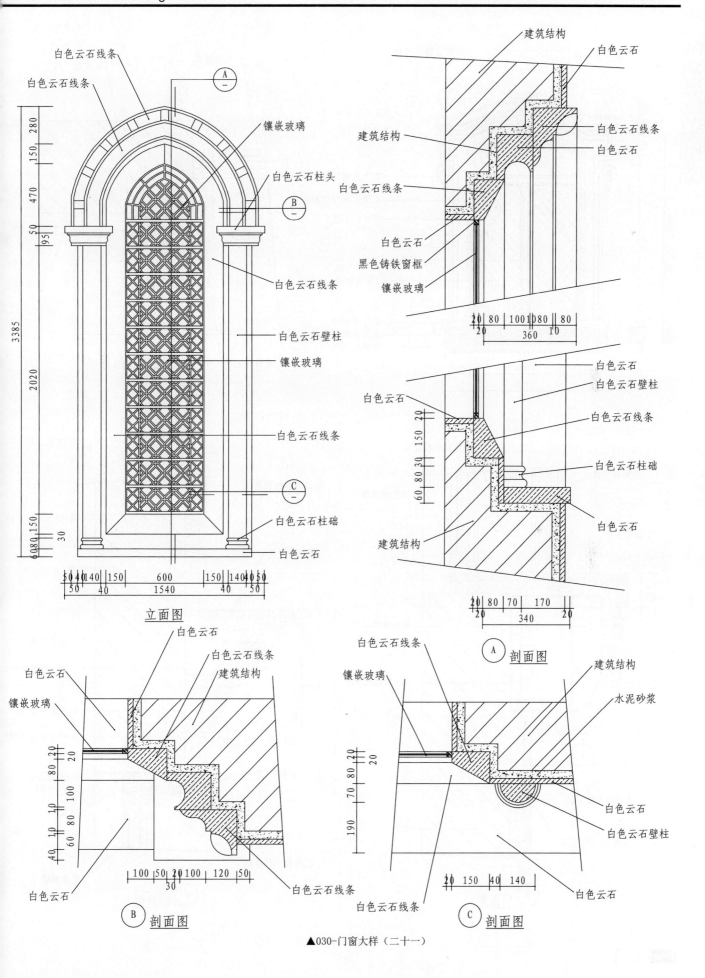

白色云石线条

白色云石线条

镶嵌玻璃

白色云石柱头

白色云石线条

白色云石壁柱

镶嵌玻璃

白色云石线条

白色云石柱础

白色云石

立面图

建筑结构

白色云石

建筑结构

白色云石线条

白色云石

白色云石线条

白色云石

黑色铸铁窗框

镶嵌玻璃

白色云石

白色云石壁柱

白色云石线条

白色云石柱础

白色云石

建筑结构

Ⓐ 剖面图

白色云石

白色云石线条

建筑结构

镶嵌玻璃

白色云石

Ⓑ 剖面图

白色云石线条

白色云石线条

镶嵌玻璃

建筑结构

水泥砂浆

白色云石

白色云石壁柱

白色云石线条

白色云石

Ⓒ 剖面图

欧式门窗详图

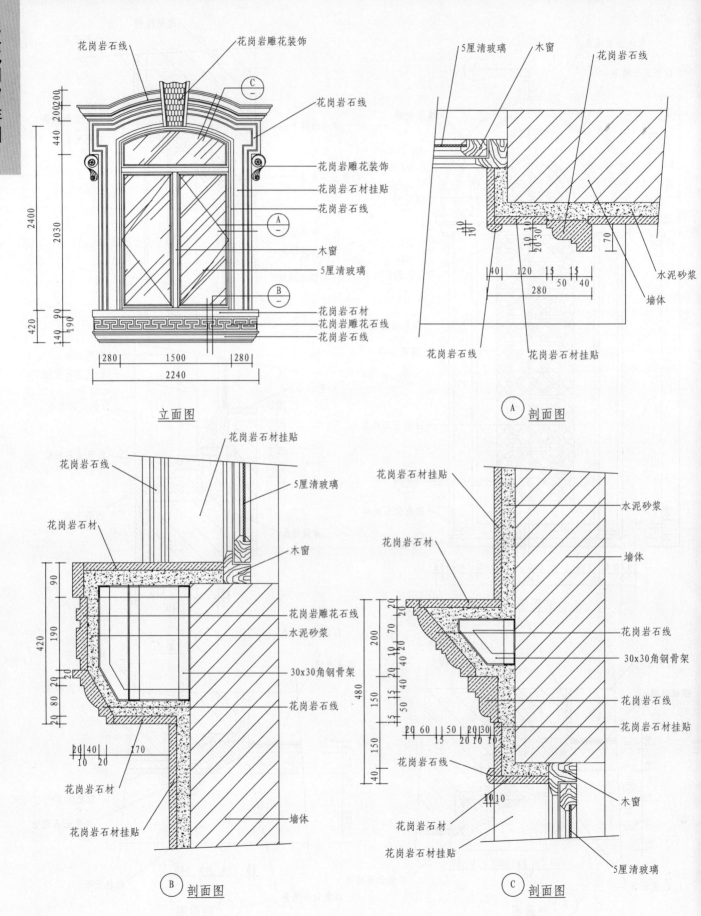

花岗岩石线
花岗岩雕花装饰
花岗岩石线
花岗岩雕花装饰
花岗岩石材挂贴
花岗岩石线
木窗
5厘清玻璃
花岗岩石材
花岗岩雕花石线
花岗岩石线

立面图

5厘清玻璃
木窗
花岗岩石线
水泥砂浆
墙体
花岗岩石线
花岗岩石材挂贴

Ⓐ 剖面图

花岗岩石材挂贴
花岗岩石线
5厘清玻璃
花岗岩石材
木窗
花岗岩雕花石线
水泥砂浆
30x30角钢骨架
花岗岩石线
花岗岩石材
花岗岩石材挂贴
墙体

Ⓑ 剖面图

花岗岩石材挂贴
水泥砂浆
花岗岩石材
墙体
花岗岩石线
30x30角钢骨架
花岗岩石线
花岗岩石材挂贴
花岗岩石线
木窗
花岗岩石材
花岗岩石材挂贴
5厘清玻璃

Ⓒ 剖面图

▲031-门窗大样（二十二）

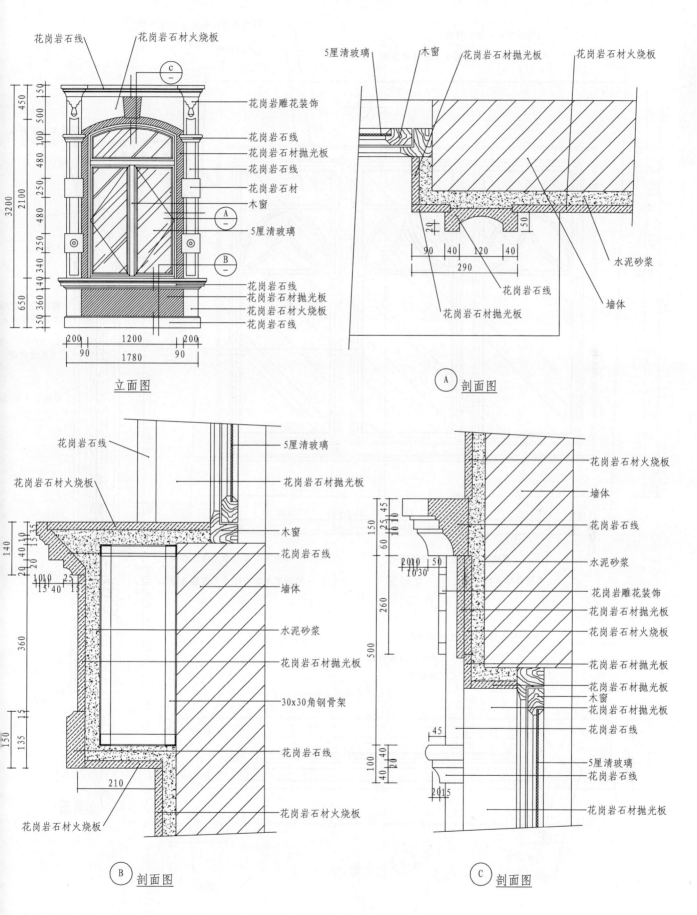

花岗岩石线
花岗岩石材火烧板

花岗岩雕花装饰
花岗岩石线
花岗岩石材抛光板
花岗岩石线
花岗岩石材
木窗
5厘清玻璃
花岗岩石线
花岗岩石材抛光板
花岗岩石材火烧板
花岗岩石线

立面图

5厘清玻璃
木窗
花岗岩石材抛光板
花岗岩石材火烧板

花岗岩石线
花岗岩石材抛光板

水泥砂浆
墙体

Ⓐ 剖面图

花岗岩石线
花岗岩石材火烧板

5厘清玻璃
花岗岩石材抛光板
木窗
花岗岩石线
墙体
水泥砂浆
花岗岩石材抛光板
30x30角钢骨架
花岗岩石线

花岗岩石材火烧板

花岗岩石材火烧板

Ⓑ 剖面图

花岗岩石材火烧板
墙体
花岗岩石线
水泥砂浆
花岗岩雕花装饰
花岗岩石材抛光板
花岗岩石材火烧板
花岗岩石材抛光板
花岗岩石材抛光板
木窗
花岗岩石材抛光板
花岗岩石线
5厘清玻璃
花岗岩石线
花岗岩石材抛光板

Ⓒ 剖面图

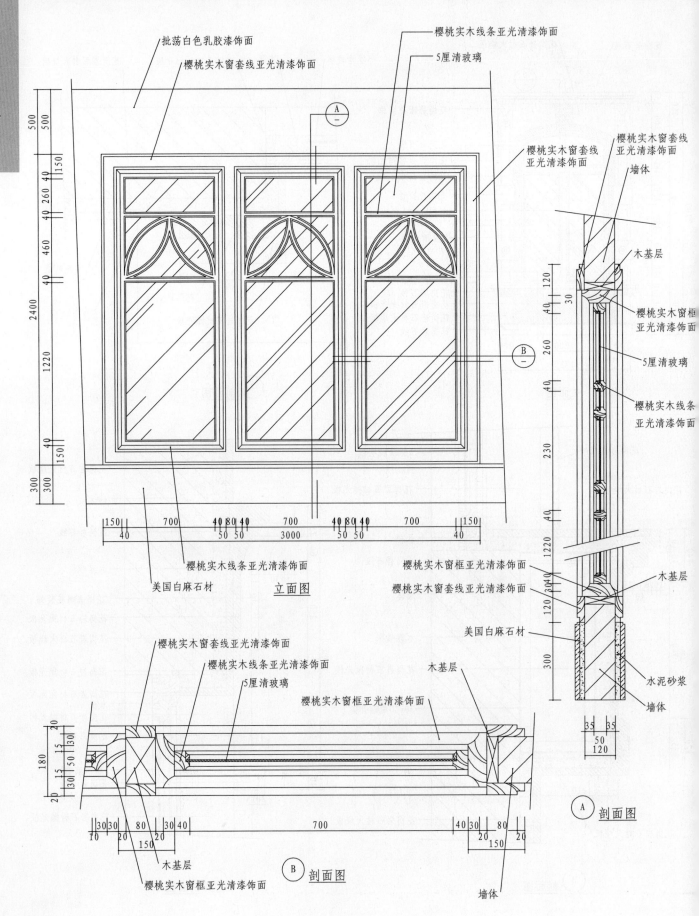

批荡白色乳胶漆饰面

樱桃实木窗套线亚光清漆饰面

樱桃实木线条亚光清漆饰面

5厘清玻璃

樱桃实木窗套线亚光清漆饰面

樱桃实木窗套线亚光清漆饰面

墙体

木基层

樱桃实木窗框亚光清漆饰面

5厘清玻璃

樱桃实木线条亚光清漆饰面

木基层

美国白麻石材

水泥砂浆

墙体

立面图

樱桃实木线条亚光清漆饰面

美国白麻石材

樱桃实木窗框亚光清漆饰面

樱桃实木窗套线亚光清漆饰面

Ⓐ 剖面图

樱桃实木窗套线亚光清漆饰面

樱桃实木线条亚光清漆饰面

5厘清玻璃

樱桃实木窗框亚光清漆饰面

木基层

木基层

樱桃实木窗框亚光清漆饰面

Ⓑ 剖面图

墙体

▲033-门窗大样（二十四）

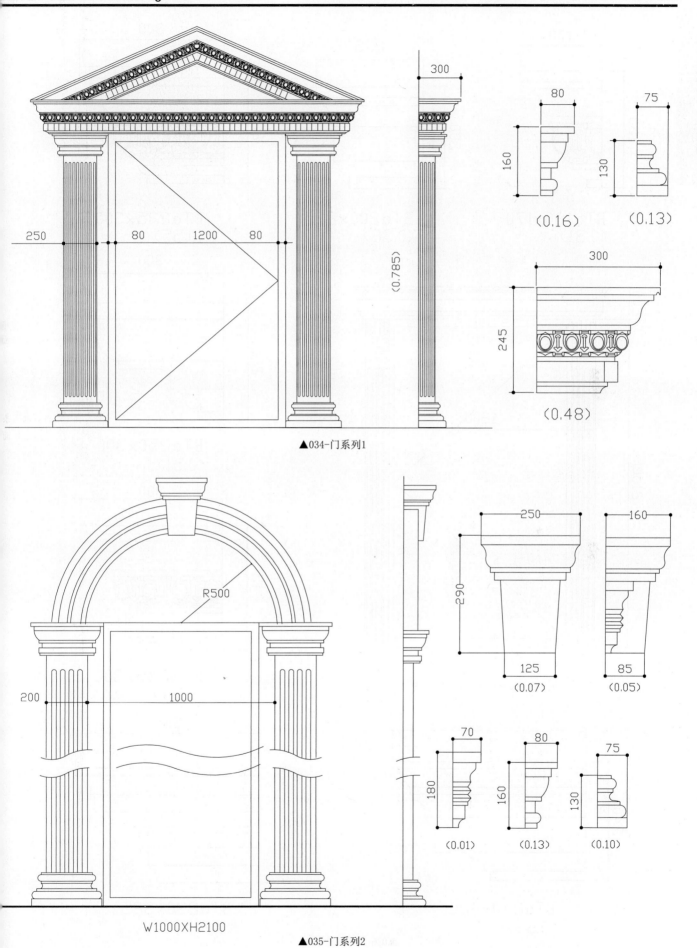

300

80
160
〈0.16〉

75
130
〈0.13〉

300
245
〈0.48〉

250
80
1200
80

〈0.785〉

▲034-门系列1

R500

250
290
125
〈0.07〉

160
85
〈0.05〉

200
1000

70
180
〈0.01〉

80
160
〈0.13〉

75
130
〈0.10〉

W1000XH2100

▲035-门系列2

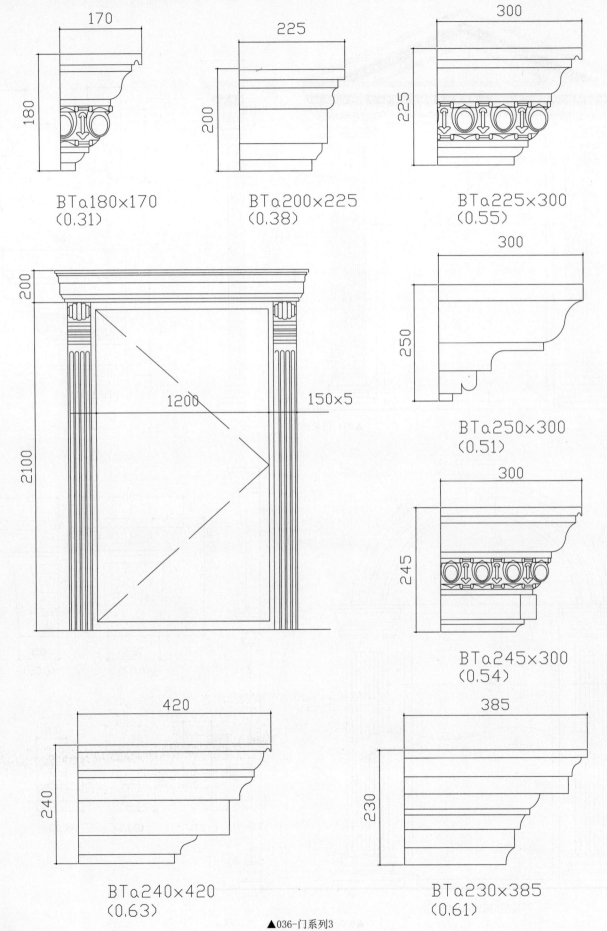

170
180
BTa180×170
(0.31)

225
200
BTa200×225
(0.38)

300
225
BTa225×300
(0.55)

300
250
BTa250×300
(0.51)

300
245
BTa245×300
(0.54)

200
2100
1200
150×5

420
240
BTa240×420
(0.63)

385
230
BTa230×385
(0.61)

▲036-门系列3

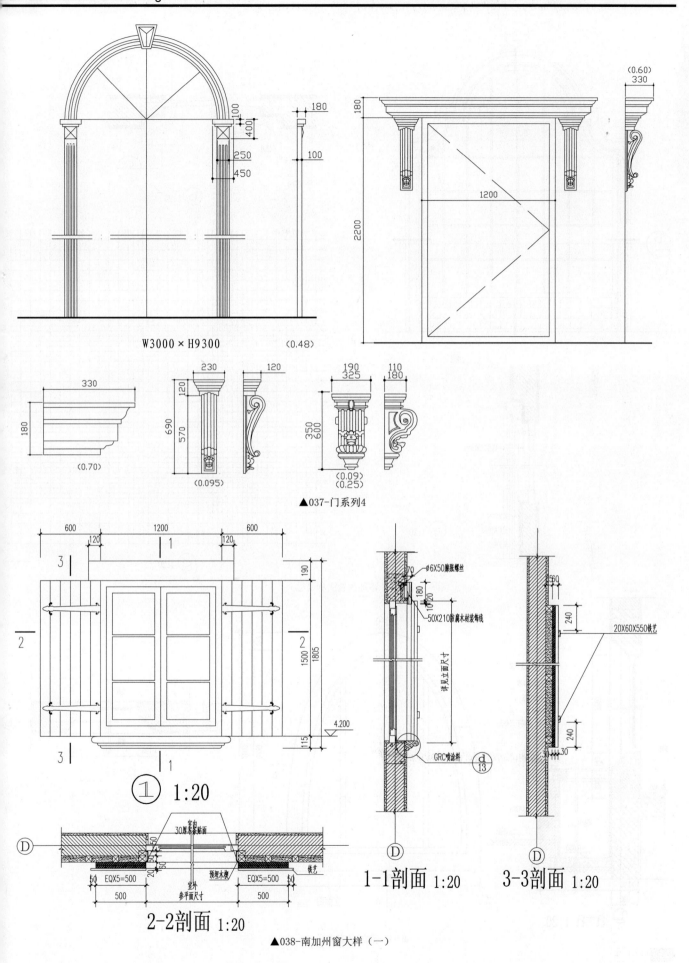

W3000 × H9300   (0.48)

330   230   120   190   110
180   325   180

690
570   350
600
120
(0.70)   (0.095)   (0.09)
(0.25)

▲037-门系列4

600   1200   600
120   120

1500   1805

4.200

115

① 1:20

φ6×50膨胀螺丝

50X210防腐木材装饰线

详见立面尺寸

20X60X550铁艺

GRC喷涂料

d
13

30厚石装贴面

预埋木模

铁艺

50 EQX5=500   EQX5=500 50
500   室外   500
参平面尺寸

2-2剖面 1:20   1-1剖面 1:20   3-3剖面 1:20

▲038-南加州窗大样（一）

欧式门窗详图

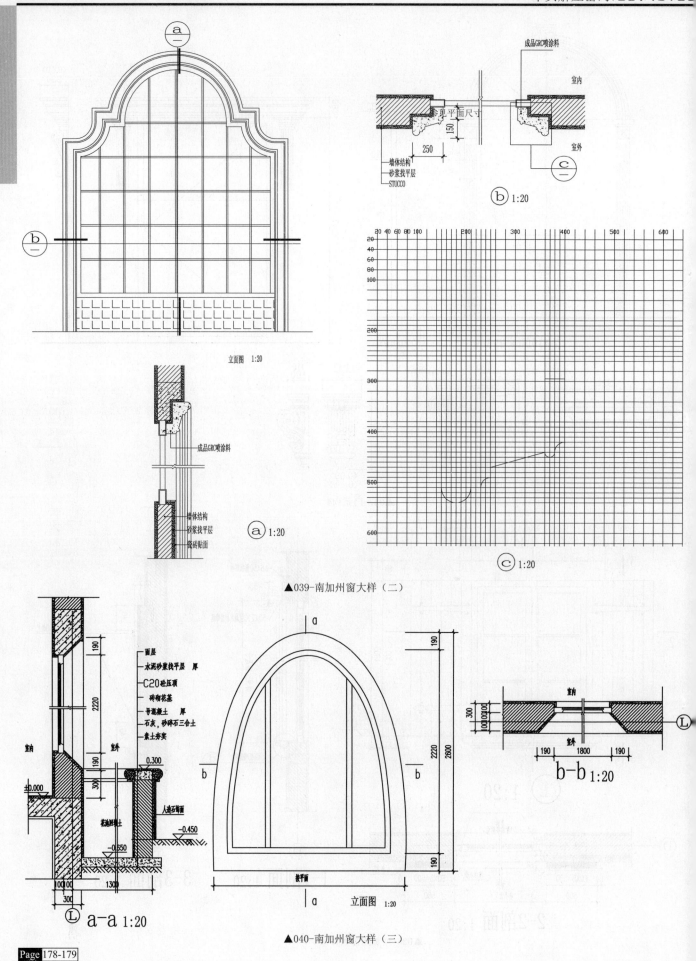

成品GRC喷涂料

室内

即平面尺寸

150

250

墙体结构
砂浆找平层
STUCCO

室外

ⓒ

ⓑ 1:20

成品GRC喷涂料

墙体结构
砂浆找平层
瓷砖贴面

ⓐ 1:20

立面图　1:20

ⓒ 1:20

▲039-南加州窗大样（二）

面层
水泥砂浆找平层　厚
C20砼压顶
砖砌花基
导湿凝土　厚
石灰，砂碎石三合土
素土夯实

190

2220

190

室内　　室外

300

0.300

+0.000

-0.450

人造石墙面

粘湿凝土

-0.650

100100　　1300

300

ⓛ a-a 1:20

a

190

190

2220

2600

190

b

b

接平面

a

立面图　1:20

室内

室外

300

100 100

190　　1800　　190

b-b 1:20

ⓛ

▲040-南加州窗大样（三）

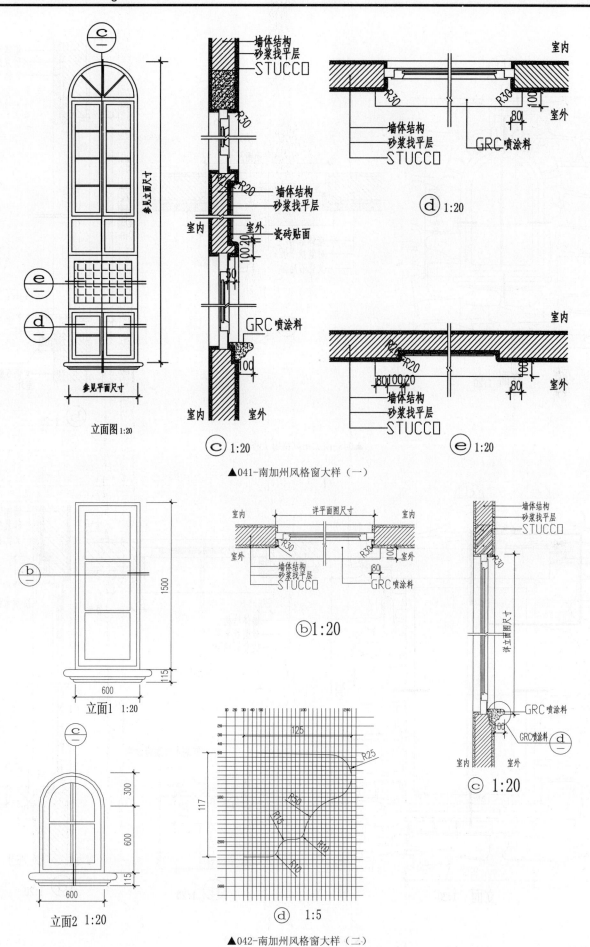

立面图 1:20

墙体结构
砂浆找平层
STUCCO
R30
墙体结构
砂浆找平层
瓷砖贴面
室内   室外
GRC喷涂料
室内   室外
ⓒ 1:20

室内
R30   R30
墙体结构
砂浆找平层
STUCCO   GRC喷涂料
室外
ⓓ 1:20

室内
R20
墙体结构
砂浆找平层
STUCCO
室外
ⓔ 1:20

▲041-南加州风格窗大样（一）

立面1 1:20

详平面图尺寸
室内   室内
R30   R30
墙体结构
砂浆找平层
STUCCO   GRC喷涂料
室外   室外
ⓑ1:20

墙体结构
砂浆找平层
STUCCO
R30
详立面图尺寸
GRC喷涂料
GRC喷涂料
室内   室外
ⓒ 1:20
ⓓ

立面2 1:20

125
117
R25
R30
ⓓ   1:5

▲042-南加州风格窗大样（二）

欧式门窗详图

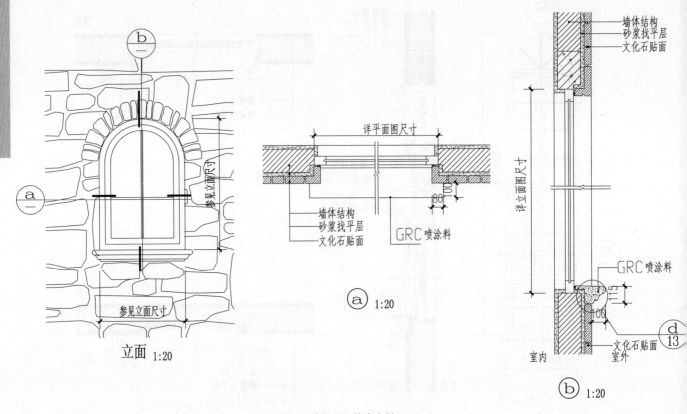

墙体结构
砂浆找平层
文化石贴面

详平面图尺寸

80

GRC喷涂料

ⓐ 1:20

墙体结构
砂浆找平层
文化石贴面

详立面图尺寸

GRC喷涂料

文化石贴面

室内   室外

ⓑ 1:20

参见立面尺寸

立面 1:20

▲043-南加州风格窗大样（三）

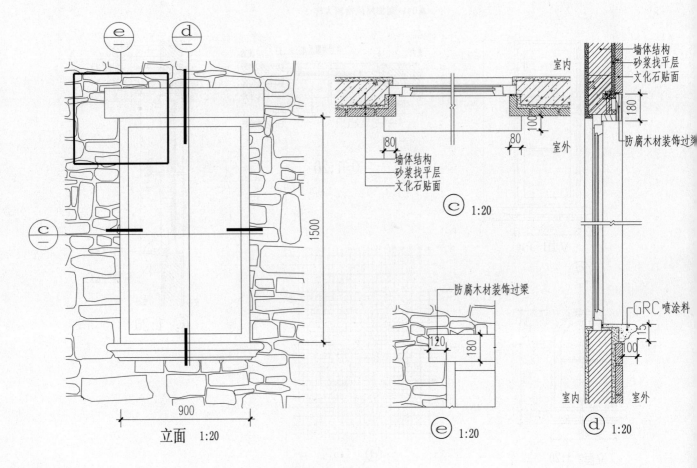

1500

900

立面 1:20

墙体结构
砂浆找平层
文化石贴面

80   80

室内

室外

ⓒ 1:20

墙体结构
砂浆找平层
文化石贴面

180

100

防腐木材装饰过梁

GRC喷涂料

室内   室外

ⓓ 1:20

防腐木材装饰过梁

120   180

ⓔ 1:20

▲044-南加州风格窗大样（四）

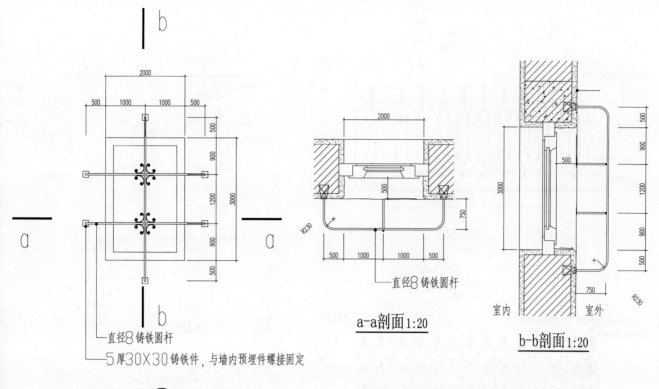

直径8铸铁圆杆

5厚30X30铸铁件, 与墙内预埋件螺接固定

① 1:20

直径8铸铁圆杆

a-a剖面 1:20

室内 室外

b-b剖面 1:20

▲045-南加州风格窗大样（五）

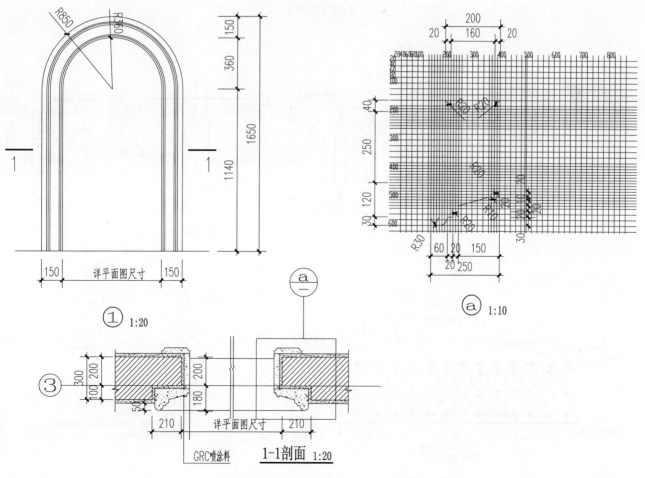

① 1:20

详平面图尺寸

GRC喷涂料

1-1剖面 1:20

ⓐ 1:10

▲046-南加州风格门洞大样

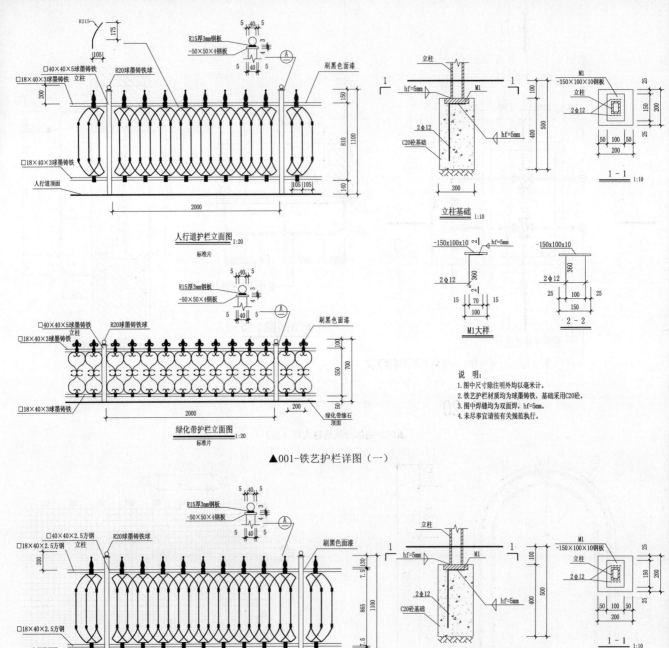

人行道护栏立面图 1:20
标准片

绿化带护栏立面图 1:20
标准片

▲001-铁艺护栏详图（一）

说　明：
1. 图中尺寸除注明外均以毫米计。
2. 铁艺护栏材质均为球墨铸铁，基础采用C20砼。
3. 图中焊缝均为双面焊，hf=5mm。
4. 未尽事宜请按有关规范执行。

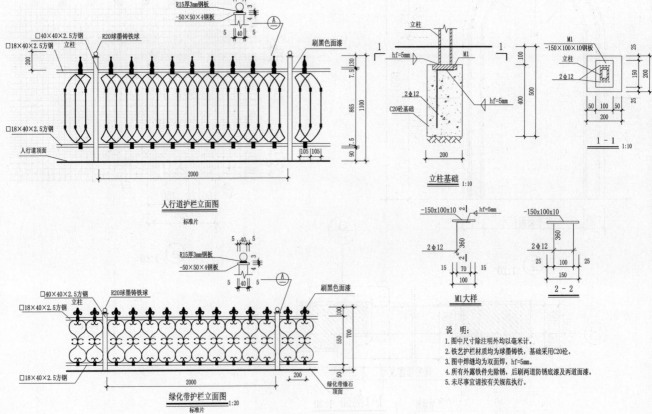

人行道护栏立面图
标准片

绿化带护栏立面图 1:20
标准片

▲002-铁艺护栏详图（二）

说　明：
1. 图中尺寸除注明外均以毫米计。
2. 铁艺护栏材质均为球墨铸铁，基础采用C20砼。
3. 图中焊缝均为双面焊，hf=5mm。
4. 所有外露铁件先除锈，后刷两道防锈底漆及两道面漆。
5. 未尽事宜请按有关规范执行。

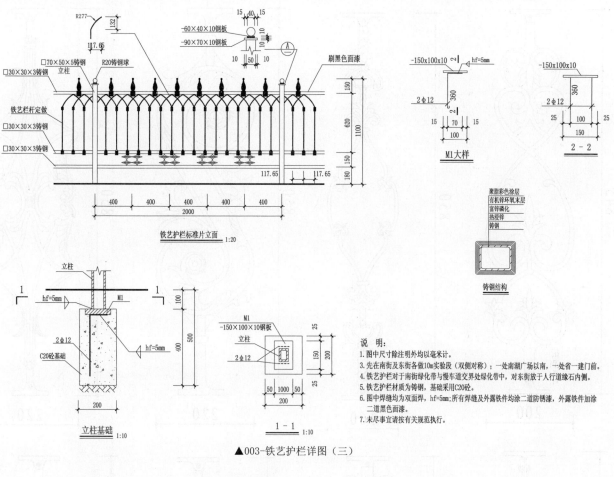

▲003-铁艺护栏详图（三）

说明：
1.图中尺寸除注明外均以毫米计。
3.先在南街及东街各做10m实验段（双侧对称）；一处南湖广场以南，一处省一建门前。
4.铁艺护栏对于南街绿化带与慢车道交界处绿化带中，对东街放于人行道缘石内侧。
5.铁艺护栏材质为铸钢，基础采用C20砼。
6.图中焊缝均为双面焊，hf=5mm；所有焊缝及外露铁件均涂二道防锈漆，外露铁件加涂二道黑色面漆。
7.未尽事宜请按有关规范执行。

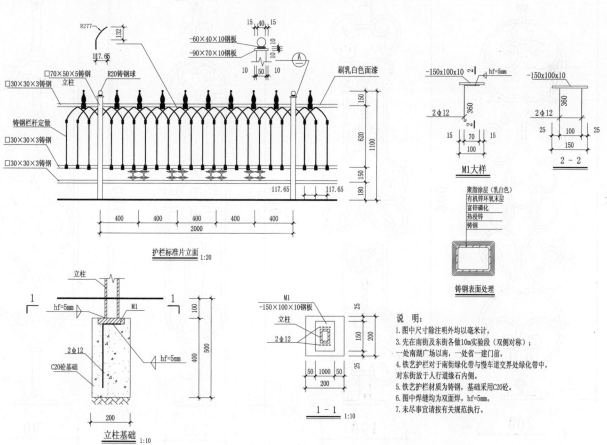

▲004-铁艺护栏详图（四）

说明：
1.图中尺寸除注明外均以毫米计。
3.先在南街及东街各做10m实验段（双侧对称）；
一处南湖广场以南，一处省一建门前。
4.铁艺护栏对于南街绿化带与慢车道交界处绿化带中，
对东街放于人行道缘石内侧。
5.铁艺护栏材质为铸钢，基础采用C20砼。
6.图中焊缝均为双面焊，hf=5mm。
7.未尽事宜请按有关规范执行。

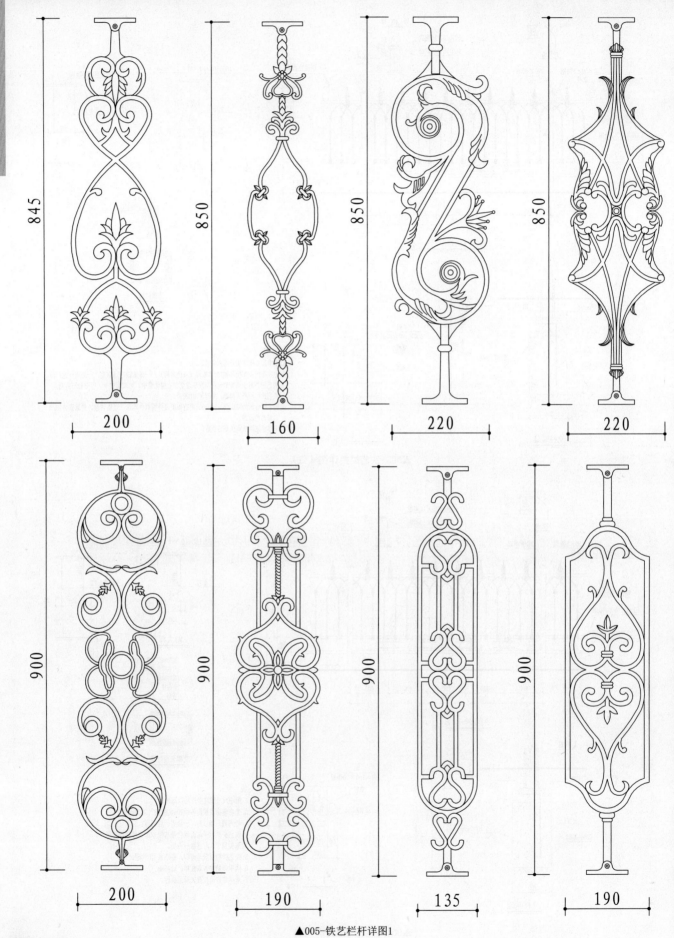

▲005-铁艺栏杆详图1

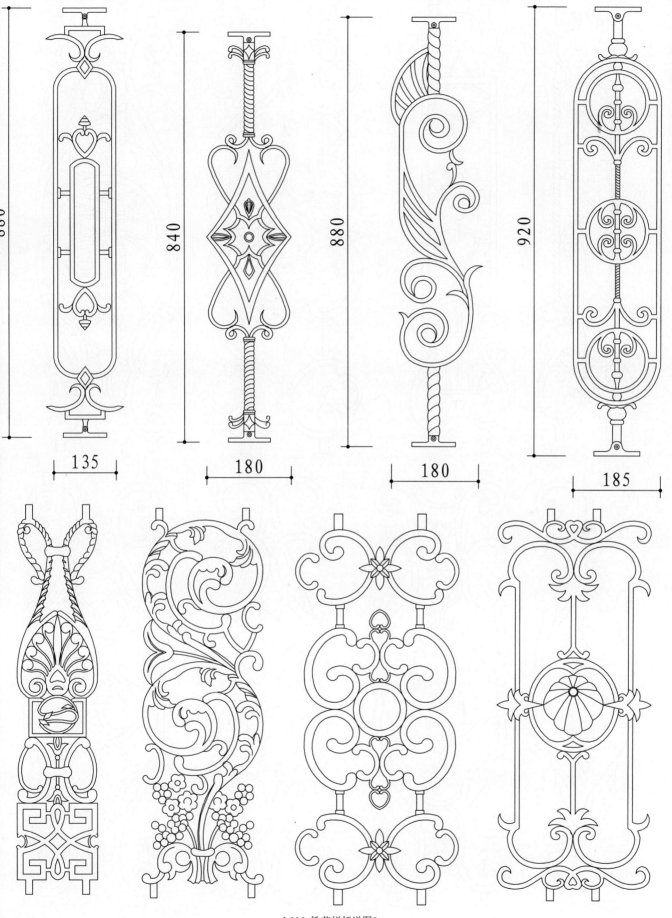

880

840

880

920

135

180

180

185

▲006-铁艺栏杆详图2

铁艺及配饰图

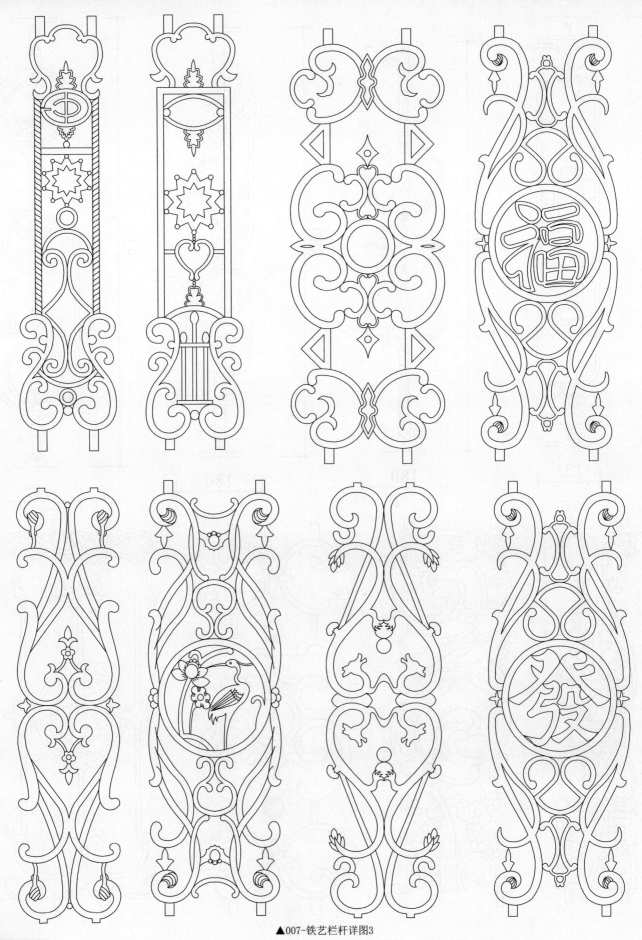

▲007-铁艺栏杆详图3

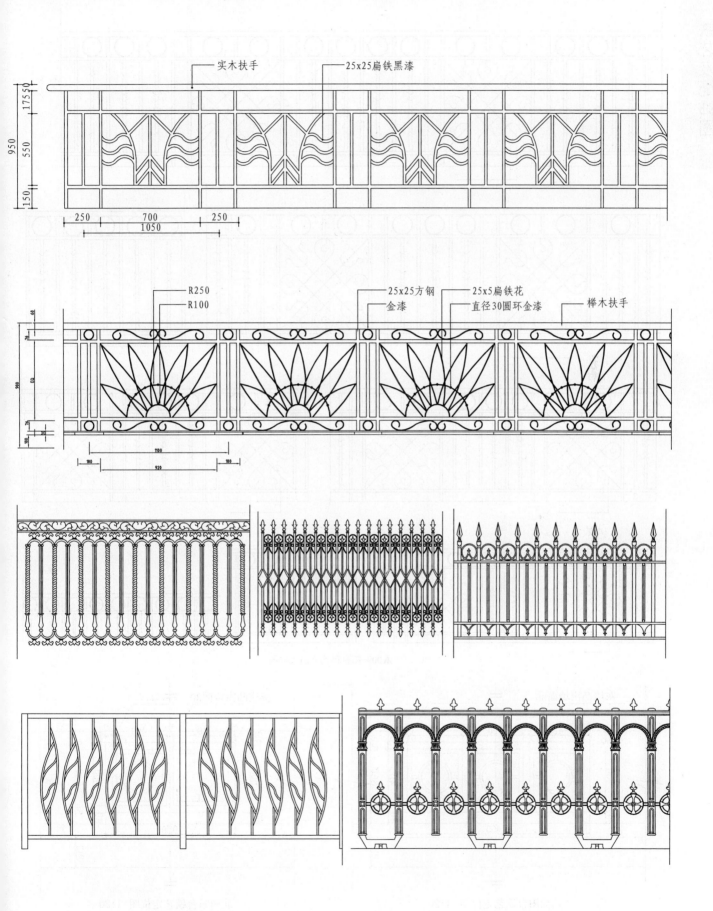

实木扶手　　25x25扁铁黑漆

R250　　25x25方钢　　25x5扁铁花
R100　　金漆　　直径30圆环金漆　　榉木扶手

▲008-铁艺栏杆详图4

铁艺及配饰图

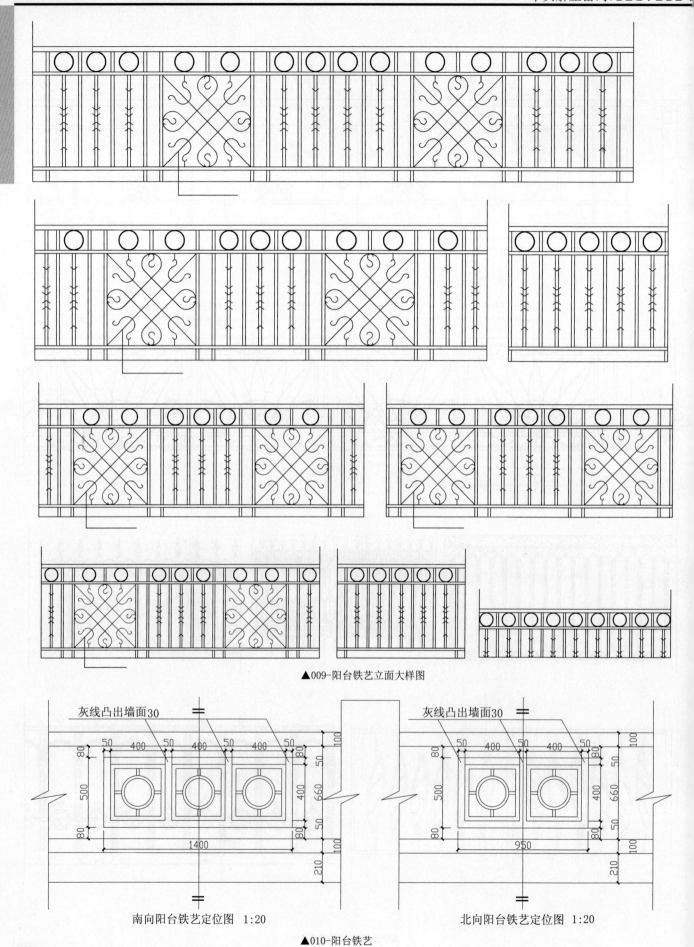

灰线凸出墙面30

灰线凸出墙面30

南向阳台铁艺定位图 1:20

北向阳台铁艺定位图 1:20

▲009-阳台铁艺立面大样图

▲010-阳台铁艺

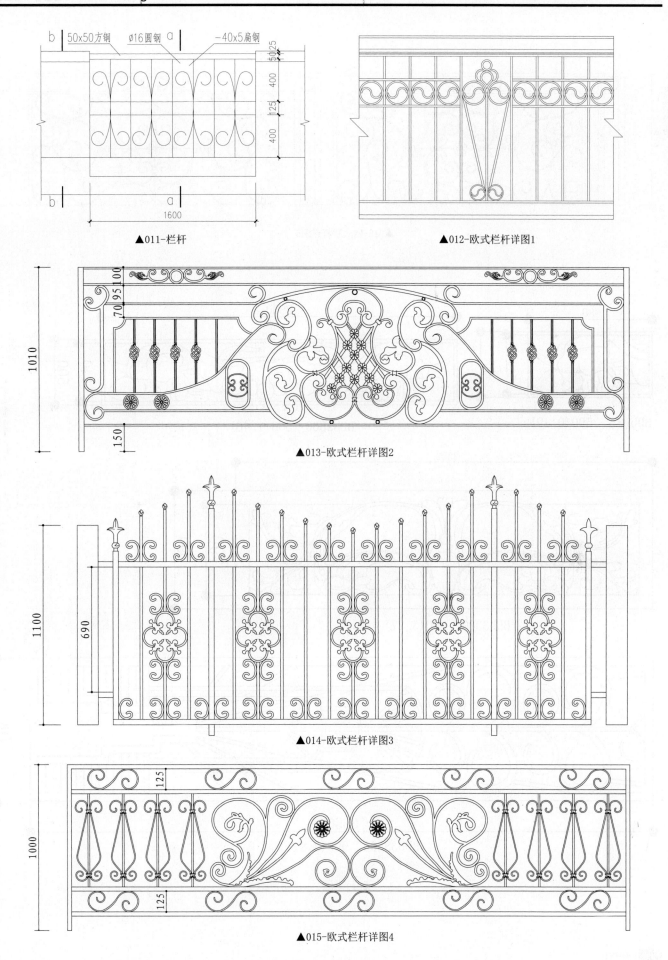

▲011-栏杆

▲012-欧式栏杆详图1

▲013-欧式栏杆详图2

▲014-欧式栏杆详图3

▲015-欧式栏杆详图4

▲016-欧式栏杆详图5

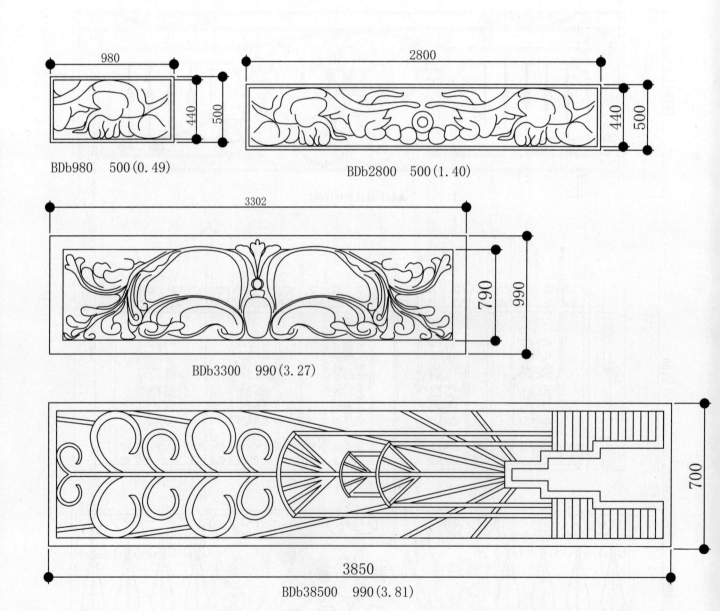

BDb980　500(0.49)

BDb2800　500(1.40)

BDb3300　990(3.27)

BDb38500　990(3.81)

▲017-饰板

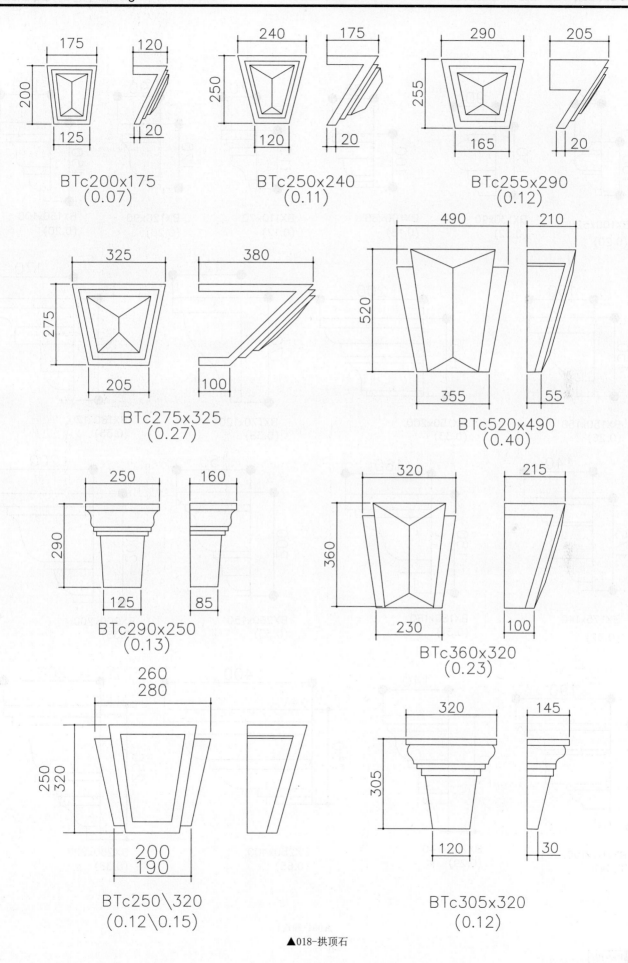

BTc200x175
(0.07)

BTc250x240
(0.11)

BTc255x290
(0.12)

BTc275x325
(0.27)

BTc520x490
(0.40)

BTc290x250
(0.13)

BTc360x320
(0.23)

BTc250\320
(0.12\0.15)

BTc305x320
(0.12)

欧
式
线
角
详
图

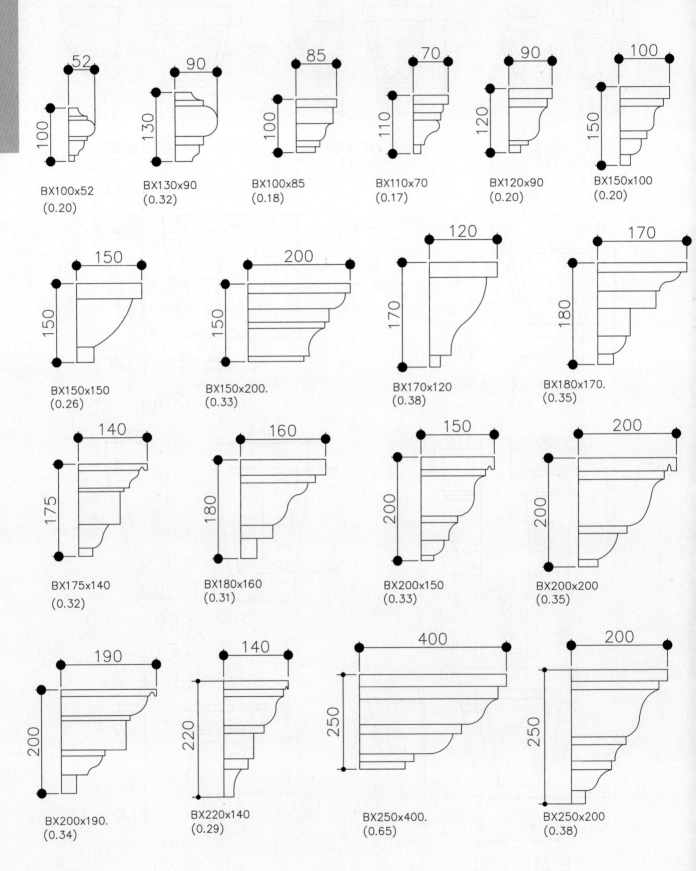

BX100x52
(0.20)

BX130x90
(0.32)

BX100x85
(0.18)

BX110x70
(0.17)

BX120x90
(0.20)

BX150x100
(0.20)

BX150x150
(0.26)

BX150x200.
(0.33)

BX170x120
(0.38)

BX180x170.
(0.35)

BX175x140
(0.32)

BX180x160
(0.31)

BX200x150
(0.33)

BX200x200
(0.35)

BX200x190.
(0.34)

BX220x140
(0.29)

BX250x400.
(0.65)

BX250x200
(0.38)

▲001-线板1

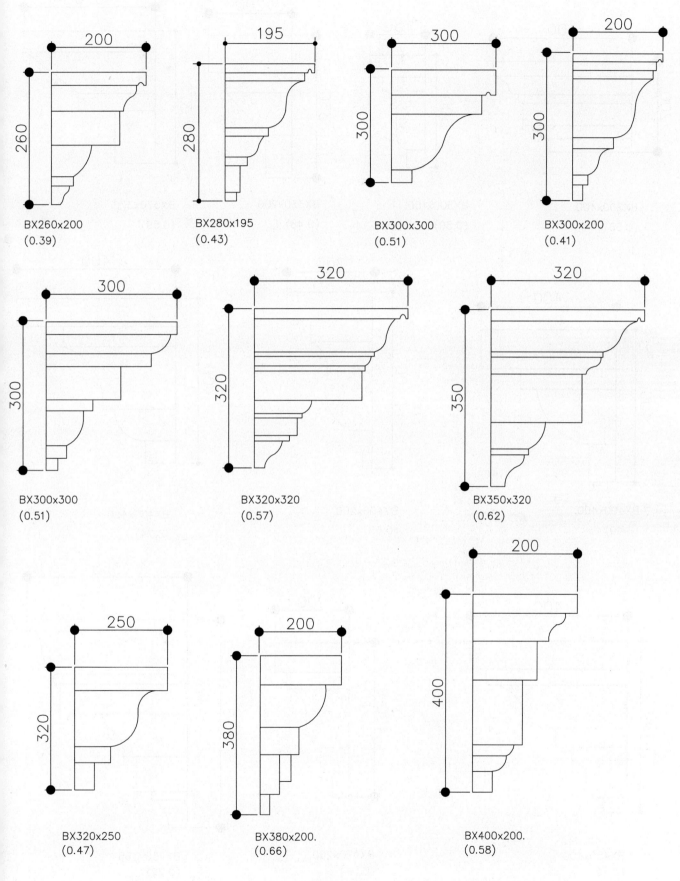

BX260x200
(0.39)

BX280x195
(0.43)

BX300x300
(0.51)

BX300x200
(0.41)

BX300x300
(0.51)

BX320x320
(0.57)

BX350x320
(0.62)

BX320x250
(0.47)

BX380x200.
(0.66)

BX400x200.
(0.58)

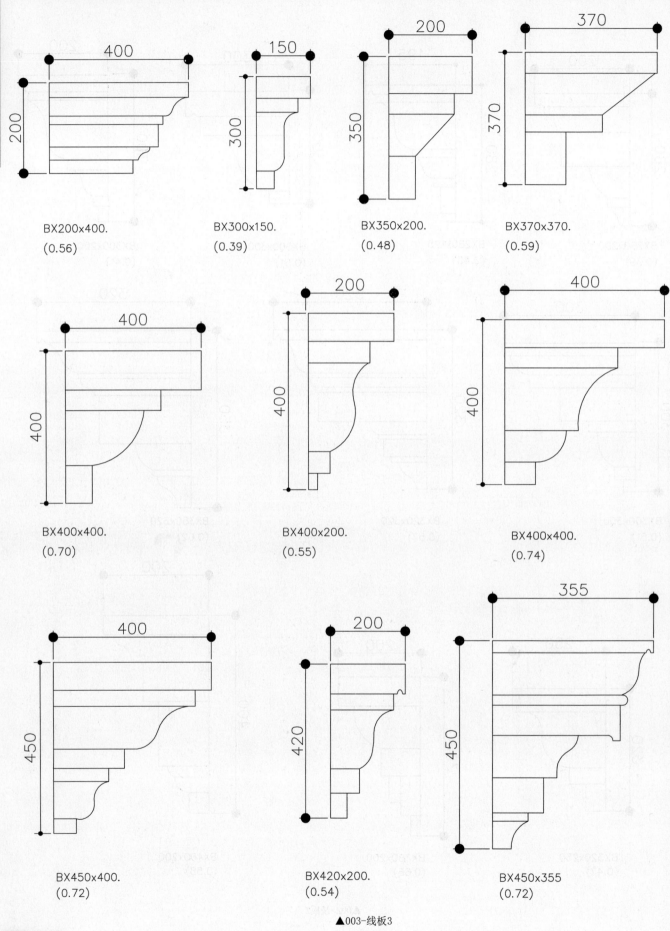

BX200x400.
(0.56)

BX300x150.
(0.39)

BX350x200.
(0.48)

BX370x370.
(0.59)

BX400x400.
(0.70)

BX400x200.
(0.55)

BX400x400.
(0.74)

BX450x400.
(0.72)

BX420x200.
(0.54)

BX450x355
(0.72)

▲003-线板3

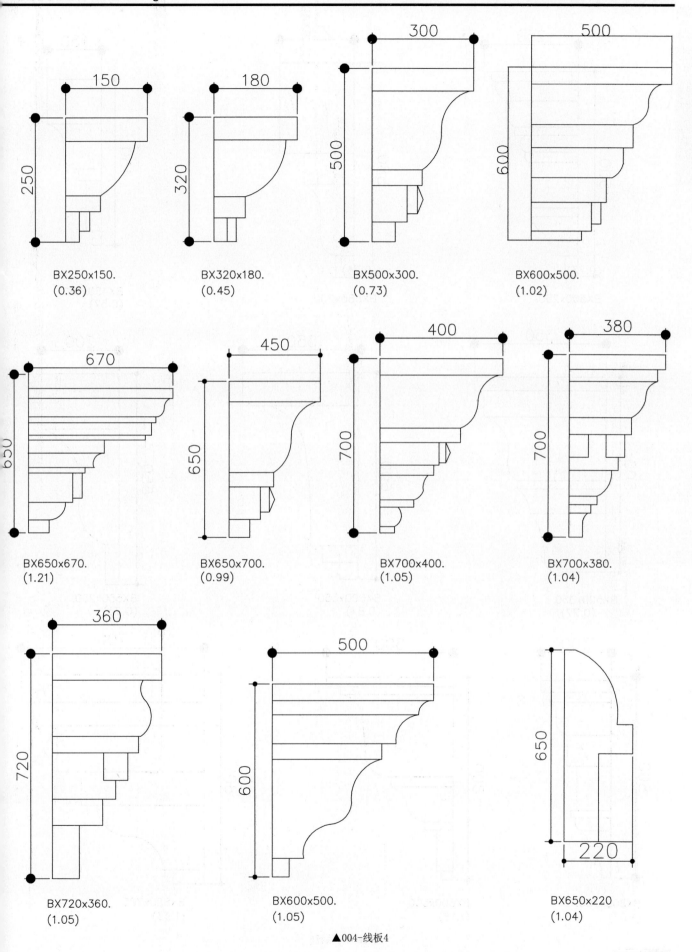

BX250x150.
(0.36)

BX320x180.
(0.45)

BX500x300.
(0.73)

BX600x500.
(1.02)

BX650x670.
(1.21)

BX650x700.
(0.99)

BX700x400.
(1.05)

BX700x380.
(1.04)

BX720x360.
(1.05)

BX600x500.
(1.05)

BX650x220
(1.04)

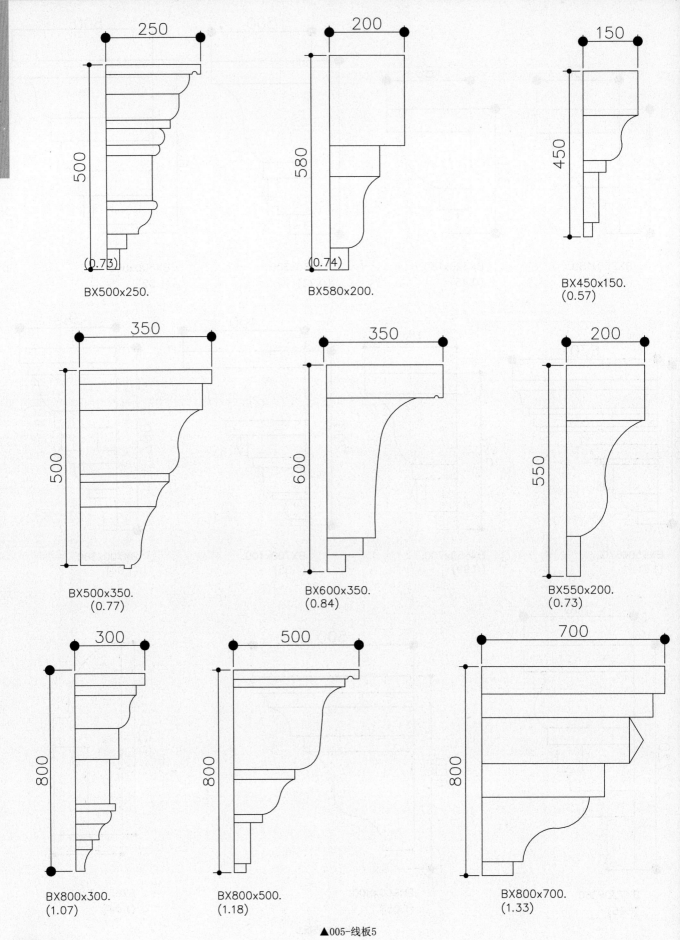

BX500x250.
(0.73)

BX580x200.
(0.74)

BX450x150.
(0.57)

BX500x350.
(0.77)

BX600x350.
(0.84)

BX550x200.
(0.73)

BX800x300.
(1.07)

BX800x500.
(1.18)

BX800x700.
(1.33)

▲005-线板5

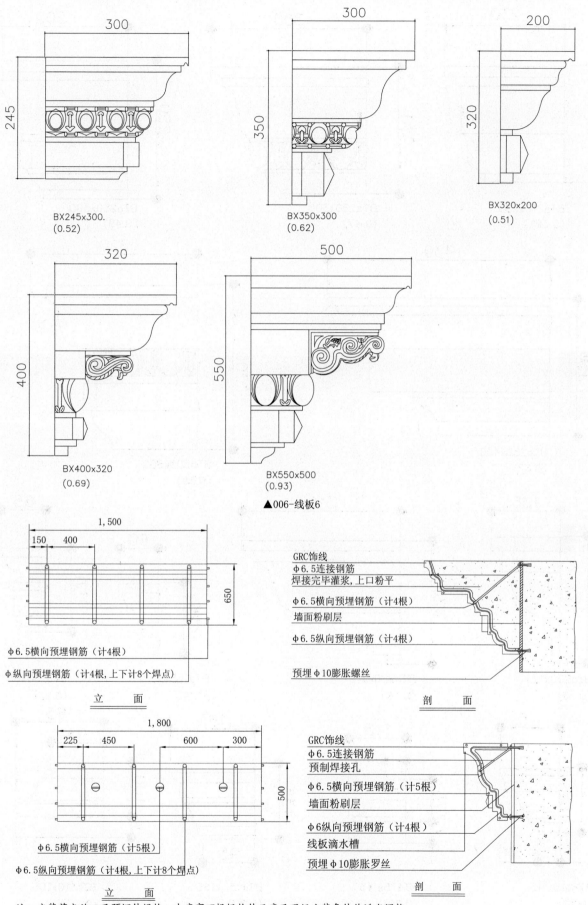

300

245

BX245x300.
(0.52)

300

350

BX350x300
(0.62)

200

320

BX320x200
(0.51)

320

400

BX400x320
(0.69)

500

550

BX550x500
(0.93)

▲006-线板6

1,500

150   400

650

Φ6.5横向预埋钢筋（计4根）

Φ纵向预埋钢筋（计4根，上下计8个焊点）

立　面

GRC饰线
Φ6.5连接钢筋
焊接完毕灌浆，上口粉平
Φ6.5横向预埋钢筋（计4根）
墙面粉刷层
Φ6.5纵向预埋钢筋（计4根）
预埋Φ10膨胀螺丝

剖　面

1,800

225   450   600   300

500

Φ6.5横向预埋钢筋（计5根）

Φ6.5纵向预埋钢筋（计4根，上下计8个焊点）

立　面

GRC饰线
Φ6.5连接钢筋
预制焊接孔
Φ6.5横向预埋钢筋（计5根）
墙面粉刷层
Φ6纵向预埋钢筋（计4根）
线板滴水槽
预埋Φ10膨胀罗丝

剖　面

注：安装节点施工及预埋件规格，生产商可根据构件尺度及现场安装条件作适当调整。

▲007-线板安装节点图

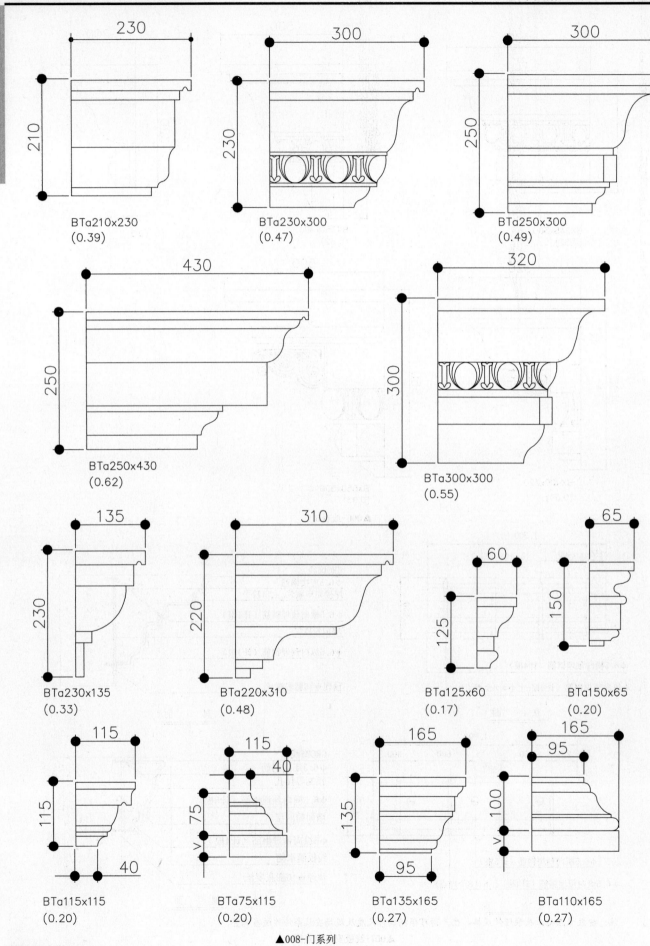

BTa210x230
(0.39)

BTa230x300
(0.47)

BTa250x300
(0.49)

BTa250x430
(0.62)

BTa300x300
(0.55)

BTa230x135
(0.33)

BTa220x310
(0.48)

BTa125x60
(0.17)

BTa150x65
(0.20)

BTa115x115
(0.20)

BTa75x115
(0.20)

BTa135x165
(0.27)

BTa110x165
(0.27)

▲008-门系列

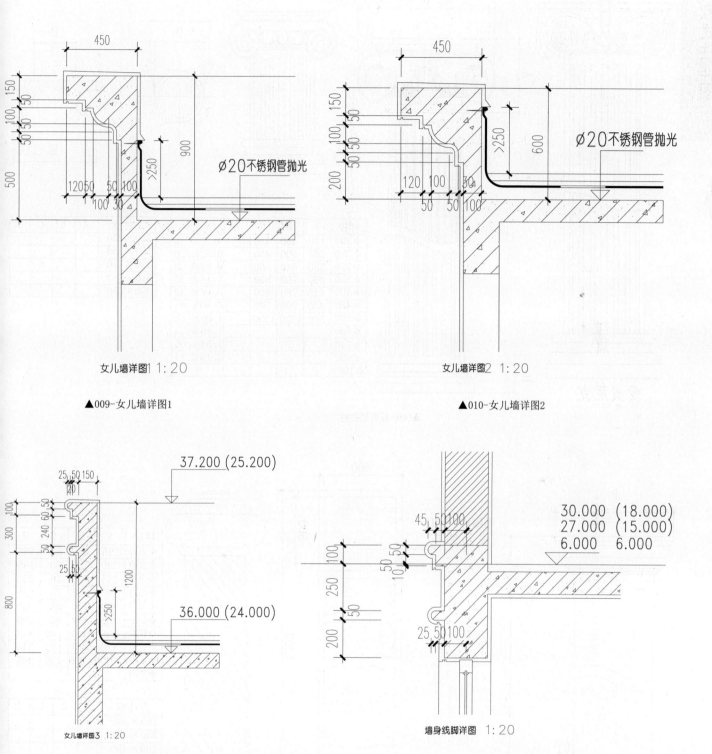

女儿墙详图1 1:20

▲009-女儿墙详图1

Ø20不锈钢管抛光

女儿墙详图2 1:20

▲010-女儿墙详图2

Ø20不锈钢管抛光

37.200 (25.200)

36.000 (24.000)

女儿墙详图3 1:20

▲011-女儿墙详图3

30.000 (18.000)
27.000 (15.000)
6.000   6.000

墙身线脚详图 1:20

▲012-墙身线脚详图

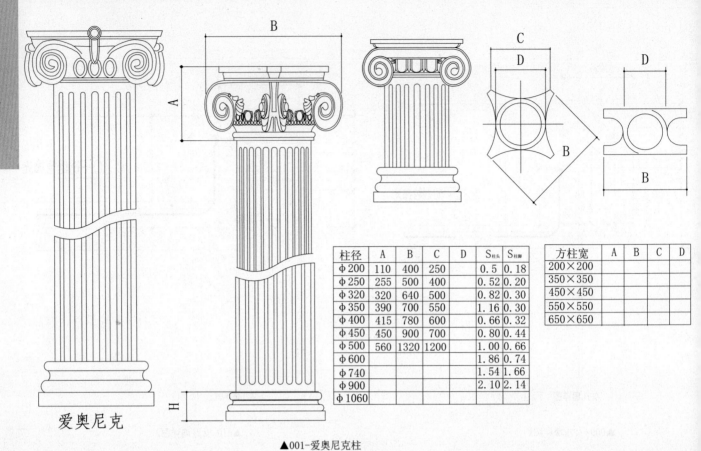

爱奥尼克

柱径	A	B	C	D	S柱头	S柱脚
Φ200	110	400	250		0.5	0.18
Φ250	255	500	400		0.52	0.20
Φ320	320	640	500		0.82	0.30
Φ350	390	700	550		1.16	0.30
Φ400	415	780	600		0.66	0.32
Φ450	450	900	700		0.80	0.44
Φ500	560	1320	1200		1.00	0.66
Φ600					1.86	0.74
Φ740					1.54	1.66
Φ900					2.10	2.14
Φ1060						

方柱宽	A	B	C	D
200×200				
350×350				
450×450				
550×550				
650×650				

▲001-爱奥尼克柱

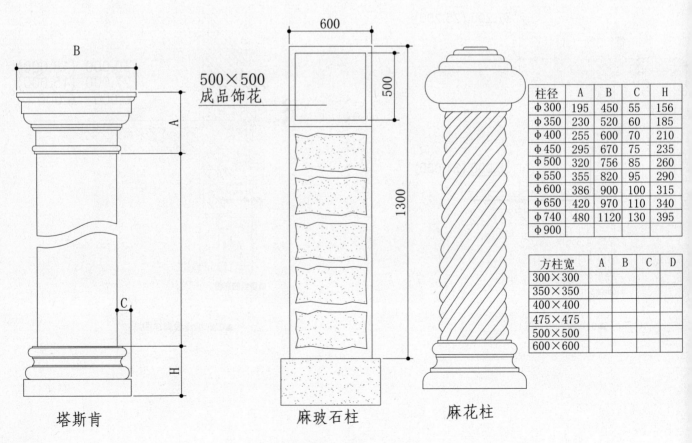

500×500
成品饰花

塔斯肯　　麻玻石柱　　麻花柱

柱径	A	B	C	H
Φ300	195	450	55	156
Φ350	230	520	60	185
Φ400	255	600	70	210
Φ450	295	670	75	235
Φ500	320	756	85	260
Φ550	355	820	95	290
Φ600	386	900	100	315
Φ650	420	970	110	340
Φ740	480	1120	130	395
Φ900				

方柱宽	A	B	C	D
300×300				
350×350				
400×400				
475×475				
500×500				
600×600				

▲002-塔斯肯、麻玻石、麻花柱

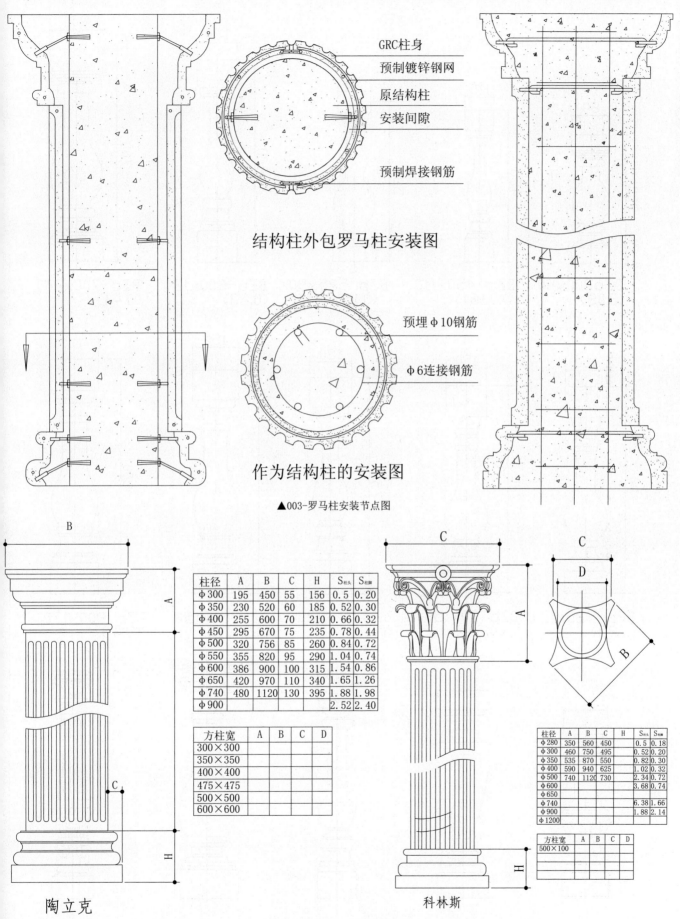

GRC柱身
预制镀锌钢网
原结构柱
安装间隙
预制焊接钢筋

结构柱外包罗马柱安装图

预埋Φ10钢筋
Φ6连接钢筋

作为结构柱的安装图

▲003-罗马柱安装节点图

柱径	A	B	C	H	$S_{柱头}$	$S_{柱脚}$
Φ300	195	450	55	156	0.5	0.20
Φ350	230	520	60	185	0.52	0.30
Φ400	255	600	70	210	0.66	0.32
Φ450	295	670	75	235	0.78	0.44
Φ500	320	756	85	260	0.84	0.72
Φ550	355	820	95	290	1.04	0.74
Φ600	386	900	100	315	1.54	0.86
Φ650	420	970	110	340	1.65	1.26
Φ740	480	1120	130	395	1.88	1.98
Φ900					2.52	2.40

方柱宽	A	B	C	D
300×300				
350×350				
400×400				
475×475				
500×500				
600×600				

陶立克

柱径	A	B	C	H	$S_{柱头}$	$S_{柱脚}$
Φ280	350	560	450		0.5	0.18
Φ300	460	750	495		0.52	0.20
Φ350	535	870	550		0.82	0.30
Φ400	590	940	625		1.02	0.32
Φ500	740	1120	730		2.34	0.72
Φ600					3.68	0.74
Φ650						
Φ740					6.38	1.66
Φ900					1.88	2.14
Φ1200						

方柱宽	A	B	C	D
500×100				

科林斯

▲004-陶立克 、科林斯柱

欧式柱详图

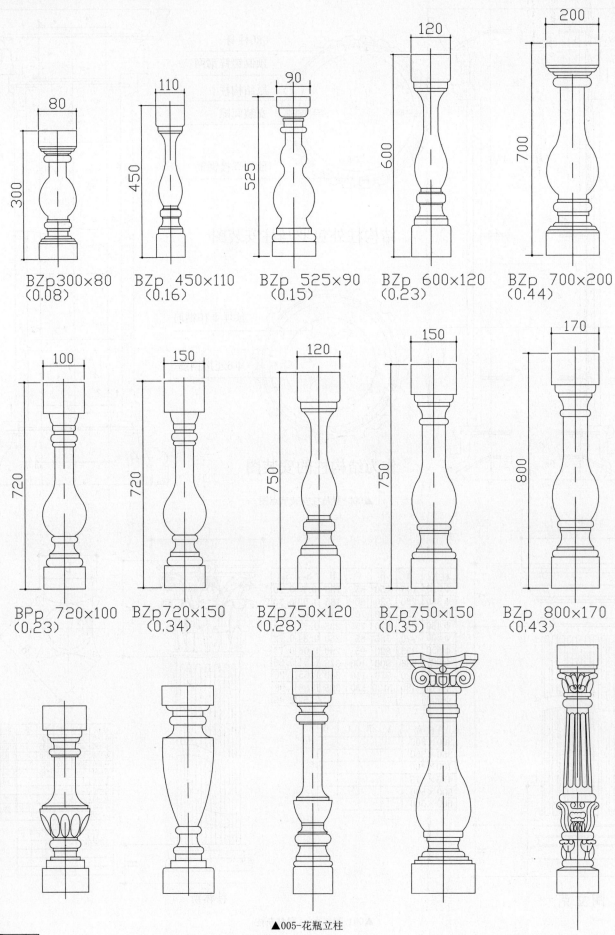

BZp300×80
（0.08）

BZp 450×110
（0.16）

BZp 525×90
（0.15）

BZp 600×120
（0.23）

BZp 700×200
（0.44）

BPp 720×100
（0.23）

BZp720×150
（0.34）

BZp750×120
（0.28）

BZp750×150
（0.35）

BZp 800×170
（0.43）

▲005-花瓶立柱

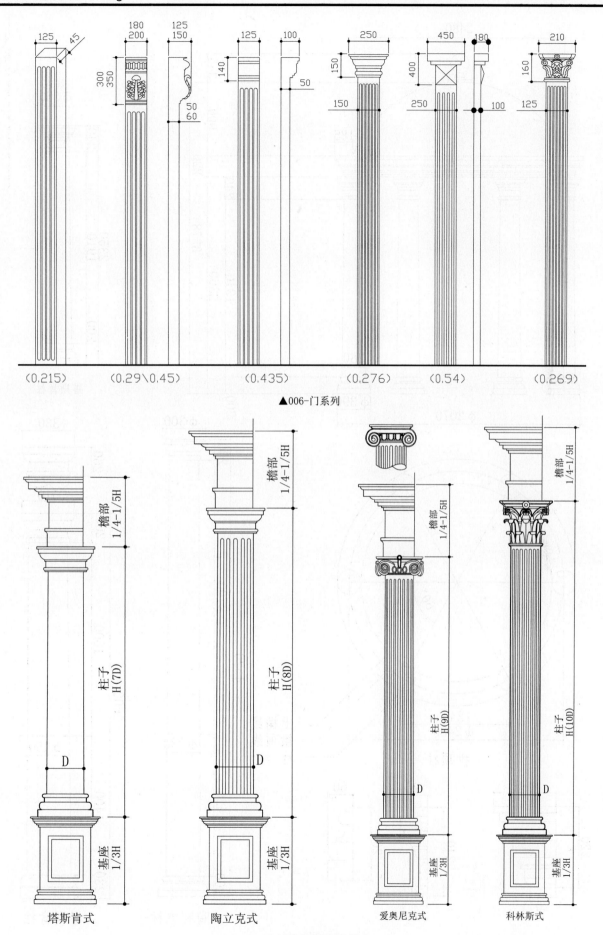

▲006-门系列

▲007-四种典型的罗马柱式

塔斯肯式　　　　陶立克式　　　　爱奥尼克式　　　　科林斯式

欧式柱详图

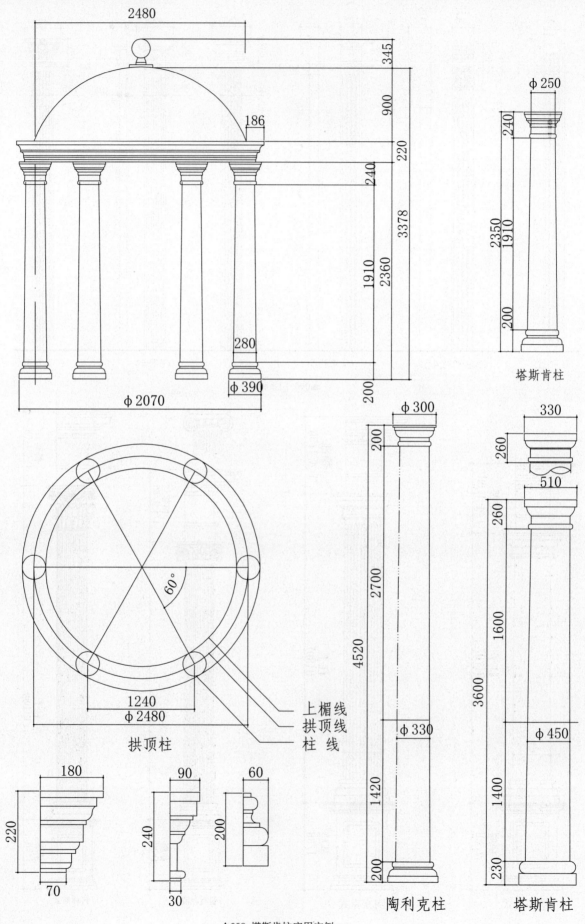

拱顶柱

上楣线
拱顶线
柱　线

塔斯肯柱

陶利克柱

塔斯肯柱

▲008-塔斯肯柱应用实例

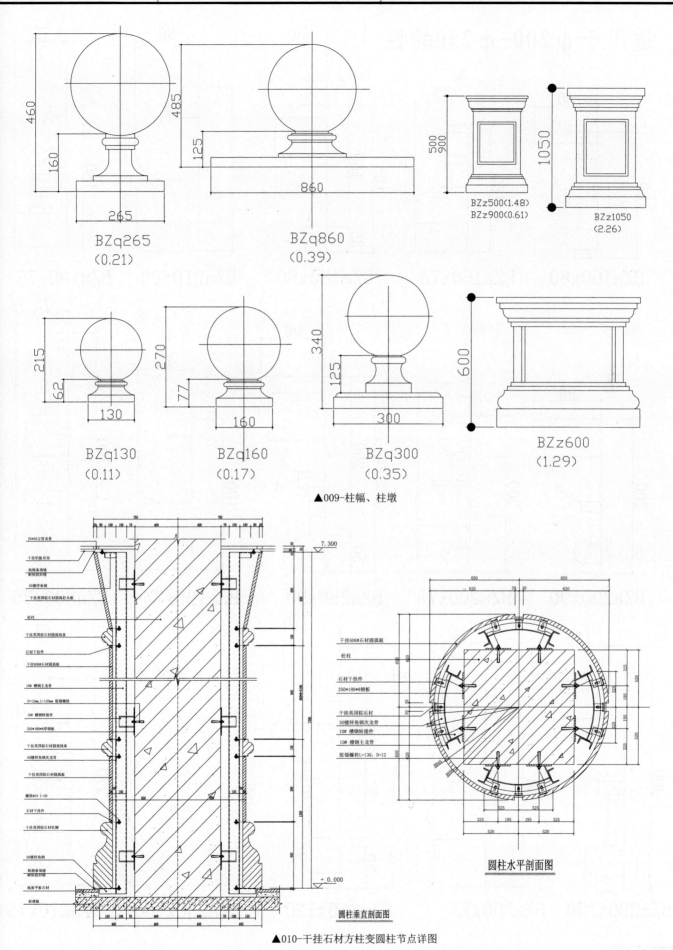

BZq265
(0.21)

BZq860
(0.39)

BZz500(1.48)
BZz900(0.61)

BZz1050
(2.26)

BZq130
(0.11)

BZq160
(0.17)

BZq300
(0.35)

BZz600
(1.29)

▲009-柱幅、柱墩

25*50方管龙骨
干挂铝板吊顶
海棉条填缝耐板胶封缝
50镀锌角钢
干挂英国棕石材圆弧柱头板
砼柱
干挂英国棕石材圆弧线条
石材干挂件
干挂606#石材圆弧板
10# 槽钢主龙骨
D=12mm,L=120mm 膨锚螺栓
10# 槽钢转接件
250*180*8厚钢板
干挂英国棕石材圆弧线条
50镀锌角钢次龙骨
干挂英国棕石材圆弧板
螺栓M10 L<30
石材干挂件
干挂英国棕石材柱脚
50镀锌角钢
海棉条填缝耐板胶封缝
地面平板石材
砼楼板

7.300

+ 0.000

圆柱垂直剖面图

干挂606#石材圆弧板
砼柱
石材干挂件
250*180*8钢板
干挂英国棕石材
50镀锌角钢次龙骨
10# 槽钢转接件
10# 槽钢主龙骨
胀锚螺栓L=130，D=12

圆柱水平剖面图

▲010-干挂石材方柱变圆柱节点详图

适用于φ200-φ250的柱

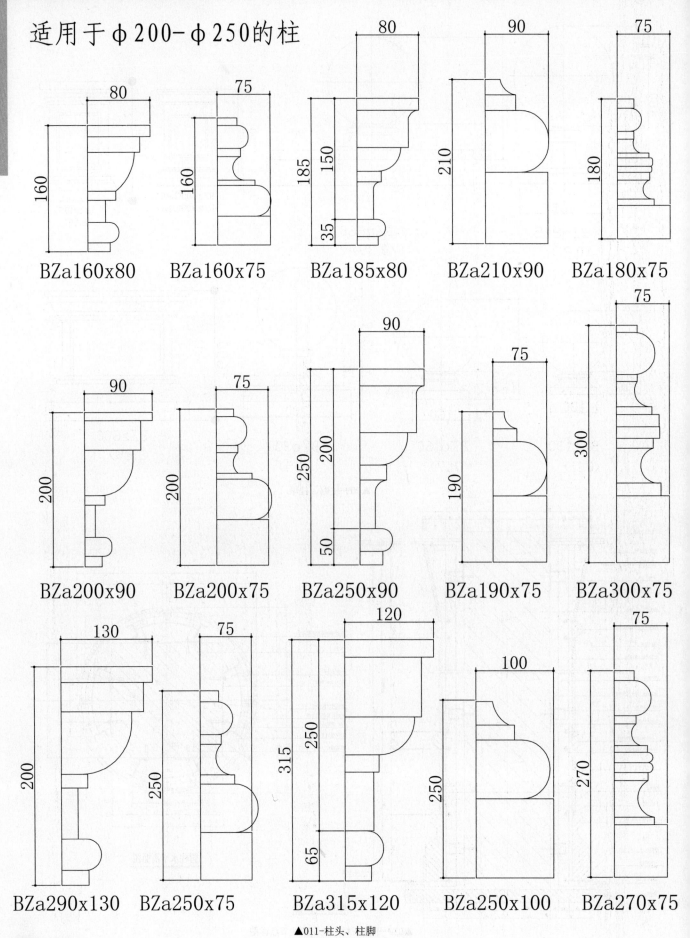

BZa160x80　BZa160x75　BZa185x80　BZa210x90　BZa180x75

BZa200x90　BZa200x75　BZa250x90　BZa190x75　BZa300x75

BZa290x130　BZa250x75　BZa315x120　BZa250x100　BZa270x75

▲011-柱头、柱脚

柱头

檐口

檐壁

額枋

柱身
柱础

基座

混合柱式立面图　　混合柱式剖面图

▲012-西式柱详图1

陶立克柱式立面图　　陶立克柱式剖面图

▲013-西式柱详图2

爱奥尼克柱式立面图　　爱奥尼克柱式剖面图

▲014-西式柱详图3

科林新柱式立面图　　科林新柱式剖面图

▲015-西式柱详图4

欧式栏杆详图

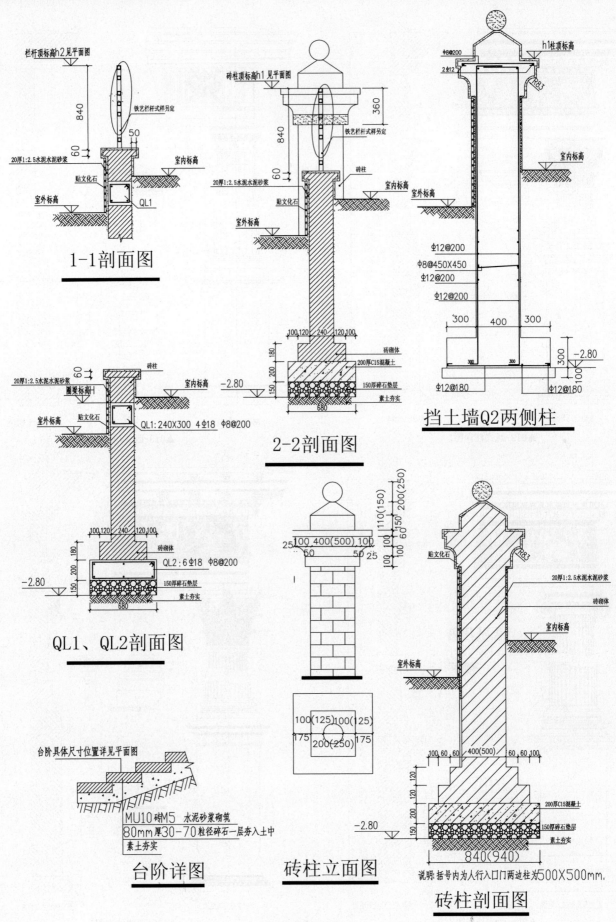

1-1剖面图

QL1、QL2剖面图

2-2剖面图

挡土墙Q2两侧柱

台阶详图

砖柱立面图

砖柱剖面图

说明：括号内为人行入口门两边柱采500X500mm.

▲001-围墙设计

▲002-欧式栏杆详图1

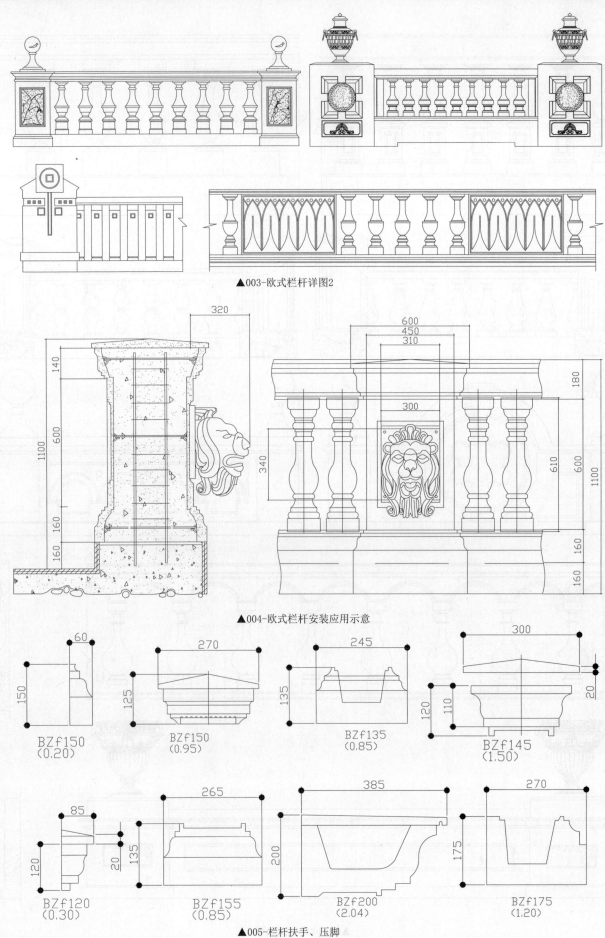

▲003-欧式栏杆详图2

▲004-欧式栏杆安装应用示意

BZf150
(0.20)

BZf150
(0.95)

BZf135
(0.85)

BZf145
(1.50)

BZf120
(0.30)

BZf155
(0.85)

BZf200
(2.04)

BZf175
(1.20)

▲005-栏杆扶手、压脚

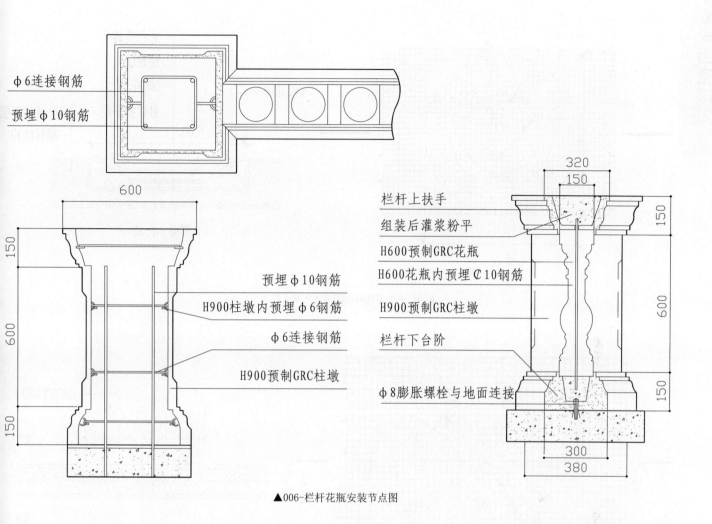

φ6连接钢筋

预埋φ10钢筋

600

150

600

150

预埋φ10钢筋

H900柱墩内预埋φ6钢筋

φ6连接钢筋

H900预制GRC柱墩

320

150

150

600

150

栏杆上扶手

组装后灌浆粉平

H600预制GRC花瓶

H600花瓶内预埋℃10钢筋

H900预制GRC柱墩

栏杆下台阶

φ8膨胀螺栓与地面连接

300

380

▲006-栏杆花瓶安装节点图

50   250   50

100

25

25

50

110

6900

160 160 70 80

50

30

1:20

▲007-栏杆

10 120 10

30   30

80x80x5扁钢
2φ6 L=120

35 70 35

193

164

900

R450   150

R2732

193

80x80x5扁钢   30 80 30
2φ6 L=120

25 80 80 25

15 15

▲008-楼梯扶手1

200

C20细石混凝土压顶
内配3φ8 φ6@200

80x80x5扁钢
2φ6 L=120

预制混凝土栏杆
@300详见节点10

80x80x5扁钢
2φ6 L=120

6.300

25 95 55

▲009-楼梯扶手2

200

C20细石混凝土压顶
内配3φ8 φ6@200

80x80x5扁钢
2φ6 L=120

预制混凝土栏杆
@300详见节点9

80x80x5扁钢
2φ6 L=120

6.300
3.300

100   1500   120

▲010-楼梯扶手3

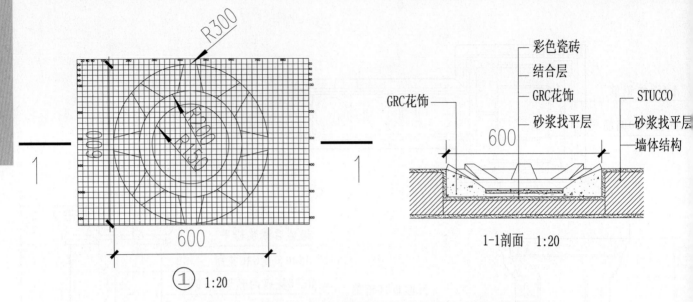

彩色瓷砖
结合层
GRC花饰
砂浆找平层
GRC花饰
STUCCO
砂浆找平层
墙体结构

① 1:20

1-1剖面 1:20

▲001-南加州风格山墙装饰图案大样（一）

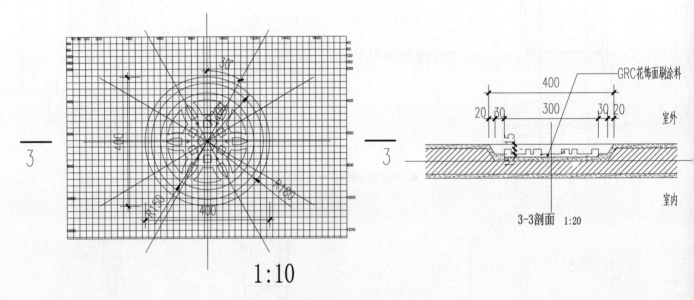

GRC花饰面刷涂料

400
300
20 30 30 20
室外

室内

3-3剖面 1:20

1:10

▲002-南加州风格山墙装饰图案大样（二）

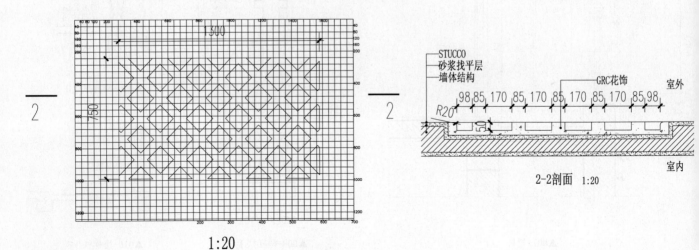

STUCCO
砂浆找平层
墙体结构
GRC花饰
室外

98 85 170 85 170 85 170 85 170 85 98
R20

室内

2-2剖面 1:20

1:20

▲003-南加州风格山墙装饰图案大样（三）

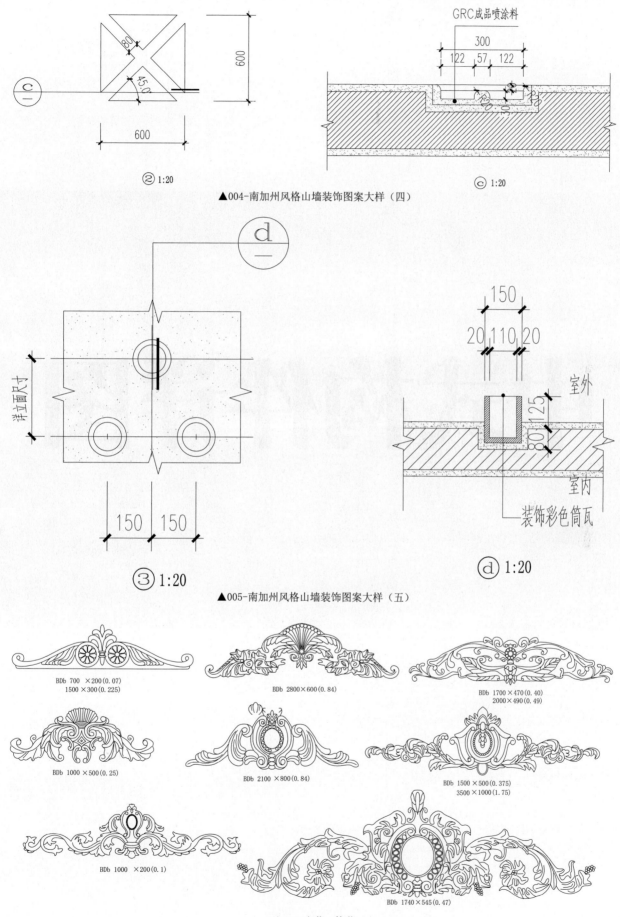

GRC成品喷涂料

②1:20   ⓒ1:20

▲004-南加州风格山墙装饰图案大样（四）

③1:20   ⓓ1:20

▲005-南加州风格山墙装饰图案大样（五）

室外
室内
装饰彩色筒瓦

BDb 700 ×200(0.07)
1500 ×300(0.225)

BDb 2800×600(0.84)

BDb 1700×470(0.40)
2000×490(0.49)

BDb 1000 ×500(0.25)

BDb 2100 ×800(0.84)

BDb 1500×500(0.375)
3500×1000(1.75)

BDb 1000 ×200(0.1)

BDb 1740×545(0.47)

▲006-山花、饰花

中式构件详图

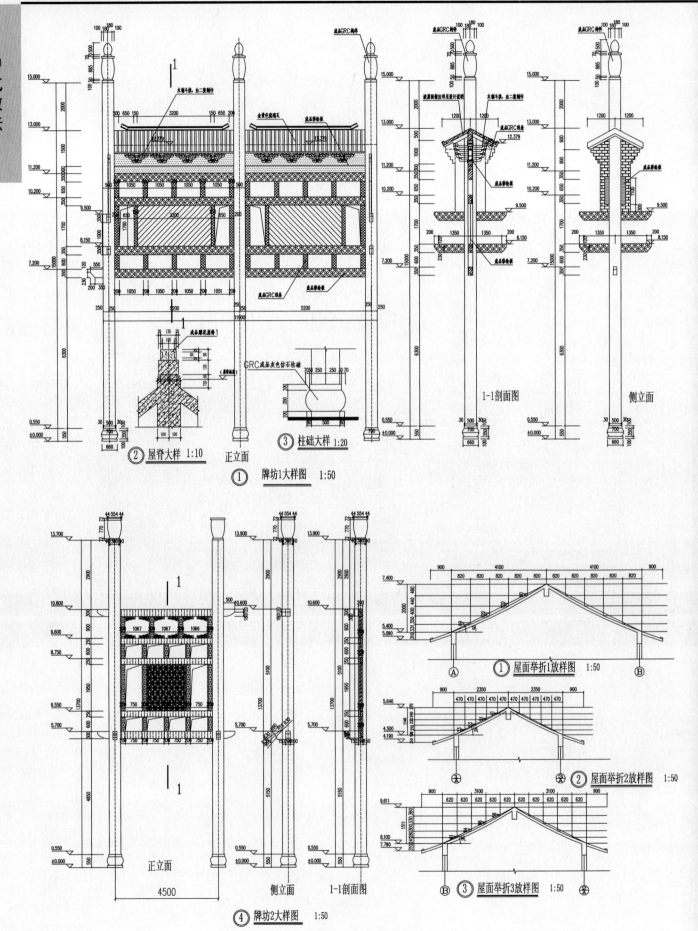

② 屋脊大样 1:10

③ 柱础大样 1:20

① 牌坊1大样图 1:50

正立面

1-1剖面图

侧立面

④ 牌坊2大样图 1:50

正立面

侧立面

1-1剖面图

① 屋面举折1放样图 1:50

② 屋面举折2放样图 1:50

③ 屋面举折3放样图 1:50

▲001-仿古建筑-牌坊

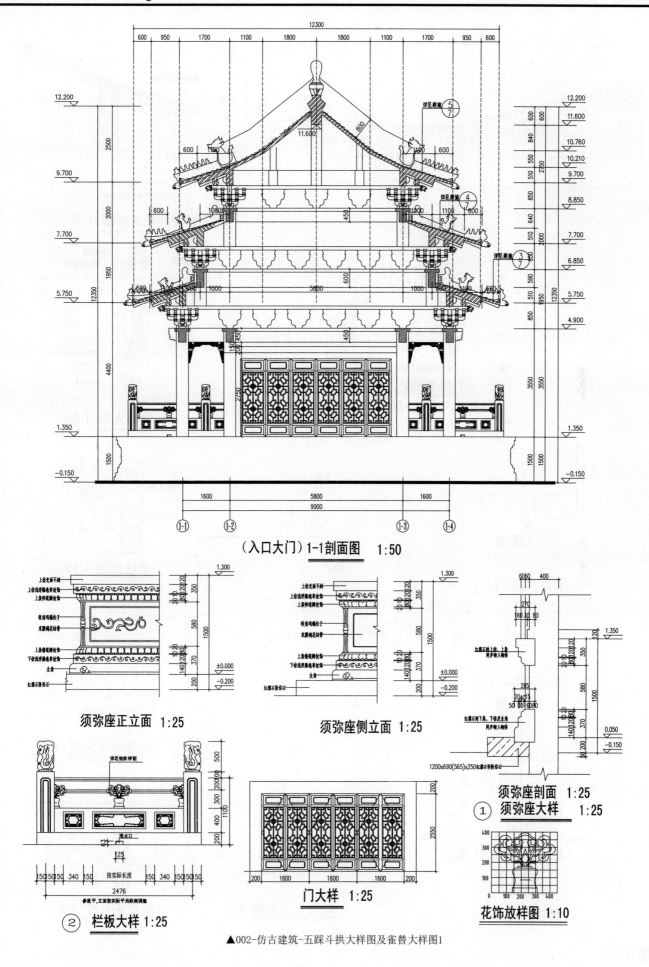

（入口大门）1-1剖面图　1:50

须弥座正立面　1:25

须弥座侧立面　1:25

须弥座剖面　1:25
① 须弥座大样　1:25

② 栏板大样　1:25

门大样　1:25

花饰放样图 1:10

▲002-仿古建筑-五踩斗拱大样图及雀替大样图1

中式做法

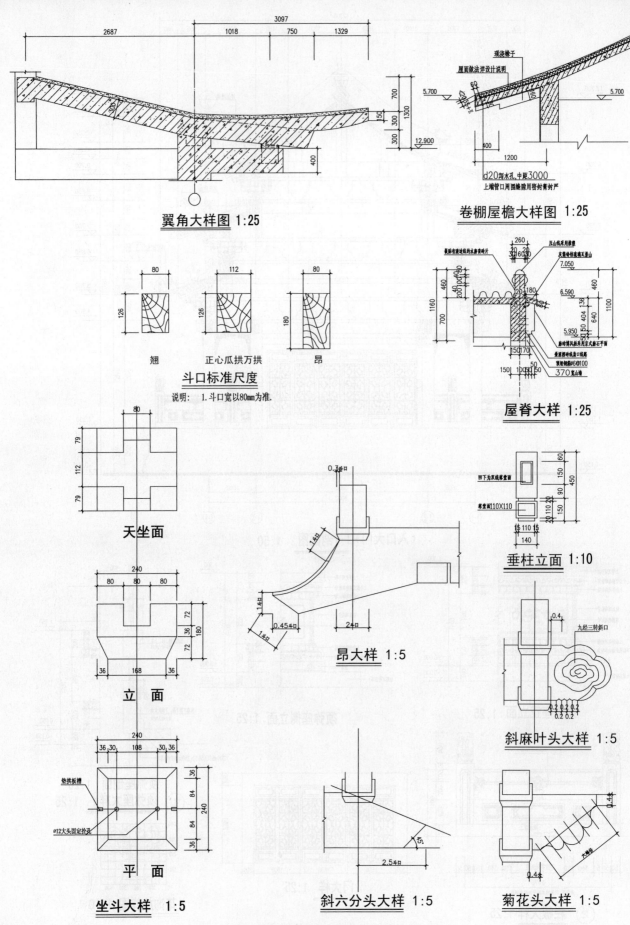

翼角大样图 1:25

卷棚屋檐大样图 1:25

斗口标准尺度

说明: 1.斗口宽以80mm为准.

屋脊大样 1:25

天坐面

立 面

平 面

坐斗大样 1:5

昂大样 1:5

斜六分头大样 1:5

垂柱立面 1:10

斜麻叶头大样 1:5

菊花头大样 1:5

▲049-斗拱大样图翼角大样图卷棚屋檐大样图3

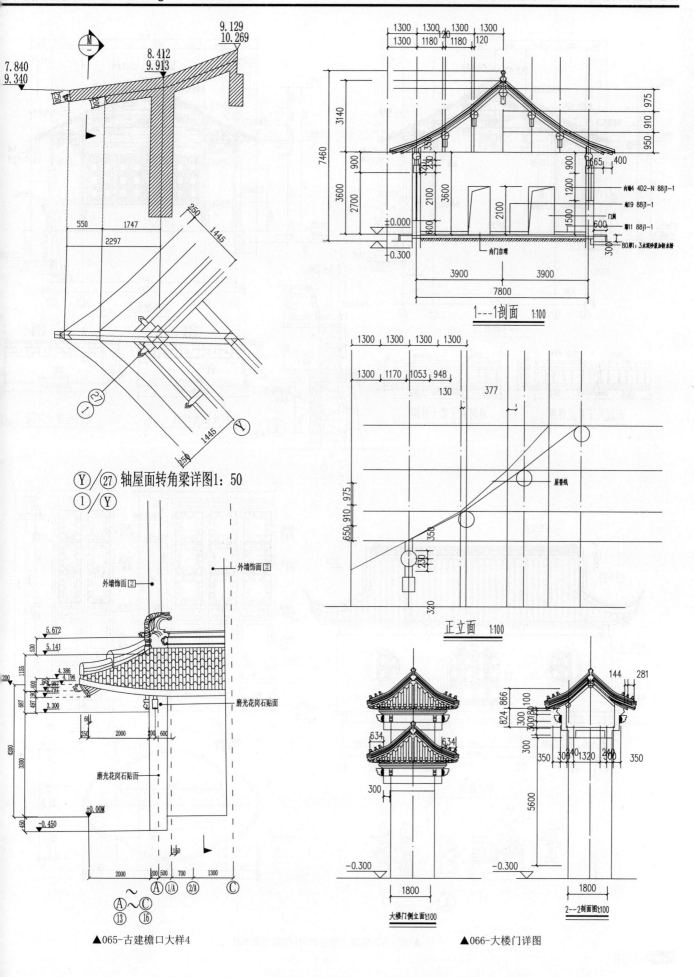

Y/27
①/Y 轴屋面转角梁详图1：50

外墙饰面[2]

外墙饰面[2]

磨光花岗石贴面

磨光花岗石贴面

Ⓐ～Ⓒ
⑬ ⑯

▲065-古建檐口大样4

1---1剖面 1:100

正立面 1:100

屋脊线

大楼门侧立面图1:100

2--2剖面图1:100

▲066-大楼门详图

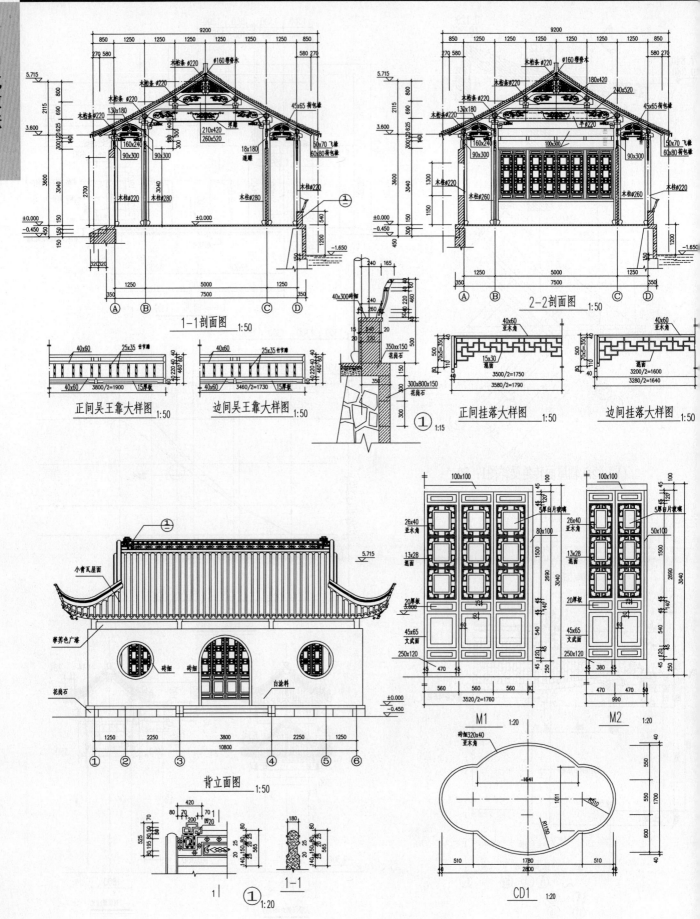

1-1剖面图 1:50

2-2剖面图 1:50

正间吴王靠大样图 1:50

边间吴王靠大样图 1:50

正间挂落大样图 1:50

边间挂落大样图 1:50

背立面图 1:50

M1 1:20

M2 1:20

1-1 1:20

CD1 1:20

▲005-仿古建筑之镜心卢-挂落吴王靠大样

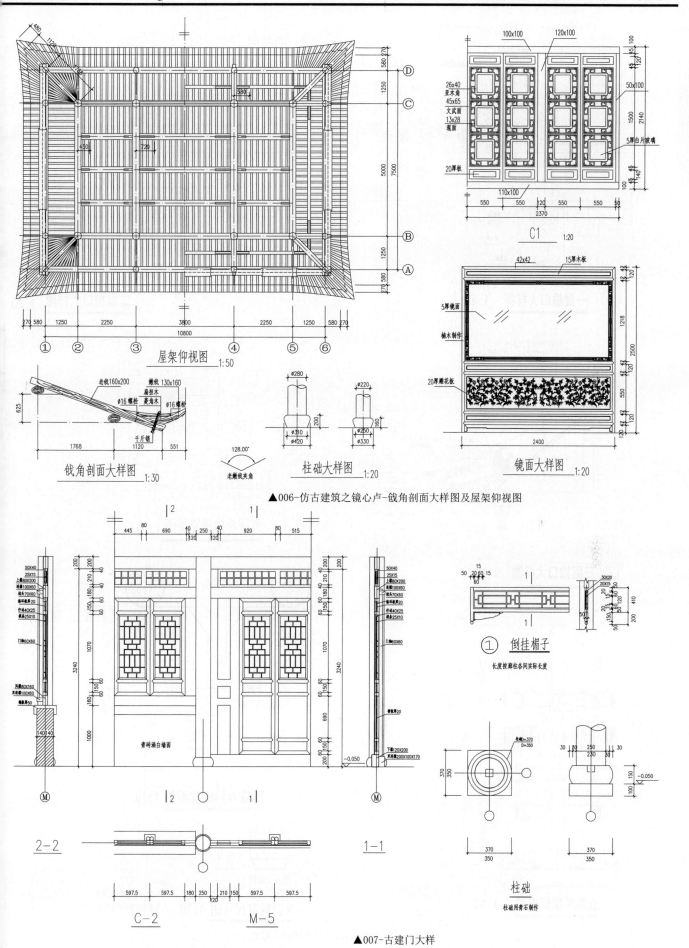

屋架仰视图 1:50

戗角剖面大样图 1:30

柱础大样图 1:20

镜面大样图 1:20

C1 1:20

▲006-仿古建筑之镜心卢-戗角剖面大样图及屋架仰视图

① 倒挂楣子

长度按廊柱各间实际长度

2-2   1-1

C-2   M-5

柱础

柱础用青石制作

▲007-古建门大样

中式做法

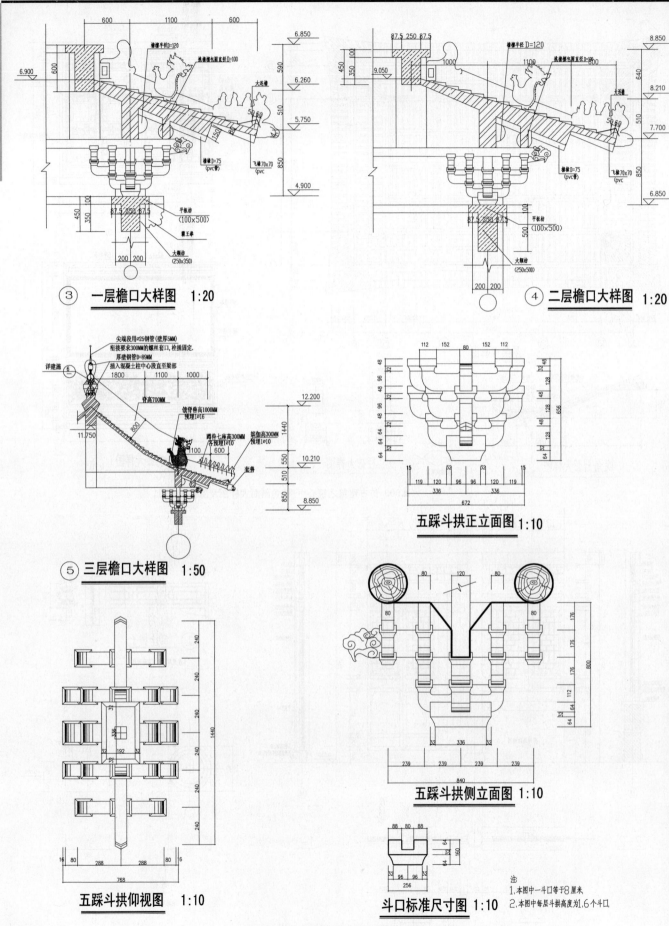

③ 一层檐口大样图 1:20

④ 二层檐口大样图 1:20

⑤ 三层檐口大样图 1:50

五踩斗拱正立面图 1:10

五踩斗拱侧立面图 1:10

五踩斗拱仰视图 1:10

斗口标准尺寸图 1:10

注
1.本图中一斗口等于8厘米
2.本图中每层斗拱高度为1.6个斗口.

▲003-仿古建筑-五踩斗拱大样图及雀替大样图2

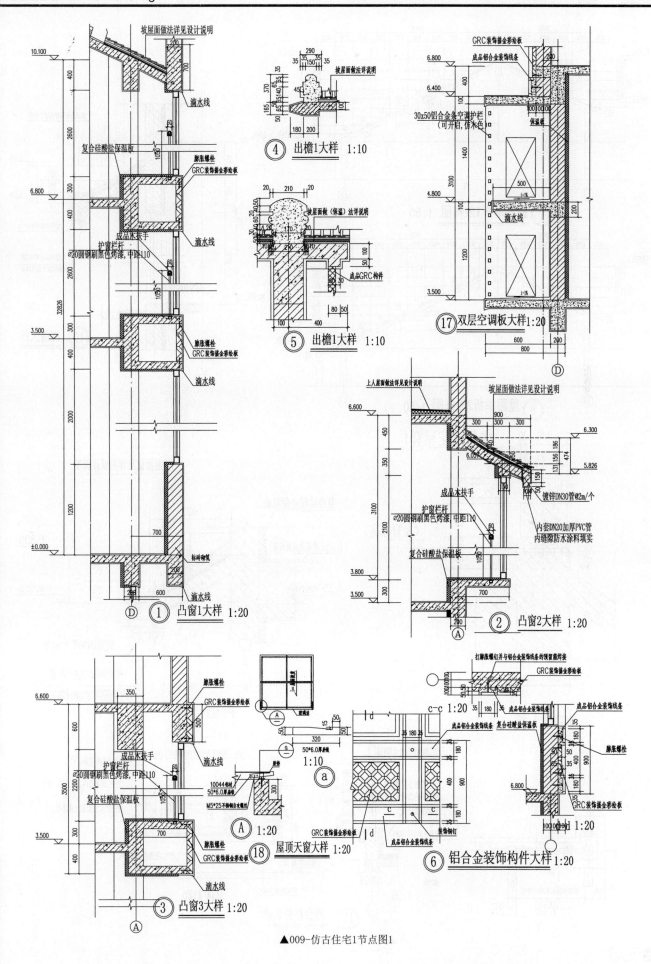

▲009-仿古住宅1节点图1

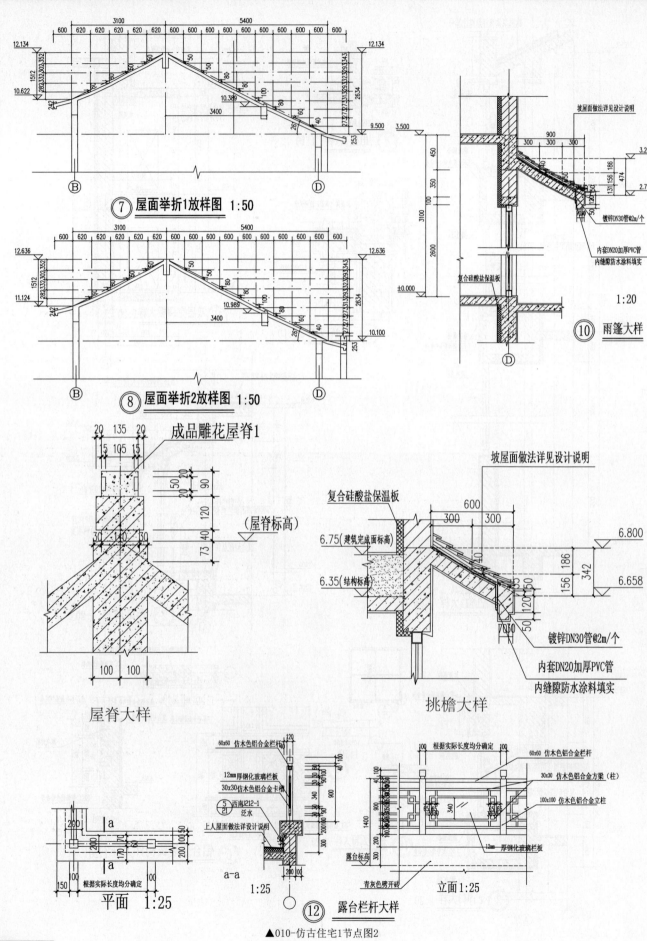

⑦ 屋面举折1放样图 1:50

⑧ 屋面举折2放样图 1:50

⑩ 雨篷大样 1:20

成品雕花屋脊1

屋脊大样

挑檐大样

平面 1:25

a-a 1:25

⑫ 露台栏杆大样

立面 1:25

▲010-仿古住宅1节点图2

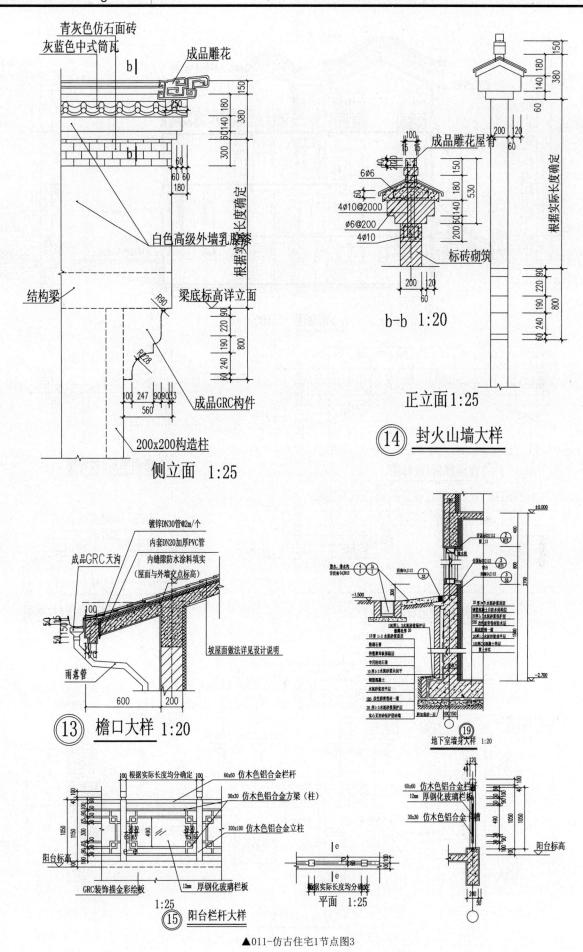

青灰色仿石面砖
灰蓝色中式筒瓦
成品雕花

b

白色高级外墙乳胶漆

结构梁

R90

梁底标高详立面

R28

成品GRC构件

200x200构造柱

侧立面 1:25

成品雕花屋脊

6φ6
4φ10@2000
φ6@200
4φ10

标砖砌筑

b-b 1:20

正立面 1:25

⑭ 封火山墙大样

镀锌DN30管@2m/个
内套DN20加厚PVC管
内缝隙防水涂料填实
（屋面与外墙交点标高）

成品GRC天沟

坡屋面做法详见设计说明

雨落管

⑬ 檐口大样 1:20

地下室墙身大样 1:20
⑲

根据实际长度均分确定
60x60 仿木色铝合金栏杆
30x30 仿木色铝合金方梁（柱）
100x100 仿木色铝合金立柱

GRC装饰描金彩绘板
12mm 厚钢化玻璃栏板

1:25

⑮ 阳台栏杆大样

平面 1:25

60x60 仿木色铝合金栏杆
12mm 厚钢化玻璃栏板
30x30 仿木色铝合金方槽

阳台标高

中式做法

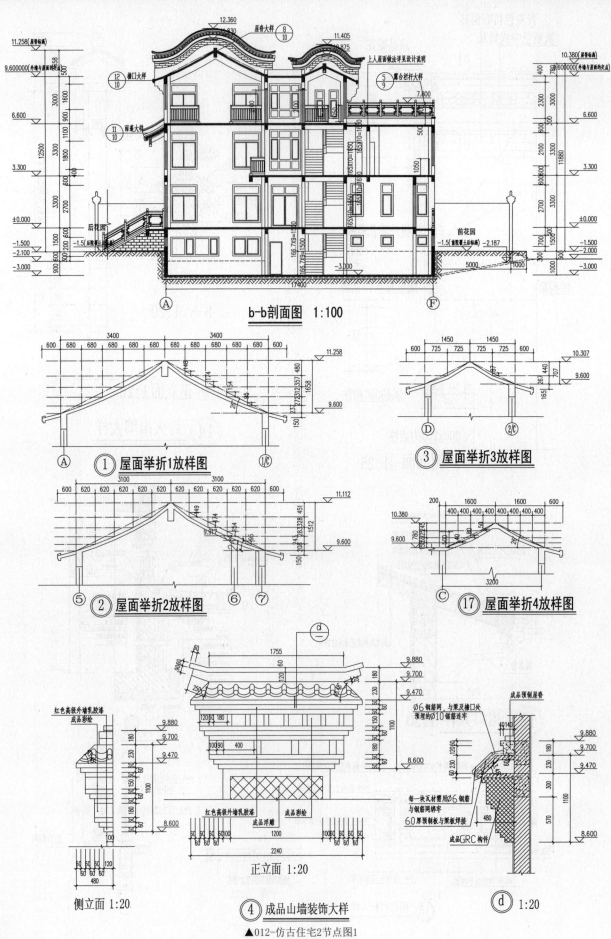

b-b剖面图 1:100

① 屋面举折1放样图

③ 屋面举折3放样图

② 屋面举折2放样图

⑰ 屋面举折4放样图

侧立面 1:20

正立面 1:20

④ 成品山墙装饰大样

d 1:20

▲012-仿古住宅2节点图1

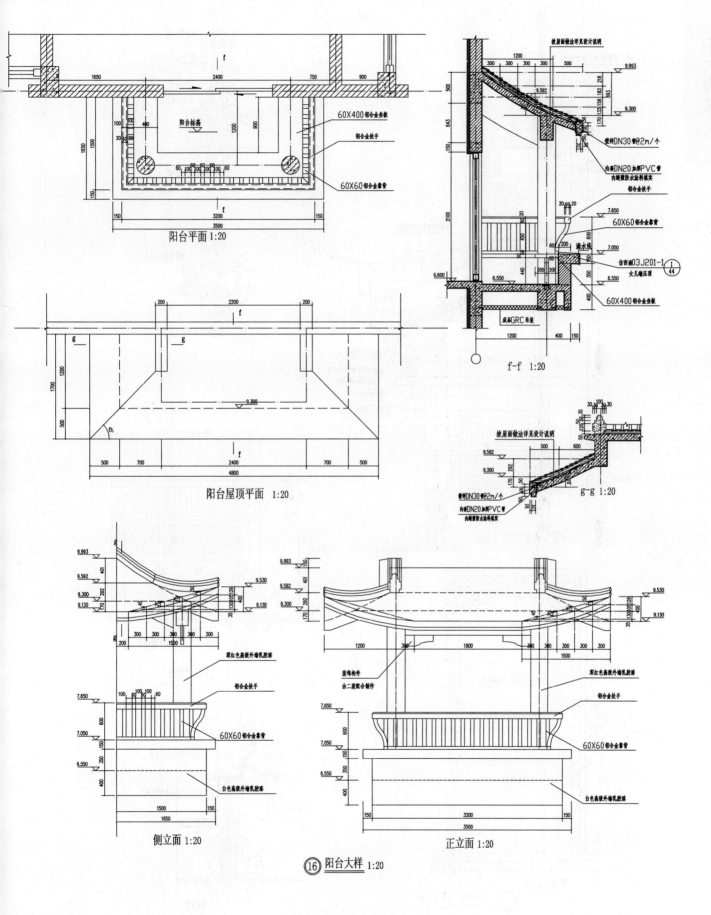

阳台平面 1:20

阳台屋顶平面 1:20

f-f 1:20

g-g 1:20

侧立面 1:20

正立面 1:20

⑯ 阳台大样 1:20

▲013-仿古住宅2节点图2

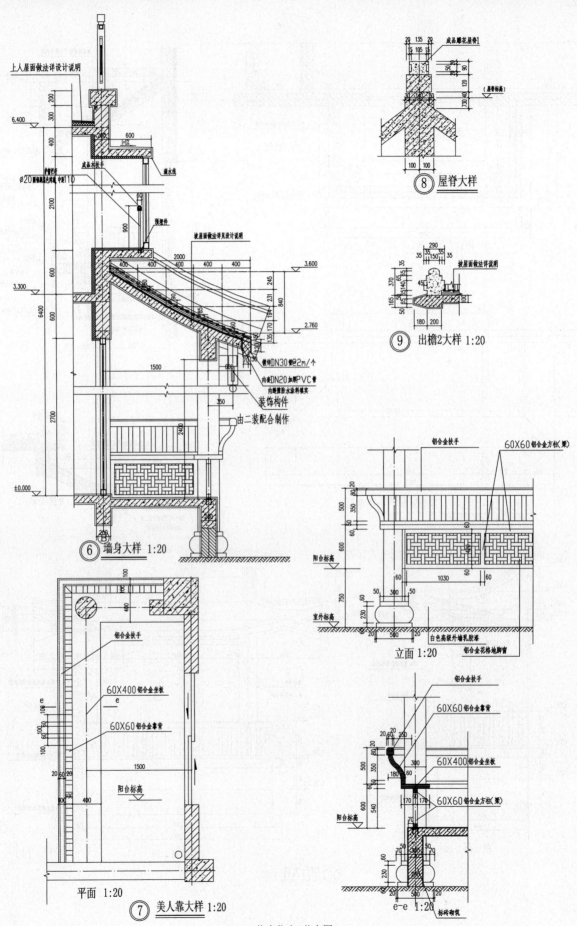

上人屋面做法详见设计说明

6.400

成品木扶手

滴水鸟

Ø20镀锌钢管红色喷塑, 中距110

预埋件

坡屋面做法详见设计说明

3.600

3.300

敷镀DN30管@2m/个

内套DN20加厚PVC管

内墙做防水涂料填实

装饰构件

由二装配合制作

±0.000

⑥ 墙身大样 1:20

成品雕花屋脊1

(屋脊标高)

⑧ 屋脊大样

坡屋面做法详见设计说明

⑨ 出檐2大样 1:20

铝合金扶手

60X60铝合金方柱(梁)

阳台标高

室外标高

白色高级外墙乳胶漆

铝合金花格地脚窗

立面 1:20

铝合金扶手

60X400铝合金坐板

60X60铝合金靠背

平面 1:20

⑦ 美人靠大样 1:20

铝合金扶手

60X60铝合金靠背

60X400铝合金坐板

60X60铝合金方柱(梁)

阳台标高

e-e 1:20

▲014-仿古住宅2节点图3

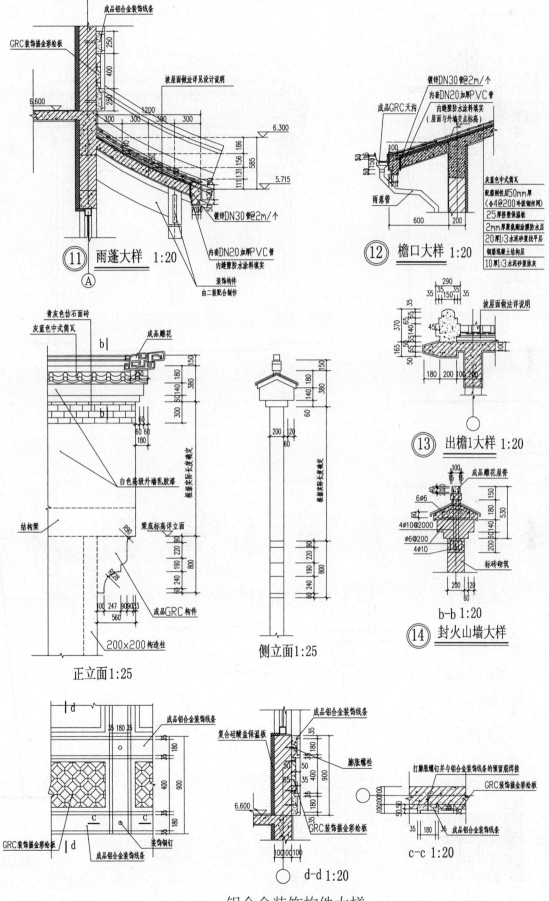

⑪ 雨蓬大样 1:20

⑫ 檐口大样 1:20

⑬ 出檐1大样 1:20

b-b 1:20
⑭ 封火山墙大样

正立面1:25

侧立面1:25

c-c 1:20

d-d 1:20

铝合金装饰构件大样

▲015-仿古住宅2节点图4

中式做法

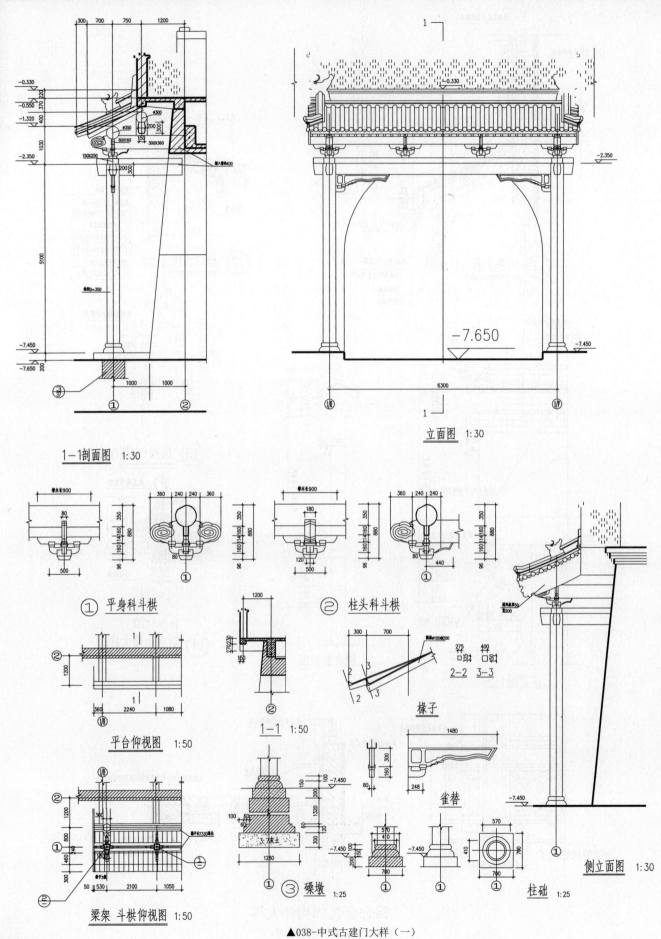

1-1剖面图 1:30

立面图 1:30

① 平身科斗栱

② 柱头科斗栱

平台仰视图 1:50

椽子

雀替

梁架 斗栱仰视图 1:50

③ 磉墩 1:25

柱础 1:25

侧立面图 1:30

▲038-中式古建门大样（一）

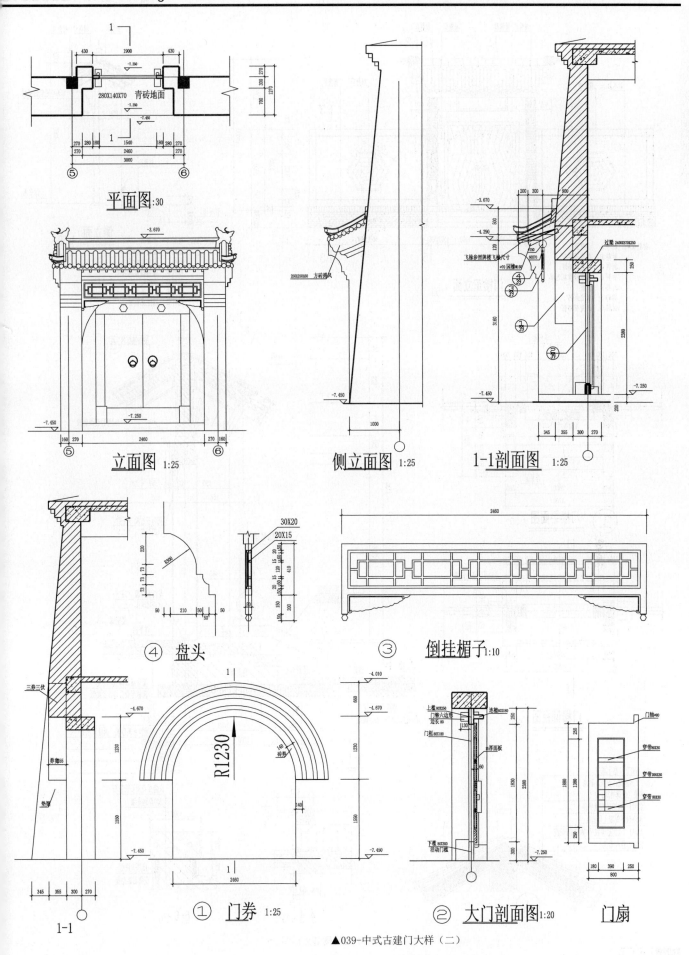

平面图:30

280X140X70 青砖地面

立面图 1:25

侧立面图 1:25

250X250X50 方砖拼风

1-1剖面图 1:25

飞椽参照牌楼飞椽尺寸

过梁 2400X570X250

④ 盘头

30X20
20X15

③ 倒挂楣子 1:10

三券三伏

券脸55

垫蹲

R1230

① 门券 1:25

上槛 80X250
门簪六边形边长 80
门框 80X180

连槛 60X180

加厚面板

② 大门剖面图 1:20

门扇

门轴

穿带 80X30
穿带 20GX30
穿带 80X30

1-1

▲039-中式古建门大样（二）

中式做法

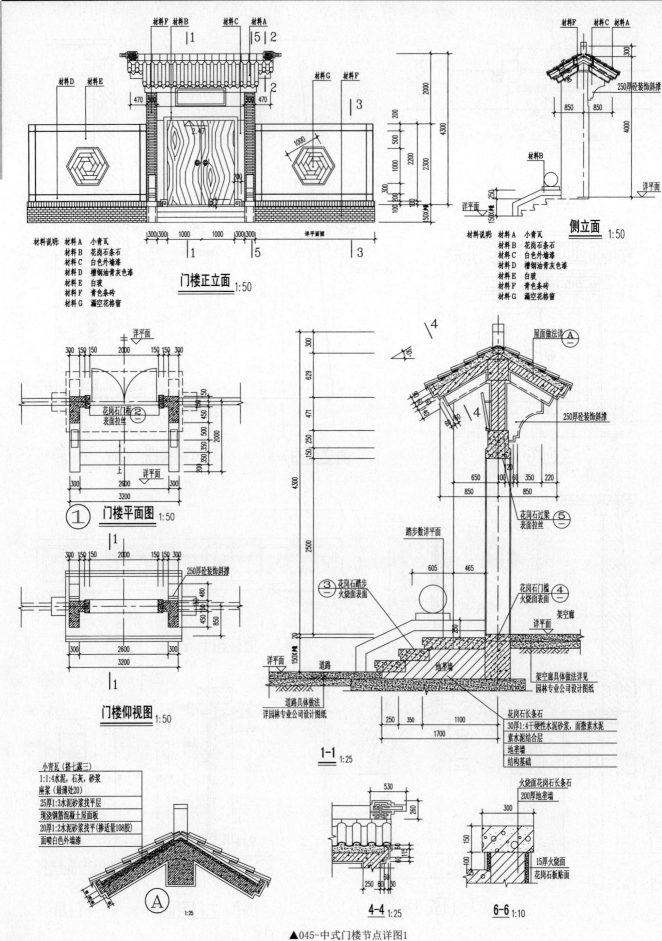

材料说明: 材料A 小青瓦
材料B 花岗石条石
材料C 白色外墙漆
材料D 槽钢油青灰色漆
材料E 白瓷
材料F 青色条砖
材料G 漏空花格窗

门楼正立面 1:50

材料说明: 材料A 小青瓦
材料B 花岗石条石
材料C 白色外墙漆
材料D 槽钢油青灰色漆
材料E 白瓷
材料F 青色条砖
材料G 漏空花格窗

侧立面 1:50

① 门楼平面图 1:50

门楼仰视图 1:50

小青瓦(搭七露三)
1:1:4水泥,石灰,砂浆
座浆(最薄处20)
25厚1:3水泥砂浆找平层
现浇钢筋混凝土屋面板
20厚1:2水泥砂浆找平(掺适量108胶)
面喷白色外墙漆

Ⓐ 1:25

1-1 1:25

花岗石长条石
30厚1:4干硬性水泥砂浆,面撒素水泥
素水泥结合层
地垄墙
结构基础

4-4 1:25

火烧面花岗石长条石
200厚地垄墙
15厚火烧面
花岗石板贴面

6-6 1:10

▲045-中式门楼节点详图1

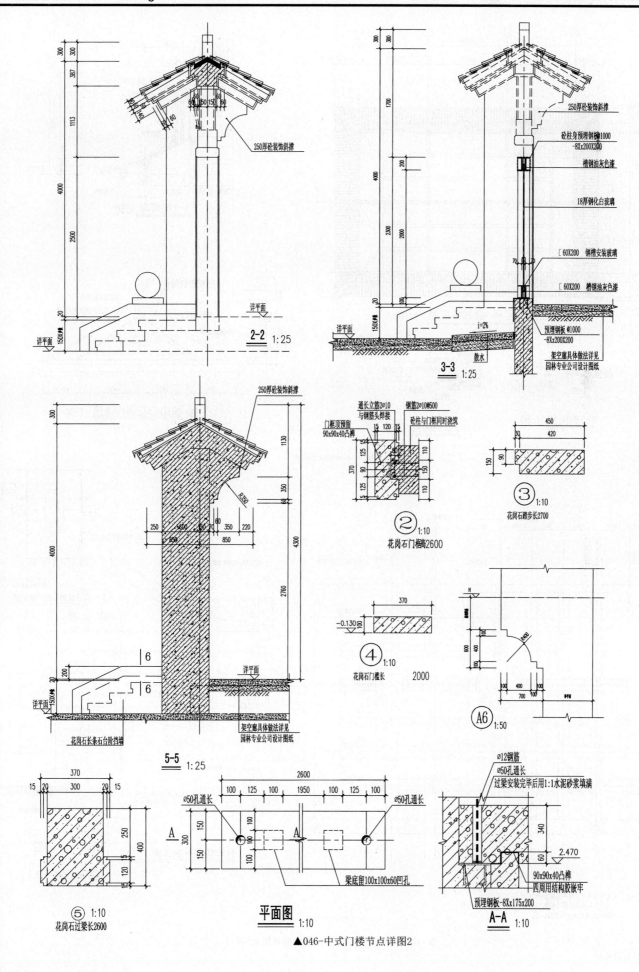

▲046-中式门楼节点详图2

中式做法

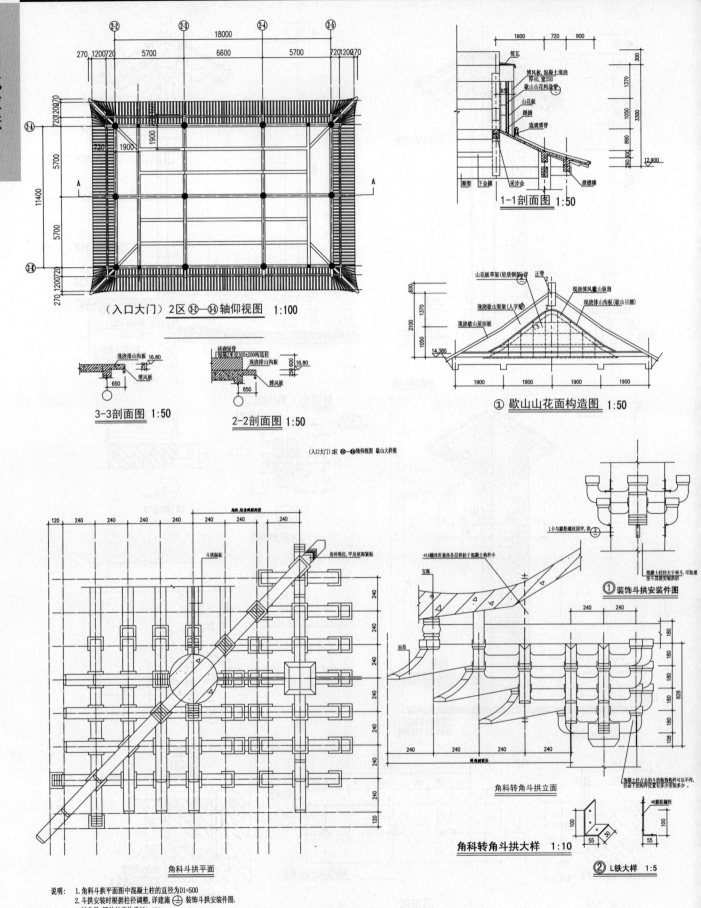

（入口大门）2区 ⑬—⑭轴仰视图 1:100

1-1剖面图 1:50

3-3剖面图 1:50

2-2剖面图 1:50

① 歇山山花面构造图 1:50

（入口大门）2区 ⑬—⑭轴仰视图 歇山大样图

① 装饰斗拱安装件图

角科转角斗拱立面

角科斗拱平面

角科转角斗拱大样 1:10

② L铁大样 1:5

说明：　1.角科斗拱平面图中混凝土柱的直径为D1=500
　　　　2.斗拱安装时根据柱径调整，详建施① 装饰斗拱安装件图.
　　　　3.转角昂，翘的长度均乘以1.414.

（入口大门）2区角科转角斗拱大样

▲047-斗拱大样图翼角大样图卷棚屋檐大样图1

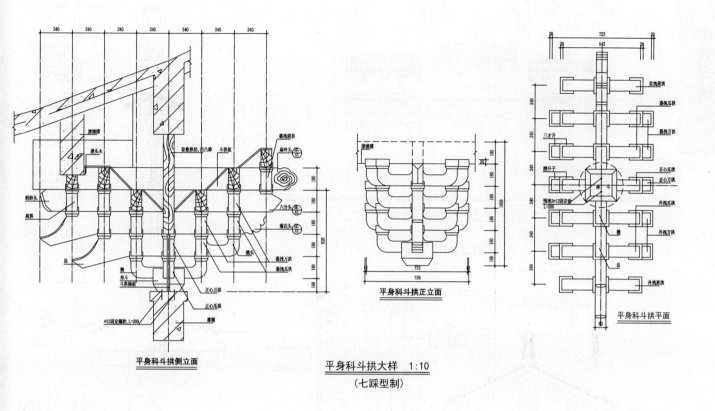

平身科斗拱侧立面

平身科斗拱正立面

平身科斗拱平面

平身科斗拱大样   1:10
（七踩型制）

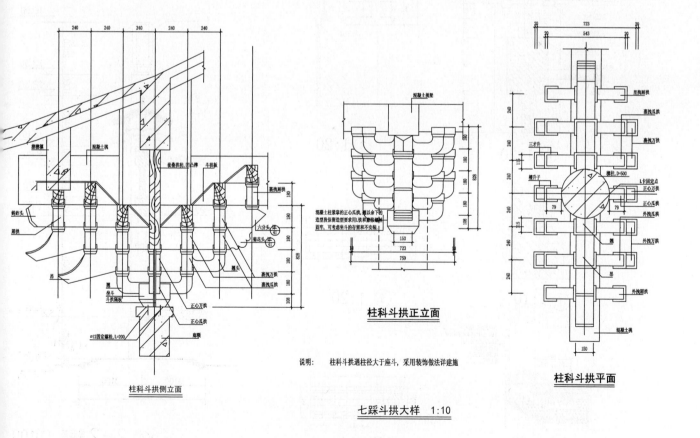

柱科斗拱侧立面

柱科斗拱正立面

柱科斗拱平面

说明：   柱科斗拱遇柱径大于座斗，采用装饰做法详建施

七踩斗拱大样   1:10

▲048-斗拱大样图翼角大样图卷棚屋檐大样图2

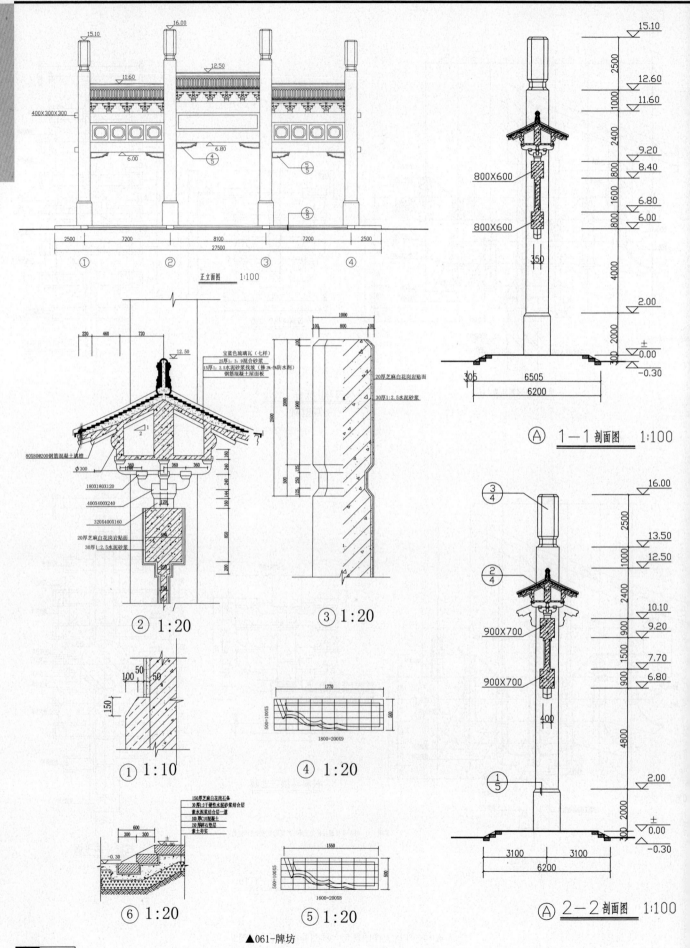

正立面图 1:100

② 1:20

③ 1:20

① 1:10

④ 1:20

⑥ 1:20

⑤ 1:20

Ⓐ 1—1 剖面图 1:100

Ⓐ 2—2 剖面图 1:100

▲061-牌坊

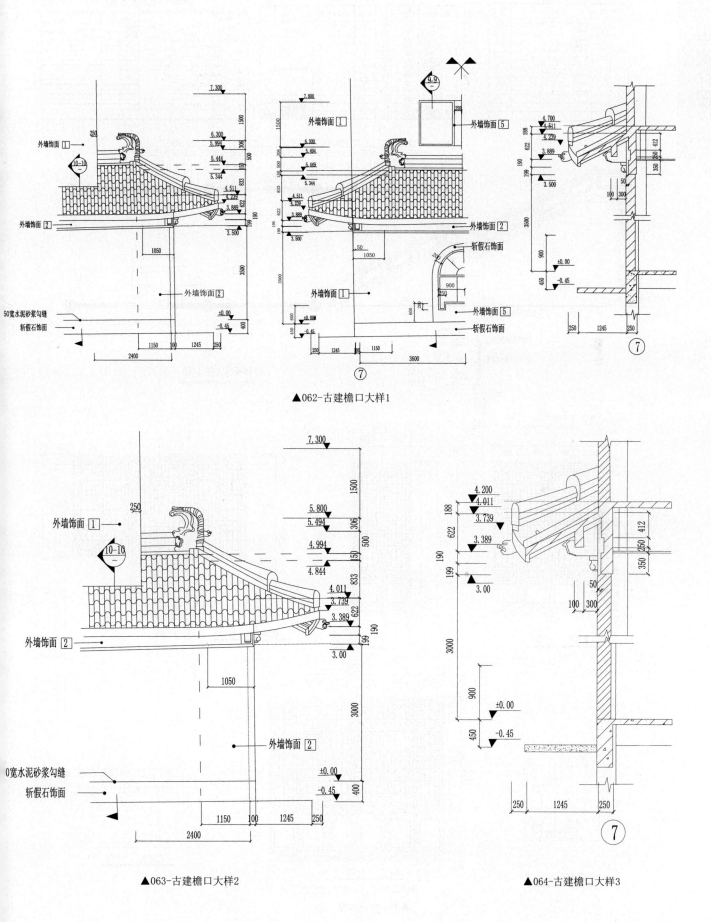

▲062-古建檐口大样1

▲063-古建檐口大样2

▲064-古建檐口大样3

中式详图

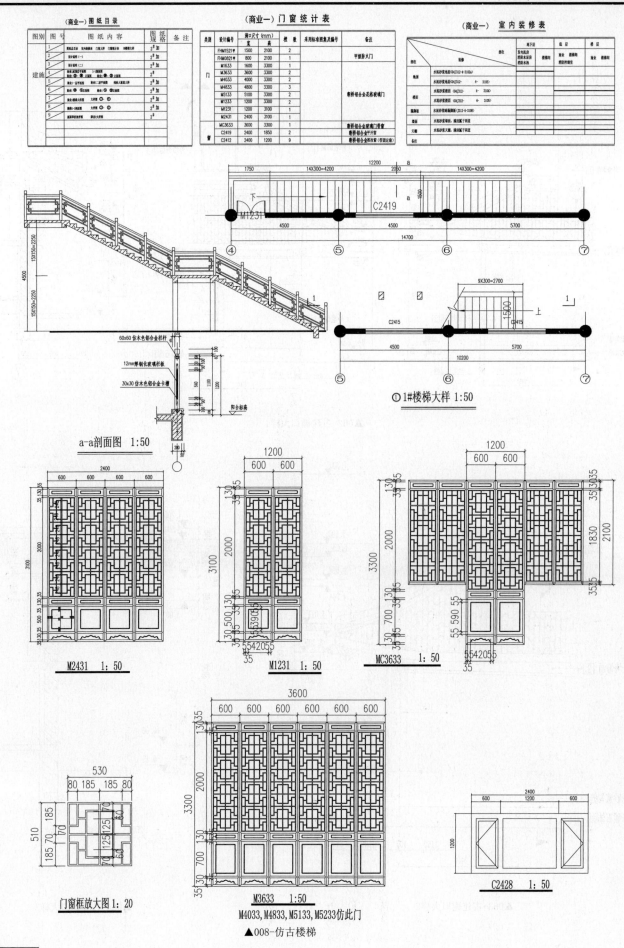

（商业一）图纸目录

（商业一）门窗统计表

（商业一）室内装修表

a-a剖面图 1:50

① 1#楼梯大样 1:50

M2431 1:50

M1231 1:50

MC3633 1:50

门窗框放大图1:20

M3633 1:50
M4033、M4833、M5133、M5233仿此门

C2428 1:50

▲008-仿古楼梯

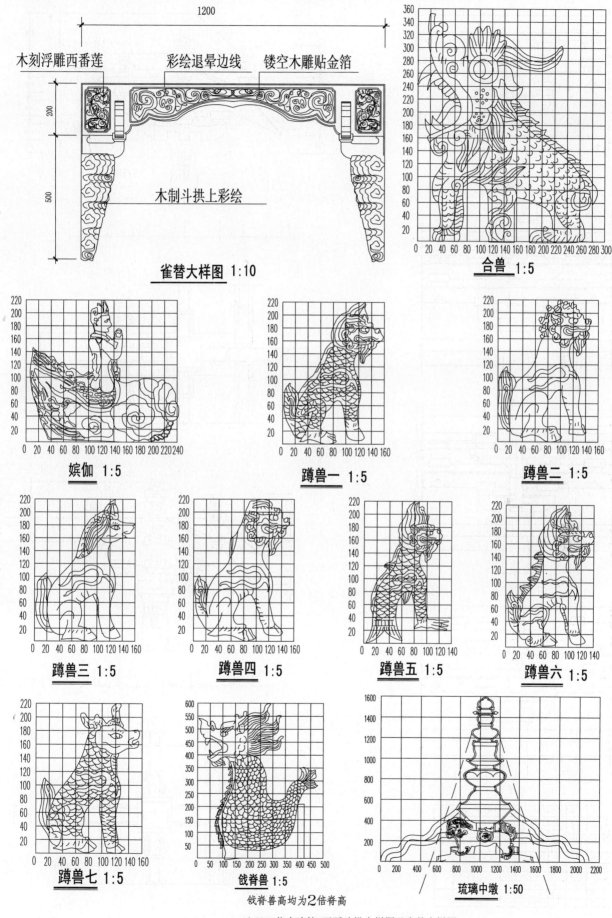

木刻浮雕西番莲　　彩绘退晕边线　　镂空木雕贴金箔

木制斗拱上彩绘

雀替大样图 1:10

合兽 1:5

嫔伽 1:5

蹲兽一 1:5

蹲兽二 1:5

蹲兽三 1:5

蹲兽四 1:5

蹲兽五 1:5

蹲兽六 1:5

蹲兽七 1:5

戗脊兽 1:5

戗脊兽高均为2倍脊高

琉璃中墩 1:50

▲004-仿古建筑-五踩斗拱大样图及雀替大样图3

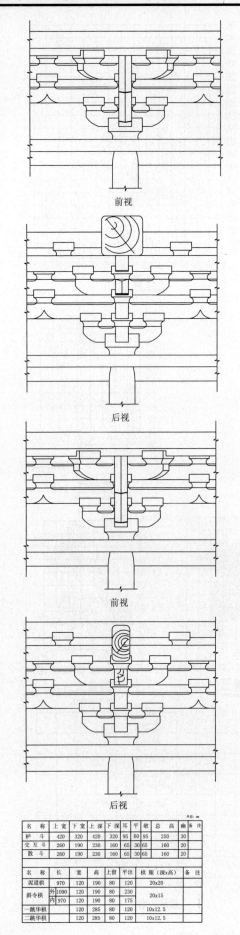

前视

后视

前视

后视

名　称	上宽	下宽	上深	下深	耳	平	欹	总高	曲	备注
栌斗	420	320	420	320	95	60	95	250	30	
交互斗	260	190	230	160	65	30	65	160	20	
散斗	260	190	230	160	65	30	65	160	20	

名　称		长	宽	高	上留	平出	栱眼（深x高）	备注
泥道栱		970	120	190	80	120	20x20	
斜令栱	外	1090	120	190	80	230	20x15	
	内	970	120	190	80	175		
一跳华栱			120	285	80	120	10x12.5	
二跳华栱			120	285	80	120	10x12.5	

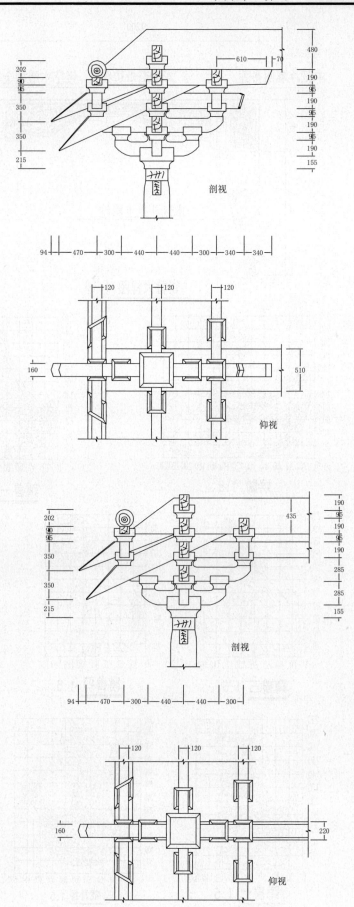

剖视

仰视

剖视

仰视

▲050-斗拱分部详大样图1

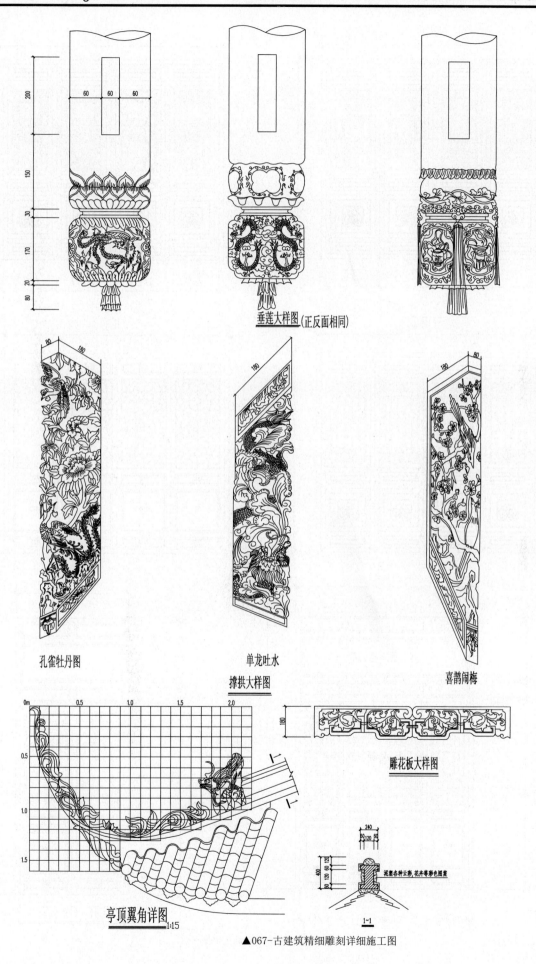

垂莲大样图(正反面相同)

孔雀牡丹图　　　单龙吐水　　　喜鹊闹梅

撑拱大样图

雕花板大样图

亭顶翼角详图 1:15

1-1

花墙各种云形, 花卉等彩色图案

▲067-古建筑精细雕刻详细施工图

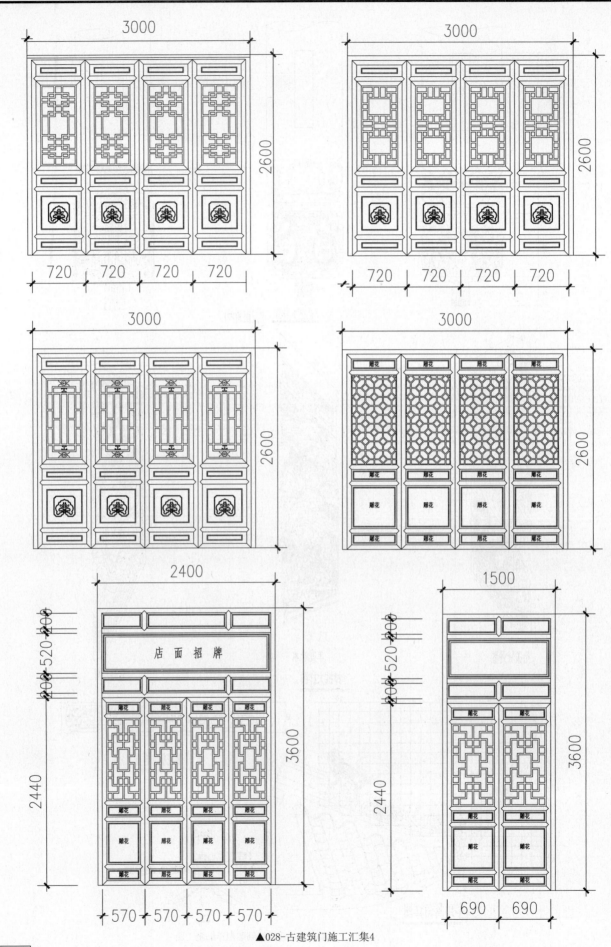

店面招牌

▲028-古建筑门施工汇集4

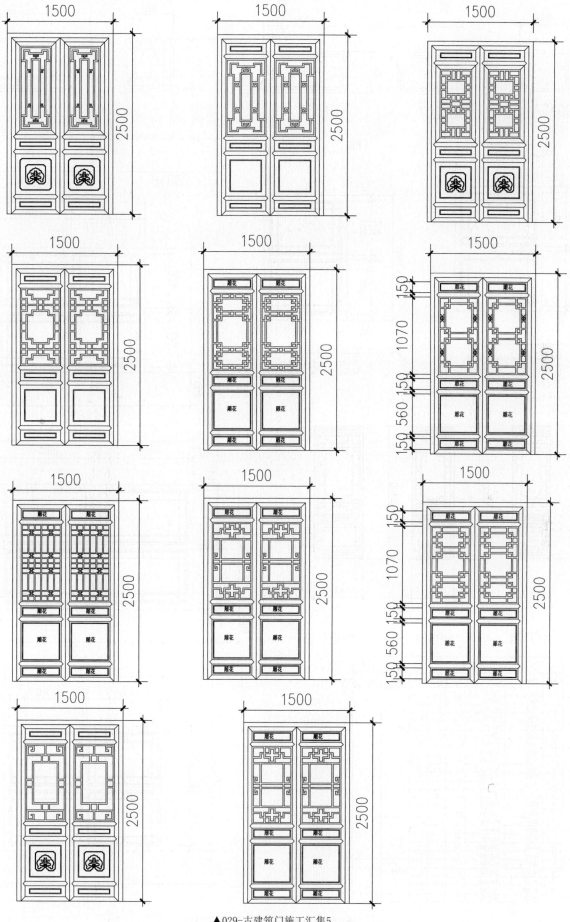

▲029-古建筑门施工汇集5

中式详图

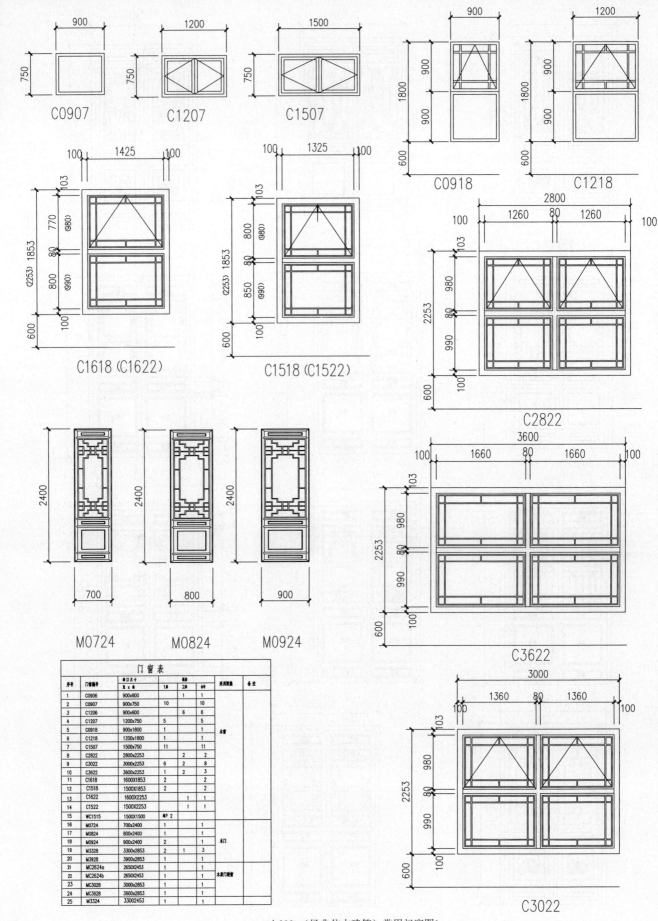

序号	门窗编号	洞口尺寸 宽×高	数量 1层	数量 2层	合计	采用图集	备注
1	C0906	900×600		1	1		
2	C0907	900×750	10		10		
3	C1206	900×600		6	6		
4	C1207	1200×750	5		5		
5	C0918	900×1800	1		1	木窗	
6	C1218	1200×1800	1		1		
7	C1507	1500×750	11		11		
8	C2822	2800×2253		2	2		
9	C3022	3000×2253	6	2	8		
10	C3622	3800×2253	1	2	3		
11	C1618	1600×1853	2		2		
12	C1518	1500×1853	2		2		
13	C1622	1600×2253		1	1		
14	C1522	1500×2253		1	1		
15	WC1515	1500×1500	飘窗 2				
16	M0724	700×2400	1		1		
17	M0824	800×2400	1		1		
18	M0924	900×2400	2		1	木门	
19	M3328	3300×2853	2	1	3		
20	M3928	3900×2853	1		1		
21	MC2624a	2650×2453	1		1		
22	MC2624b	2650×2453	1		1	木质门联窗	
23	MC3028	3000×2853	1		1		
24	MC3628	3600×2853	1		1		
25	M3324	3300×2453		1	1		

▲030-（经典仿古建筑）常用门窗图1

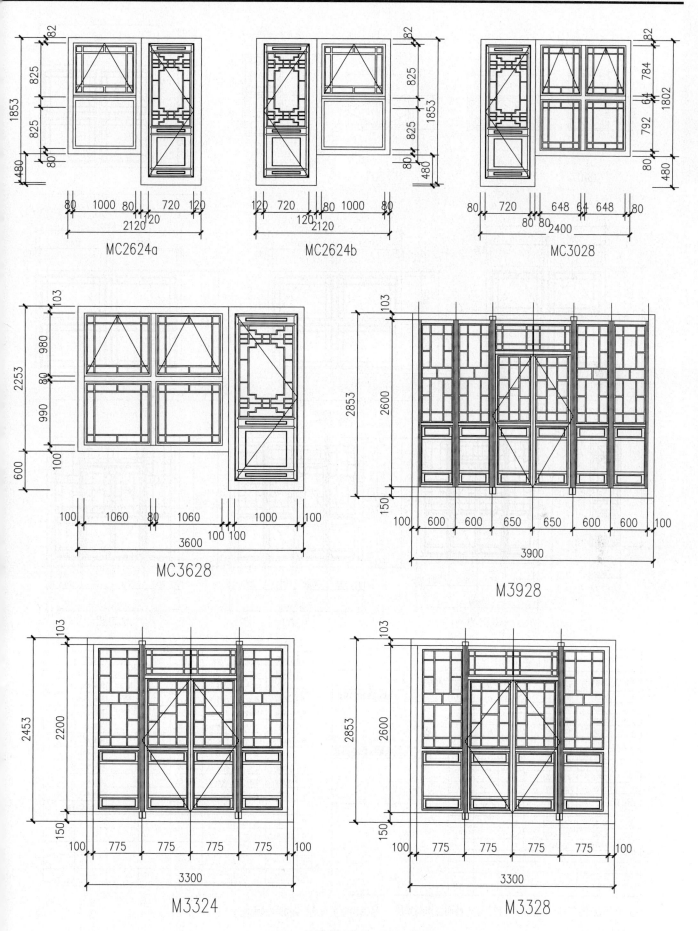

MC2624a

MC2624b

MC3028

MC3628

M3928

M3324

M3328

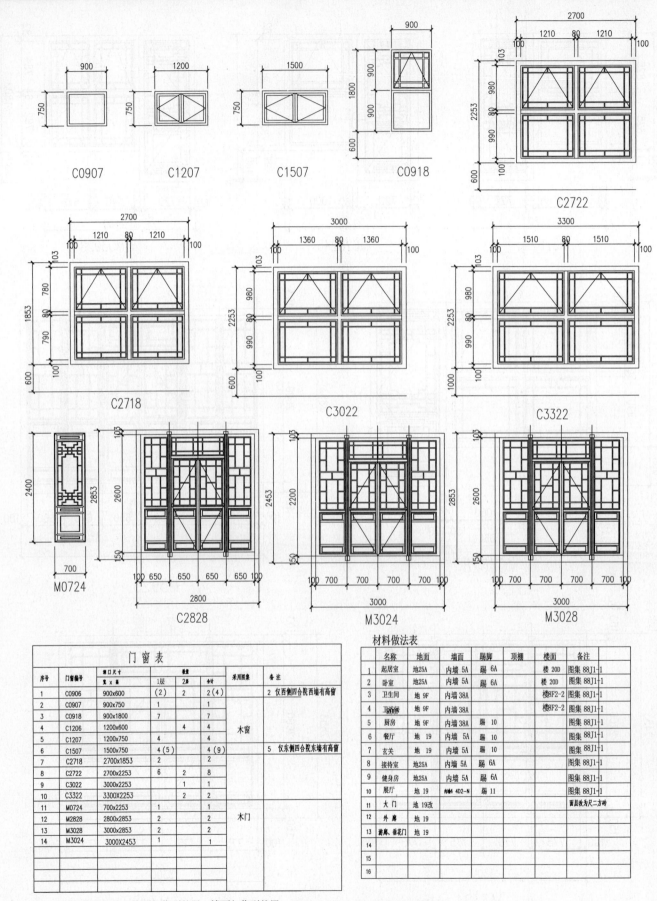

C0907　　C1207　　C1507　　C0918

C2722

C2718　　C3022　　C3322

M0724　　C2828　　M3024　　M3028

门窗表

序号	门窗编号	洞口尺寸 宽 x 高	数量 1层	数量 2层	合计	采用图集	备注
1	C0906	900x600	(2)	2	2(4)		2 仅西侧四合院西墙有高窗
2	C0907	900x750	1		1		
3	C0918	900x1800	7		7		
4	C1206	1200x600		4	4	木窗	
5	C1207	1200x750	4		4		
6	C1507	1500x750	4(5)		4(9)		5 仅东侧四合院东墙有高窗
7	C2718	2700x1853	2		2		
8	C2722	2700x2253	6	2	8		
9	C3022	3000x2253		1	1		
10	C3322	3300X2253		2	2		
11	M0724	700x2253	1		1		
12	M2828	2800x2853	2		2	木门	
13	M3028	3000x2853	2		2		
14	M3024	3000X2453	1		1		

材料做法表

	名称	地面	墙面	踢脚	顶棚	楼面	备注
1	起居室	地25A	内墙 5A	踢 6A		楼 20D	图集 88J1-1
2	卧室	地25A	内墙 5A	踢 6A		楼 20D	图集 88J1-1
3	卫生间	地 9F	内墙 38A			楼8F2-2	图集 88J1-1
4	卫生间	地 9F	内墙 38A			楼8F2-2	图集 88J1-1
5	厨房	地 9F	内墙 38A	踢 10			图集 88J1-1
6	餐厅	地 19	内墙 5A	踢 10			图集 88J1-1
7	玄关	地 19	内墙 5A	踢 10			图集 88J1-1
8	接待室	地25A	内墙 5A	踢 6A			图集 88J1-1
9	健身房	地25A	内墙 5A	踢 6A			图集 88J1-1
10	展厅	地 19	内墙 4D2-N	踢 11			图集 88J1-1
11	大门	地 19改					面层改为尺二方砖
12	外廊	地 19					
13	游廊、垂花门	地 19					
14							
15							
16							

注: 地面仅作到基层, 墙面仅作到基层, 楼面仅作到基层, 吊顶由业主自理, 踢脚与地面配套。

▲032-（经典仿古建筑）常用门窗图3

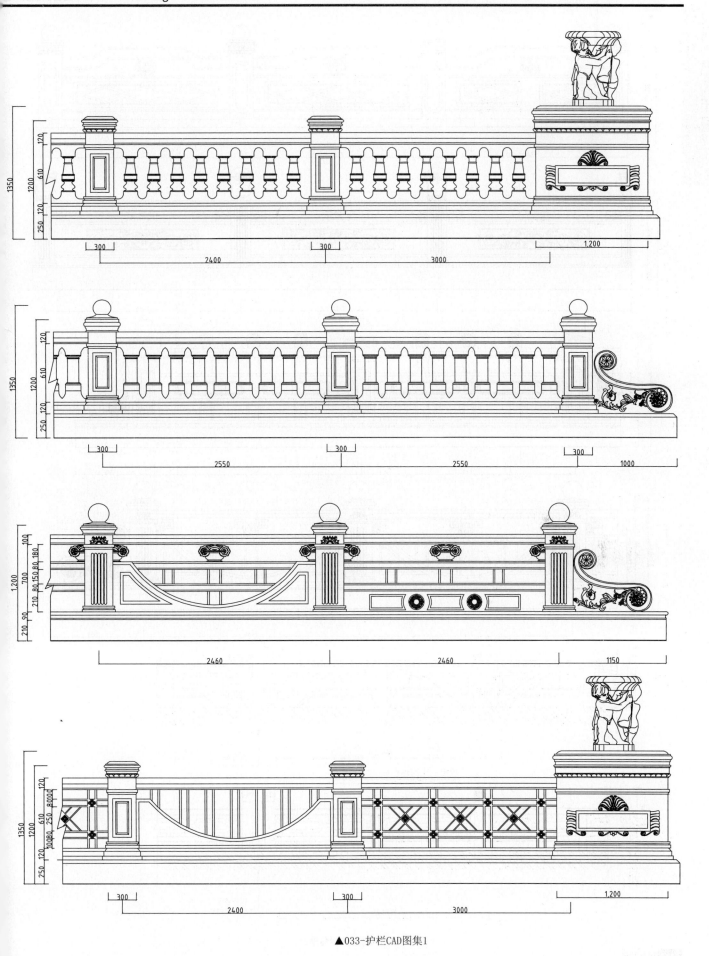

▲033-护栏CAD图集1

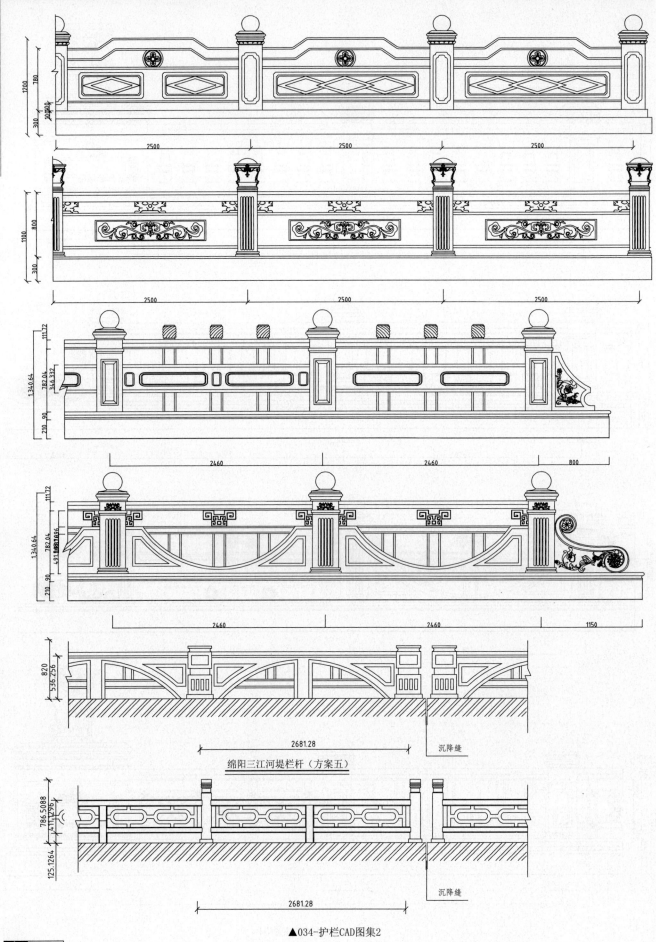

绵阳三江河堤栏杆（方案五）

▲034-护栏CAD图集2

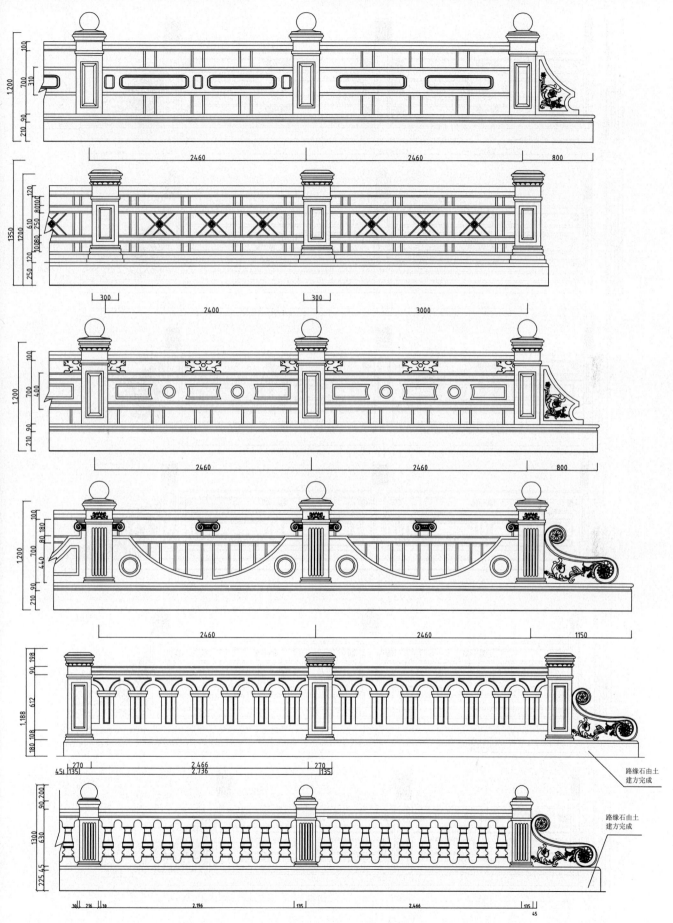

▲035-护栏CAD图集3

中式
详图

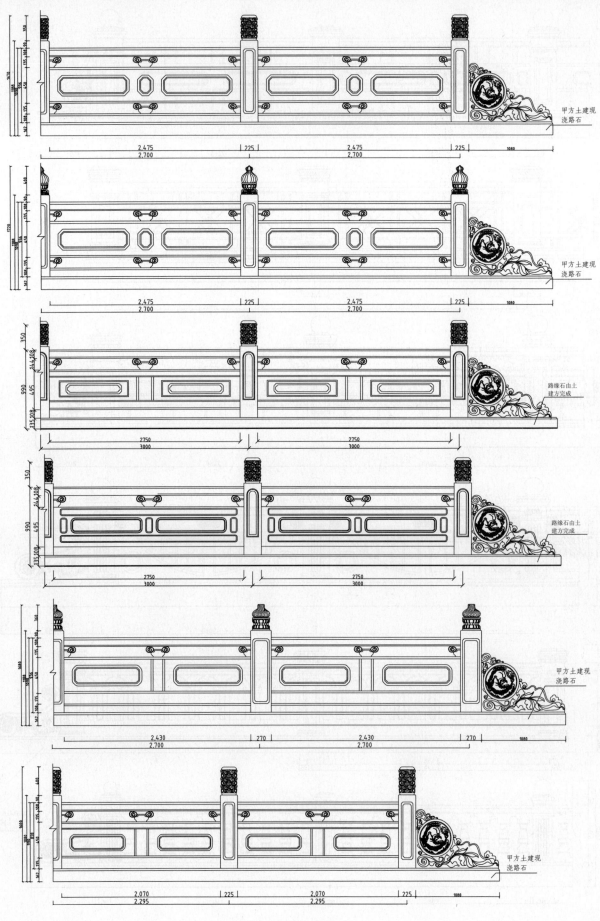

甲方土建现
浇路石

甲方土建现
浇路石

路缘石由土
建方完成

路缘石由土
建方完成

甲方土建现
浇路石

甲方土建现
浇路石

▲036-护栏CAD图集4

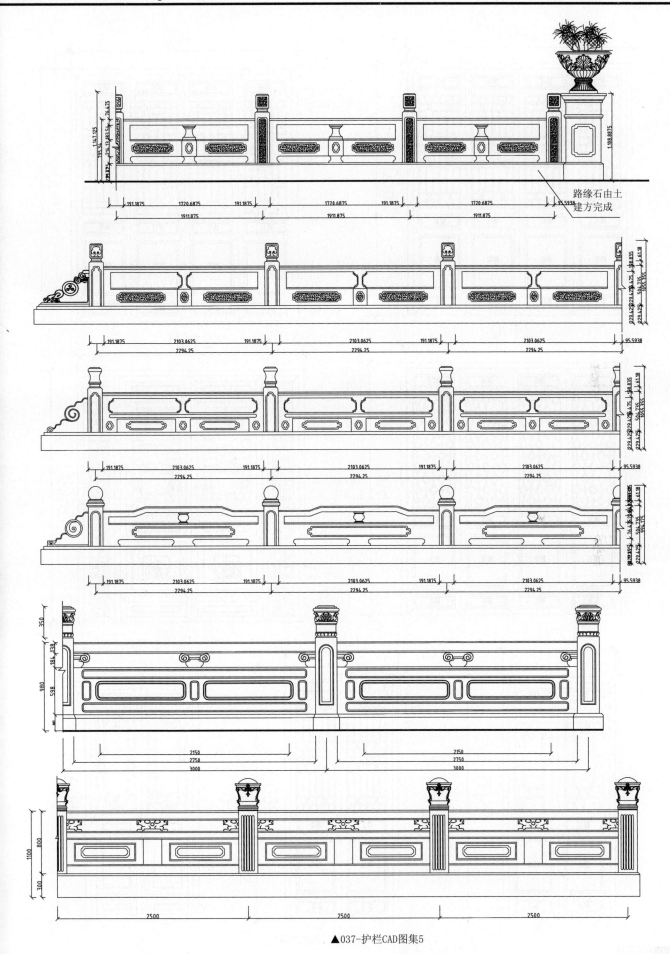

路缘石由土
建方完成

▲037-护栏CAD图集5

中式详图

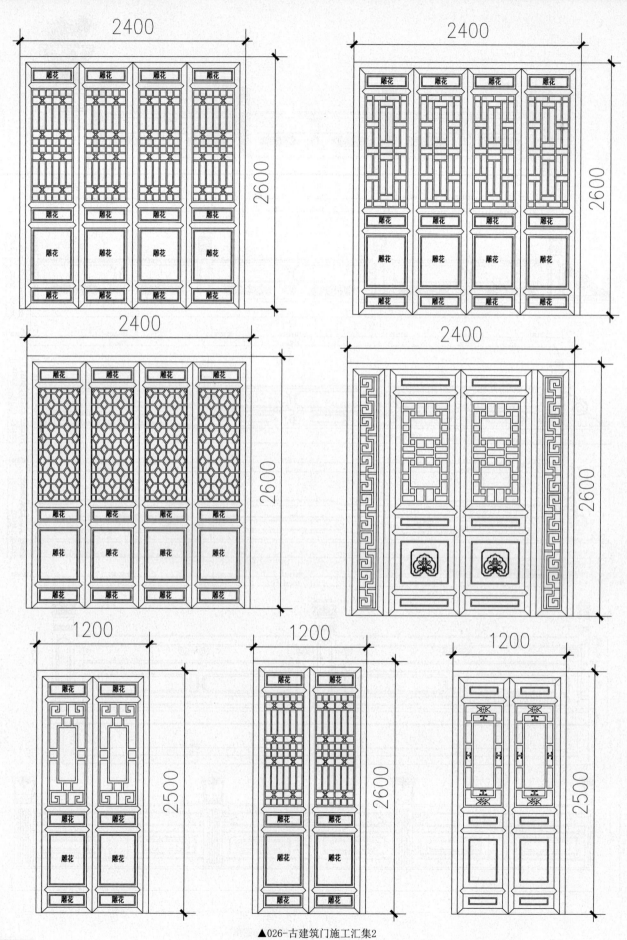

▲026-古建筑门施工汇集2

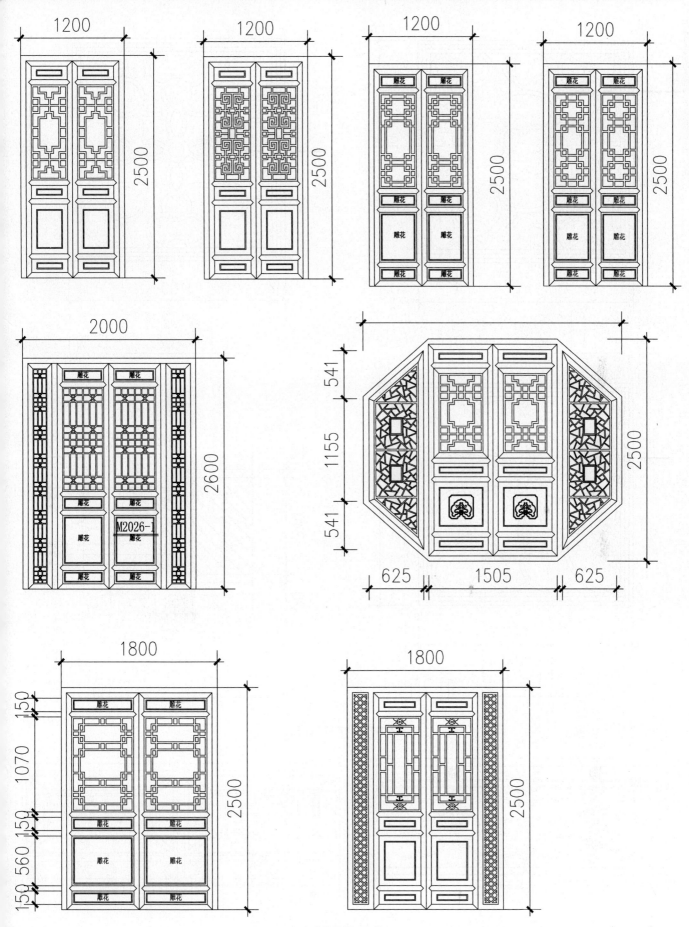

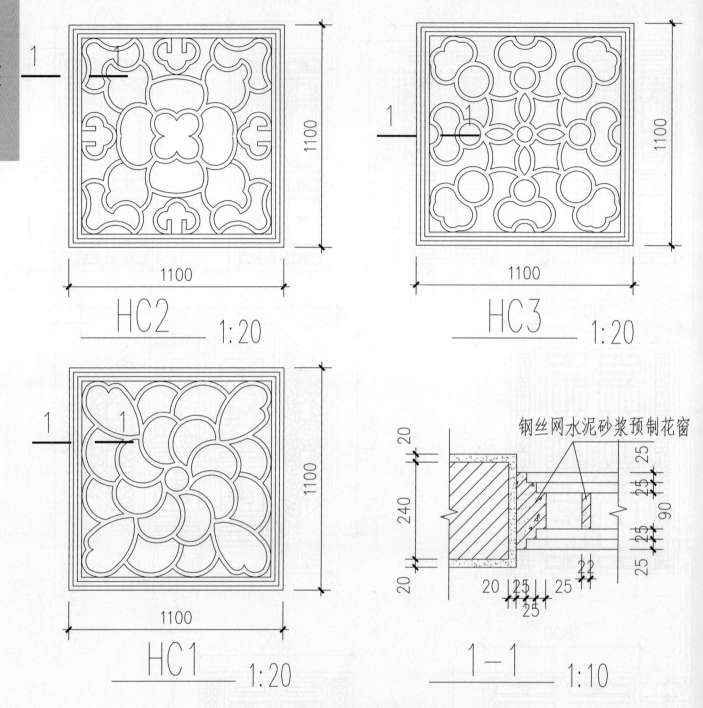

钢丝网水泥砂浆预制花窗

HC2　1:20

HC3　1:20

HC1　1:20

1-1　1:10

▲040-中式花窗大样图

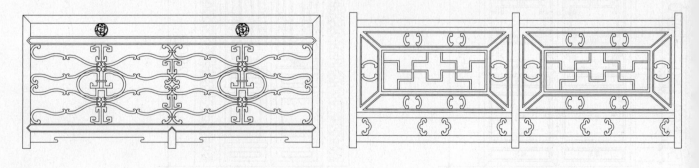

▲041-中式栏杆详图1

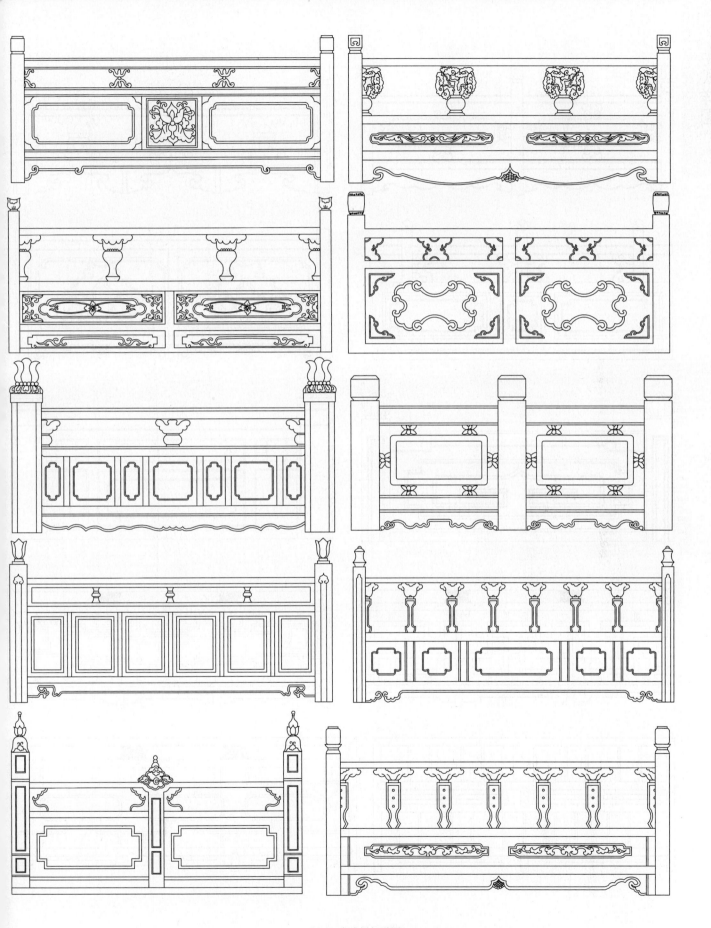

▲042-中式栏杆详图2

中式
详图

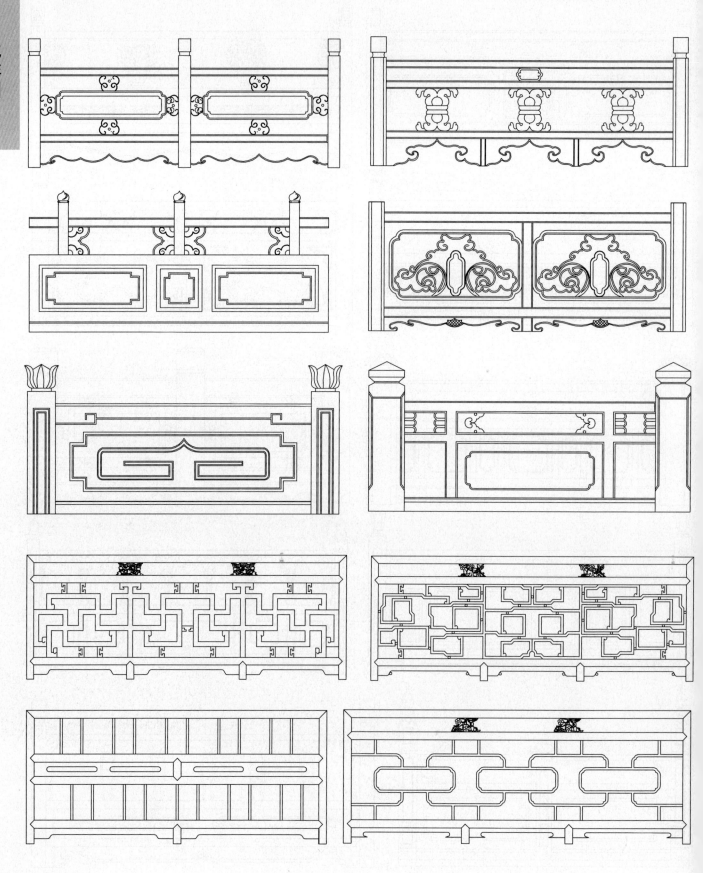

▲043-中式栏杆详图3

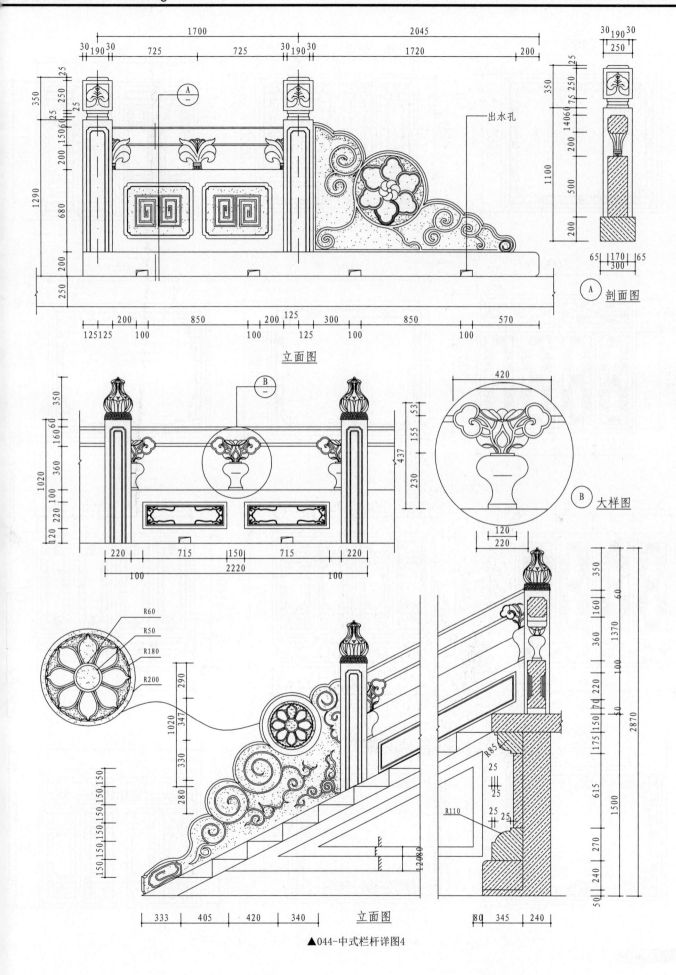

出水孔

A 剖面图

立面图

B 大样图

立面图

▲044-中式栏杆详图4

中式详图

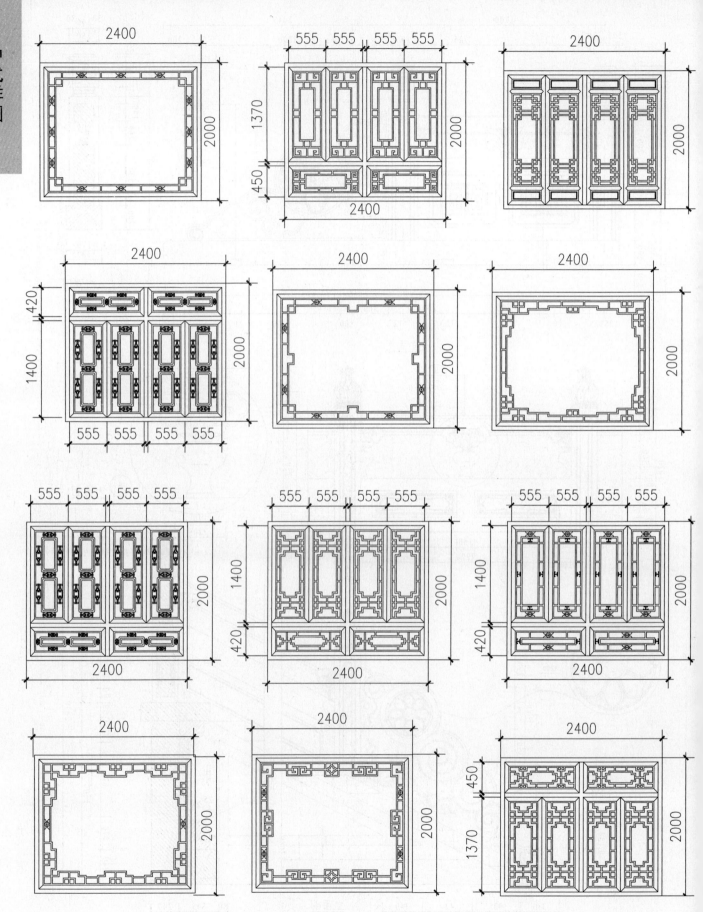

▲022-古建筑窗施工汇集5

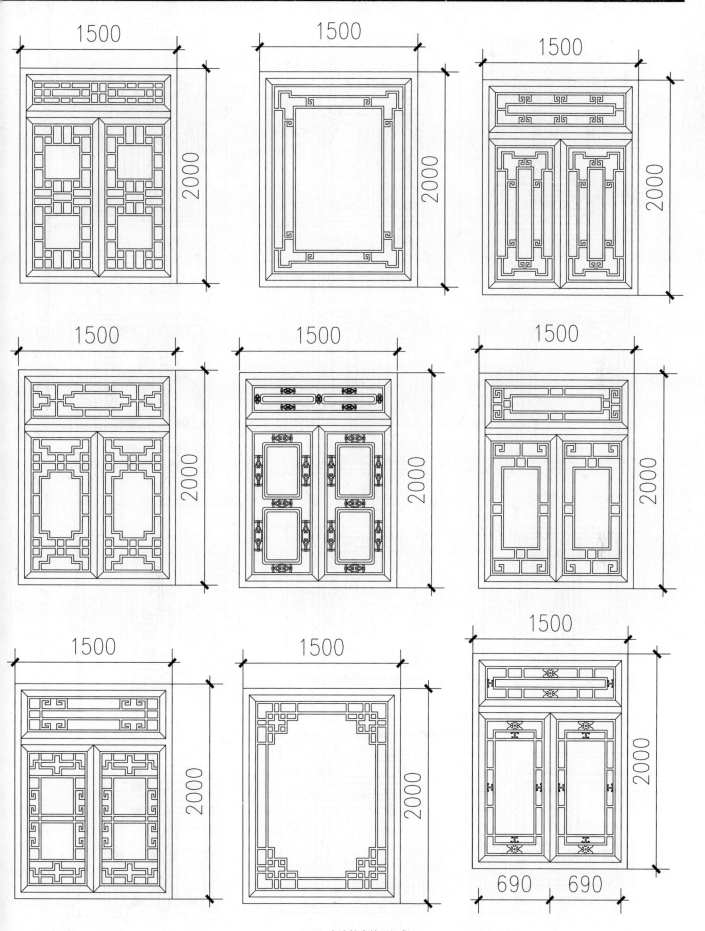

▲023-古建筑窗施工汇集6

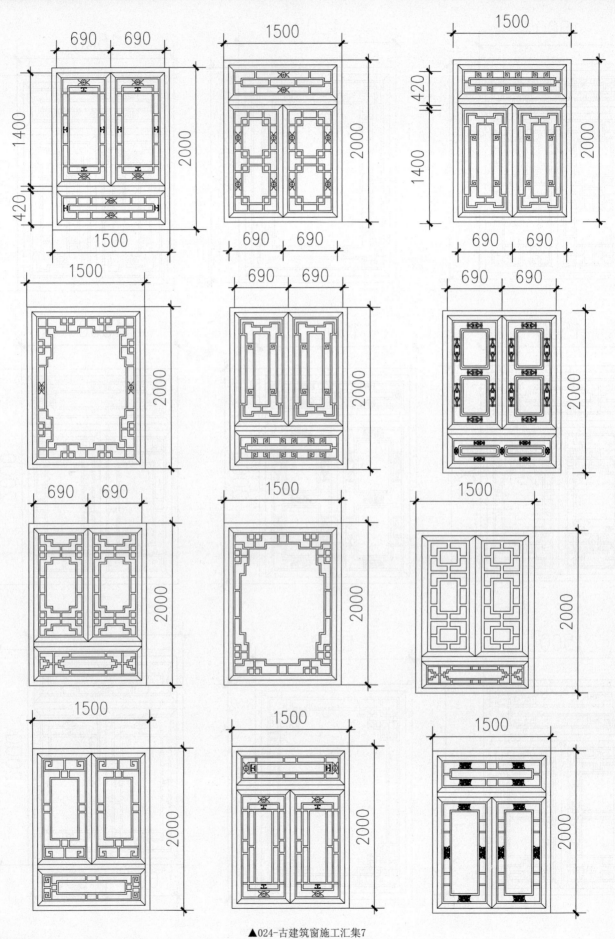

▲024-古建筑窗施工汇集7

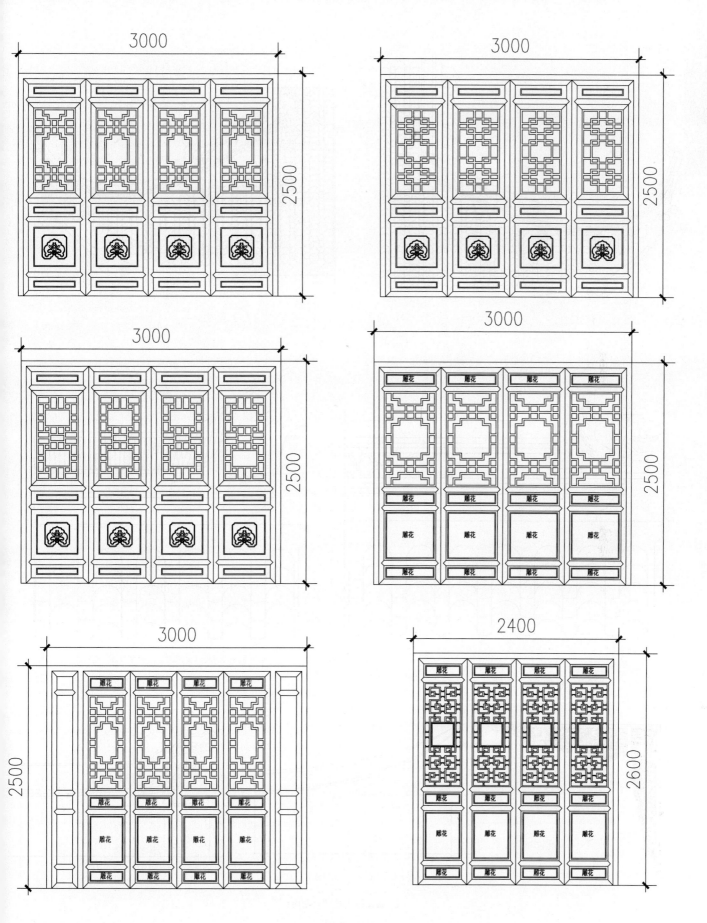

▲025-古建筑门施工汇集1

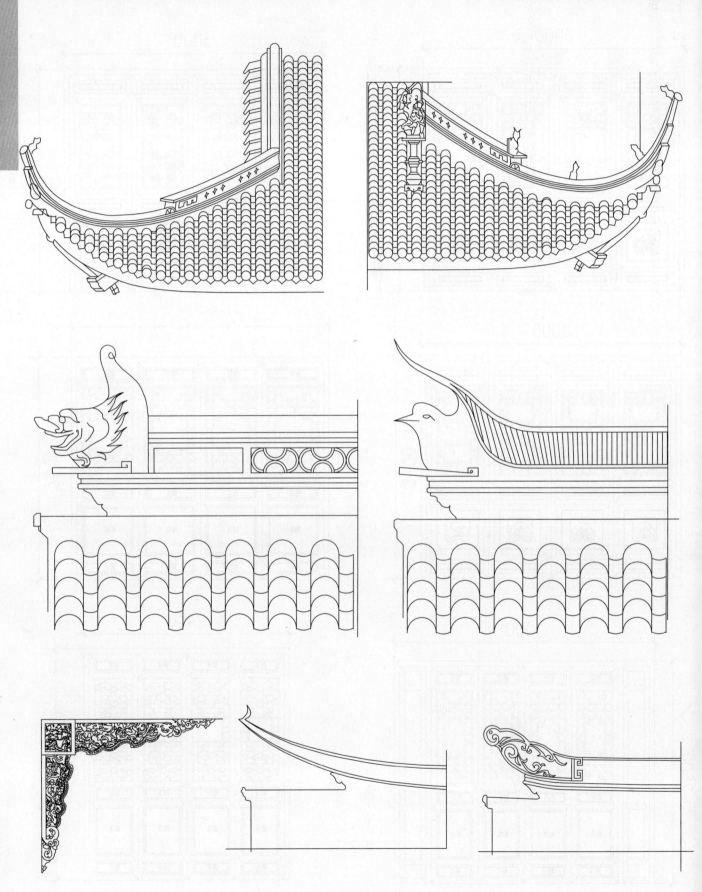

▲016-古建节点图块1

▲017-古建节点图块2

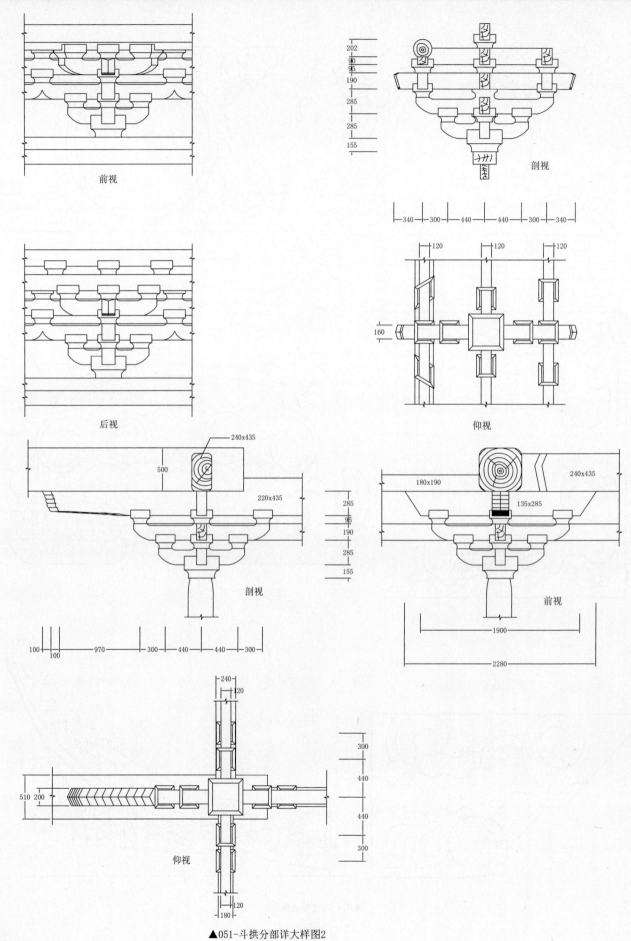

前视

后视

剖视

仰视

剖视

前视

仰视

▲051-斗拱分部详大样图2

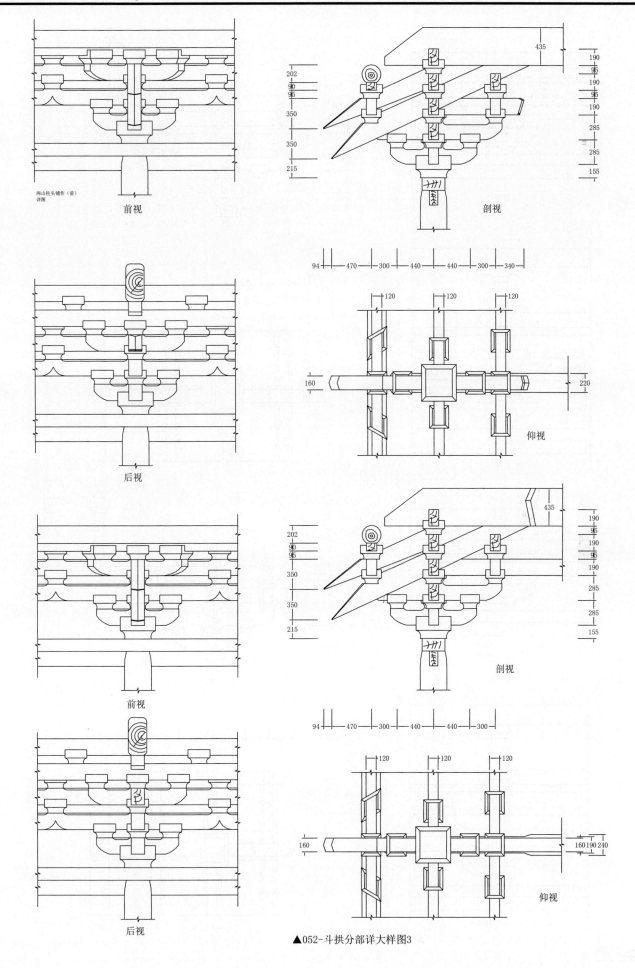

两山柱头铺作（前）
详图

前视

前视

后视

剖视

仰视

剖视

仰视

后视

▲052-斗拱分部详大样图3

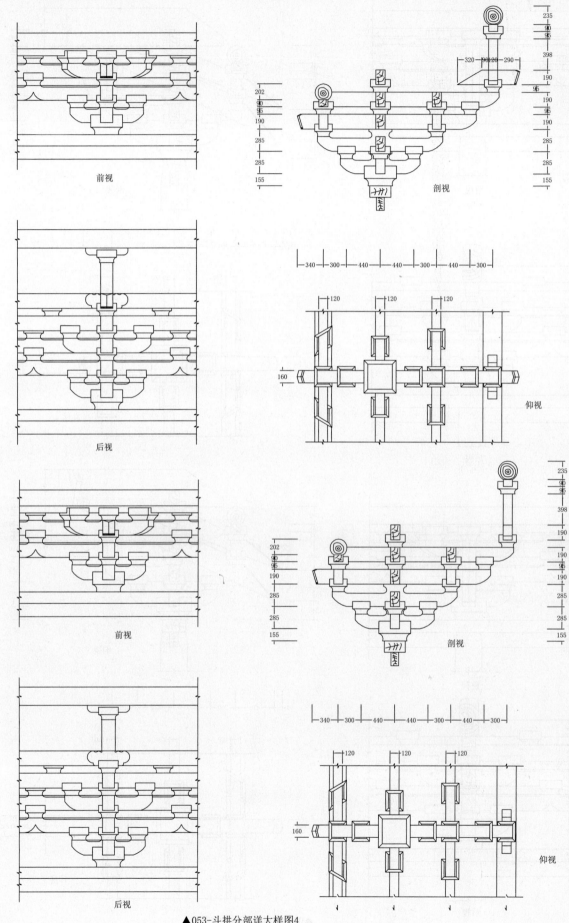

前视

剖视

后视

仰视

前视

剖视

后视

仰视

▲053-斗拱分部详大样图4

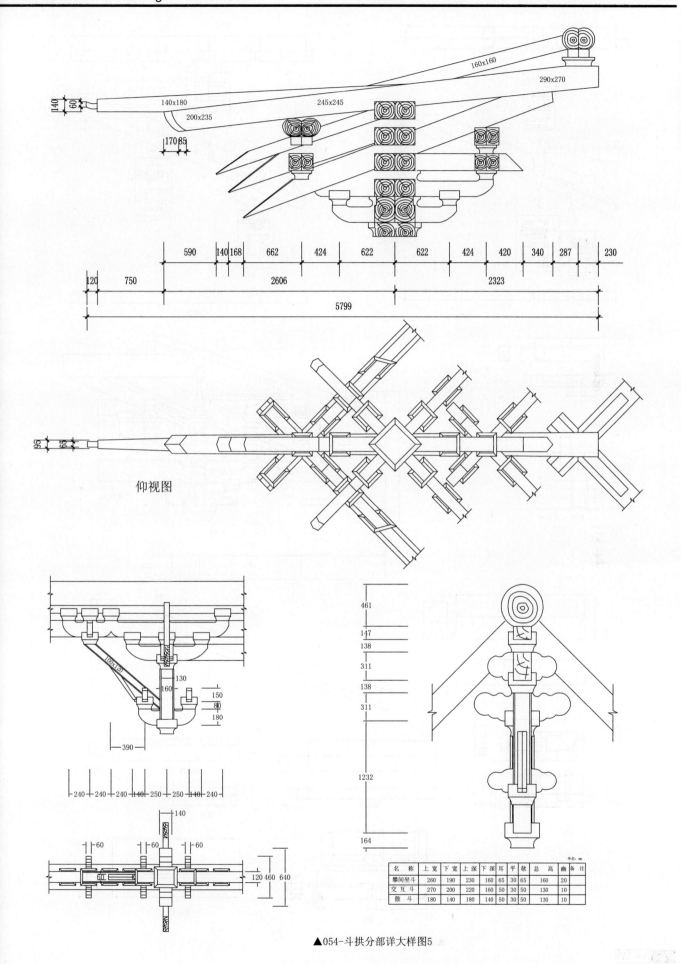

仰视图

名　称	上宽	下宽	上深	下深	耳	平	欹	总　高	幽	备注
攀间坐斗	260	190	230	160	65	30	65	160	20	
交互斗	270	200	220	160	50	30	50	130	10	
散斗	180	140	180	140	50	30	50	130	10	

▲054-斗拱分部详大样图5

中式详图

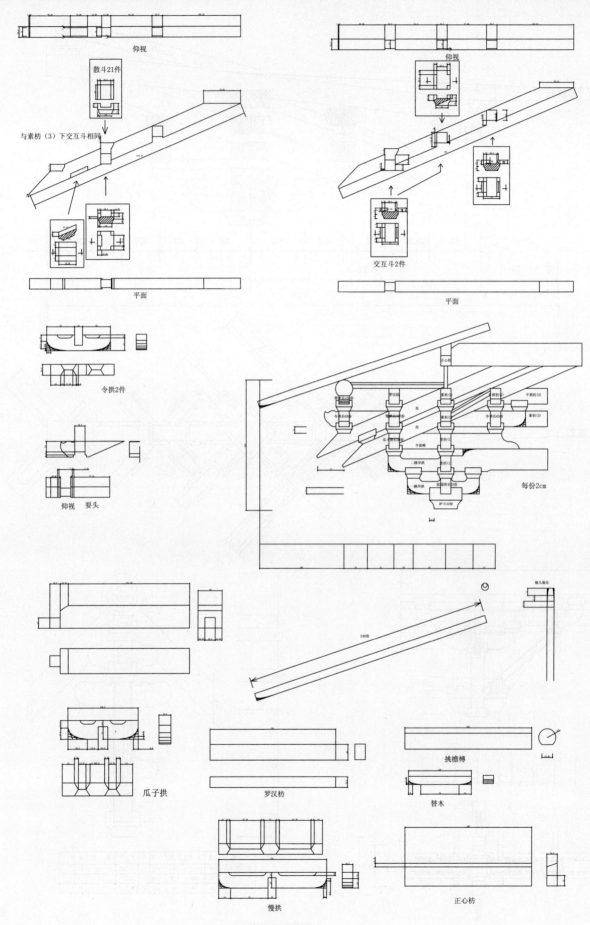

仰视

散斗21件

与素枋（3）下交互斗相同

平面

令拱2件

仰视　要头

仰视

交互斗2件

平面

正心桁

罗汉枋

素枋

枋枋（1）

平枋枋（2）

每份2cm

240份

椽头做法

挑檐槫

替木

瓜子拱

罗汉枋

慢拱

正心枋

▲055-清式斗拱做法详图1

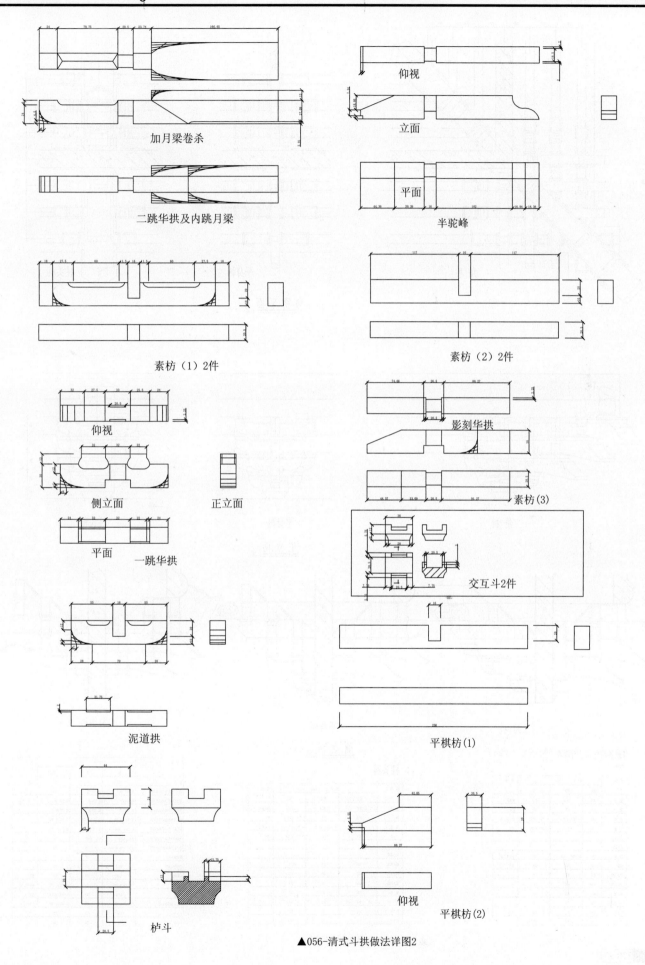

加月梁卷杀

二跳华拱及内跳月梁

仰视

立面

平面

半驼峰

素枋（1）2件

素枋（2）2件

仰视

影刻华拱

侧立面　　正立面

素枋(3)

平面

一跳华拱

交互斗2件

泥道拱

平棋枋(1)

栌斗

仰视

平棋枋(2)

▲056-清式斗拱做法详图2

中式详图

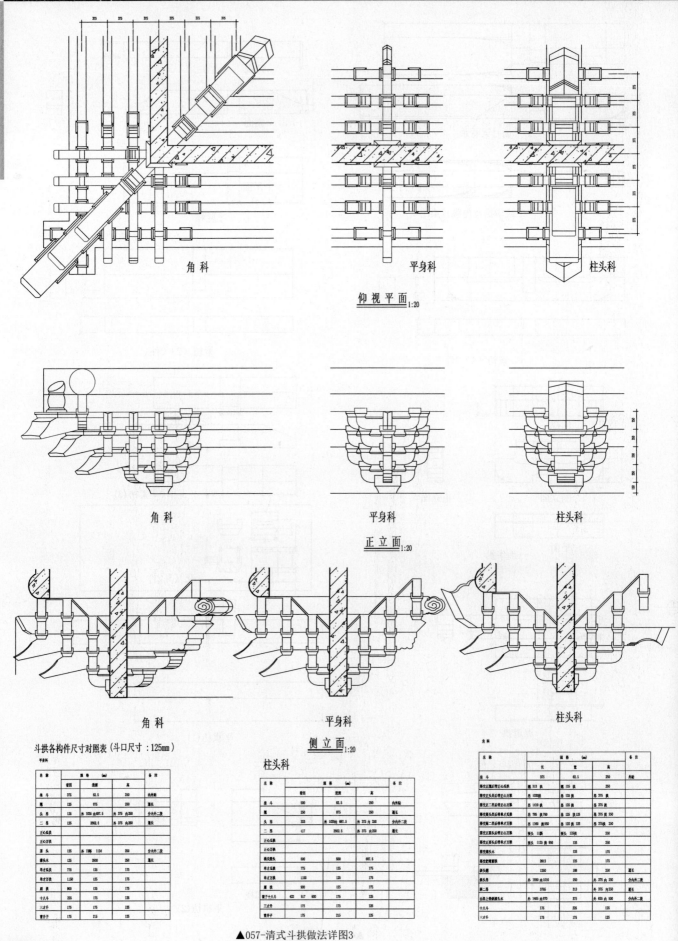

仰视平面 1:20

角科　　平身科　　柱头科

正立面 1:20

角科　　平身科　　柱头科

侧立面 1:20

角科　　平身科　　柱头科

斗拱各构件尺寸对照表（斗口尺寸：125mm）

▲057-清式斗拱做法详图3

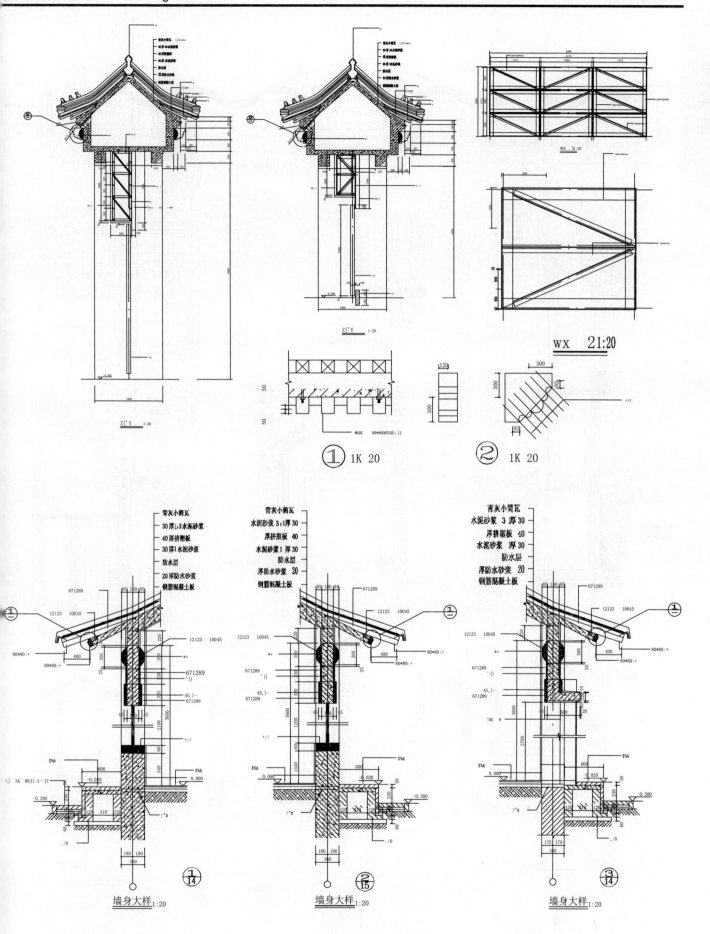

▲058-常用檐口外墙图1

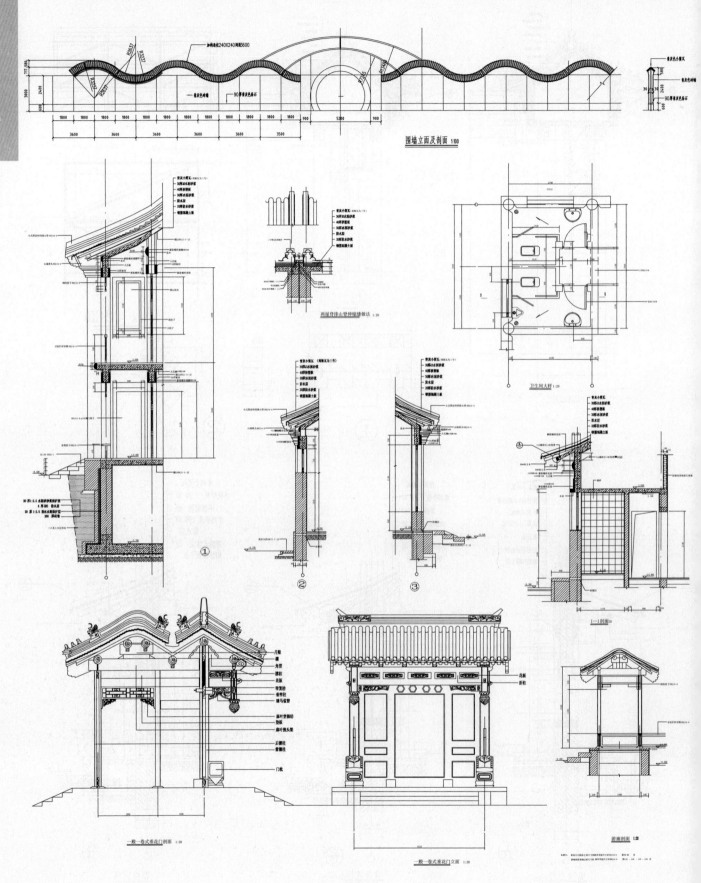

▲059-常用檐口外墙图2

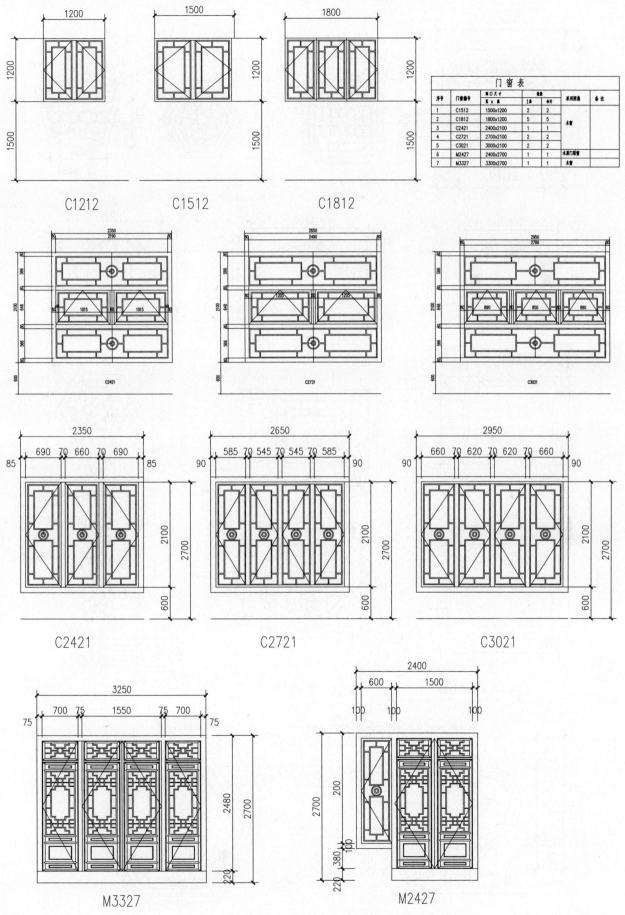

門窗表

序号	门窗编号	洞口尺寸		数量		采用图集	备注
		宽 x 高		1层	合计		
1	C1512	1500x1200		2	2	木窗	
2	C1812	1800x1200		5	5		
3	C2421	2400x2100		1	1		
4	C2721	2700x2100		2	2		
5	C3021	3000x2100		2	2		
6	M2427	2400x2700		1	1	木质门联窗	
7	M3327	3300x2700		1	1	木窗	

C1212　　　　C1512　　　　　C1812

C2421　　　　　　C2721　　　　　　C3021

M3327　　　　　　M2427

▲060-常用檐口外墙图3

中式
详图

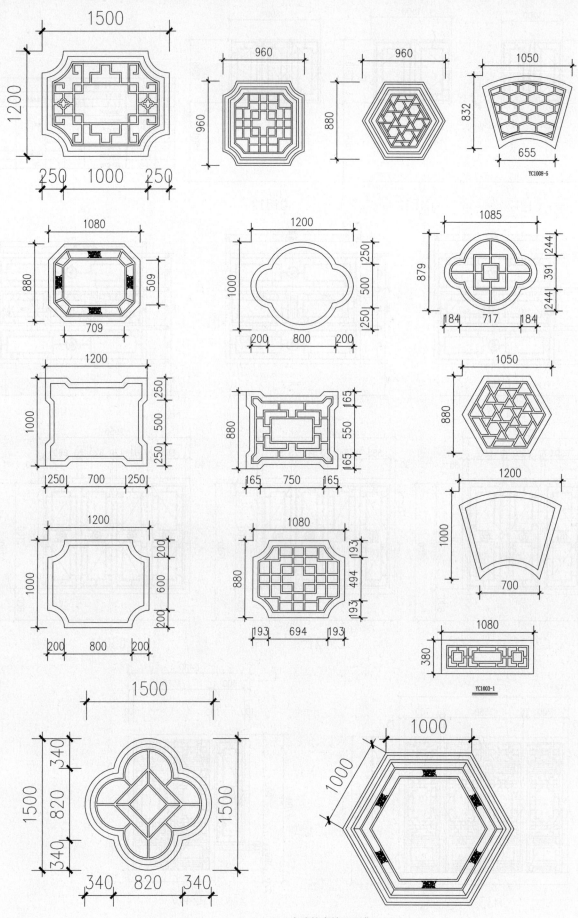

▲018-古建筑窗施工汇集1

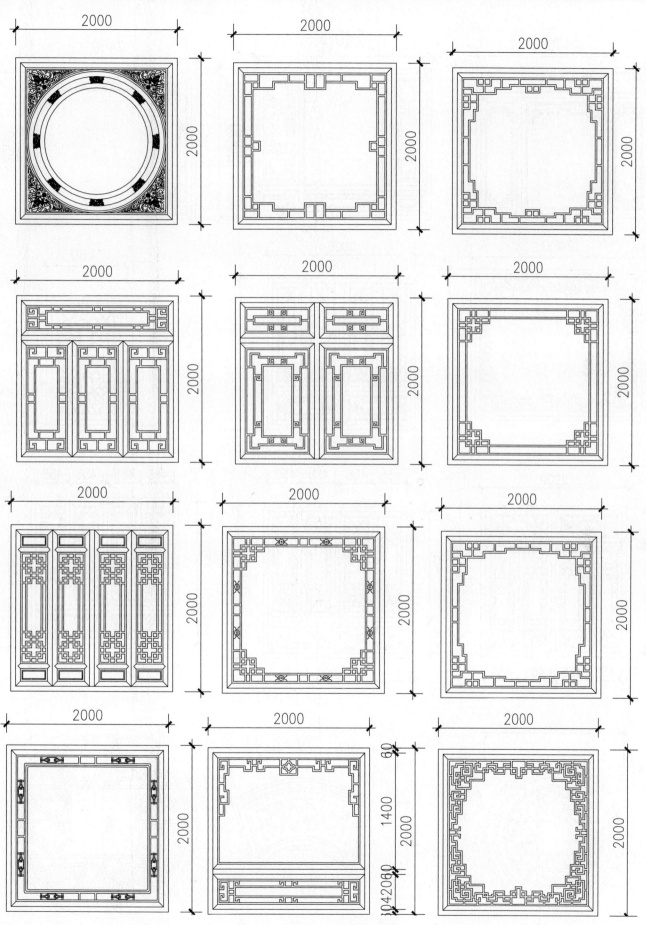

▲019-古建筑窗施工汇集2

中式详图

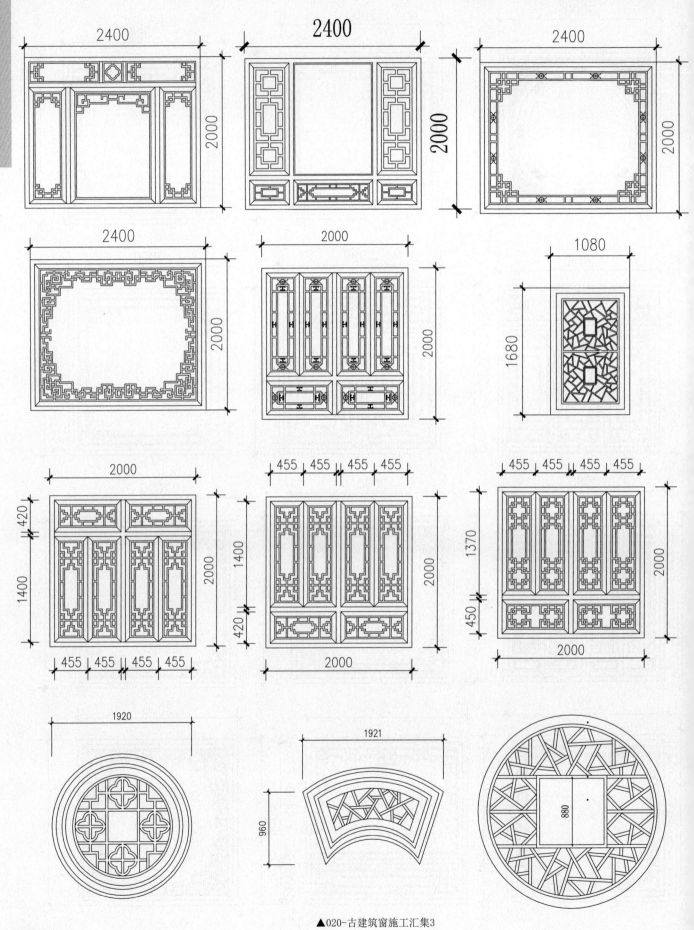

▲020-古建筑窗施工汇集3

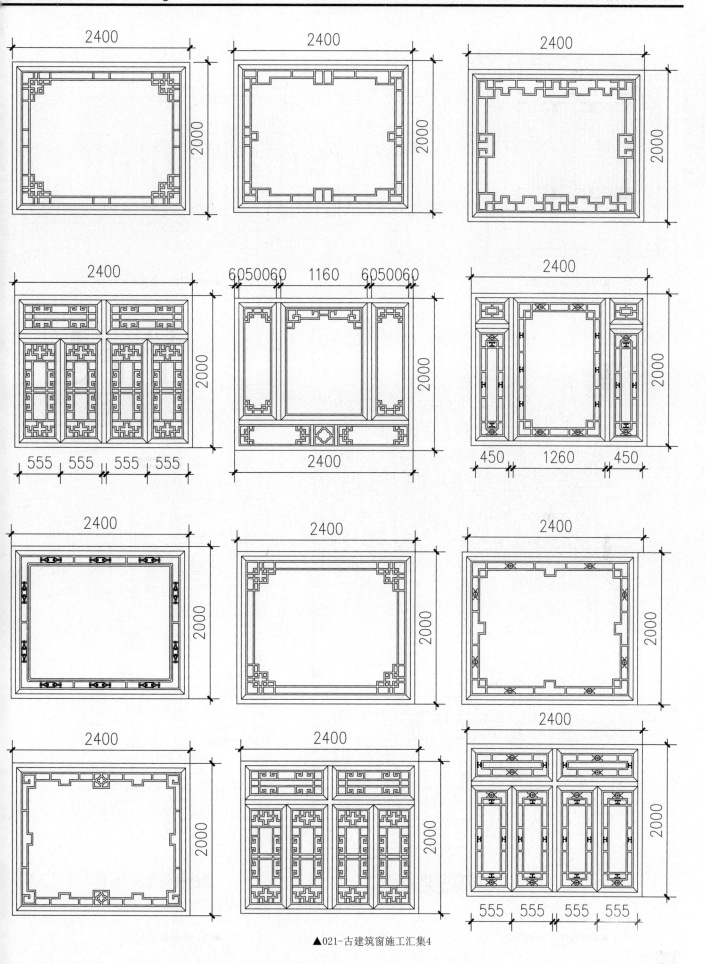

▲021-古建筑窗施工汇集4

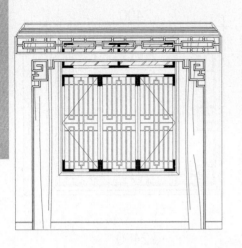

▲068-门窗立面图1

▲069-门窗立面图2

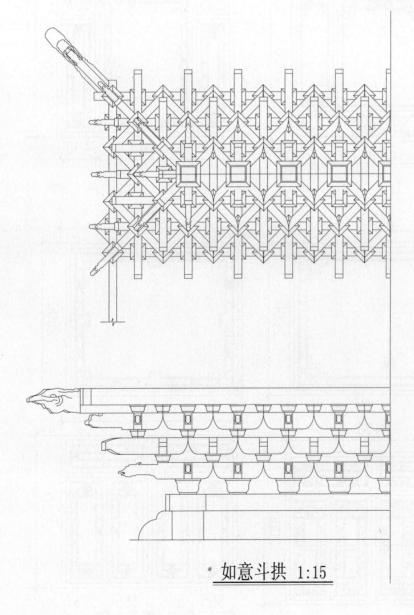

如意斗拱　1:15

▲070-角柱柱头斗拱 1

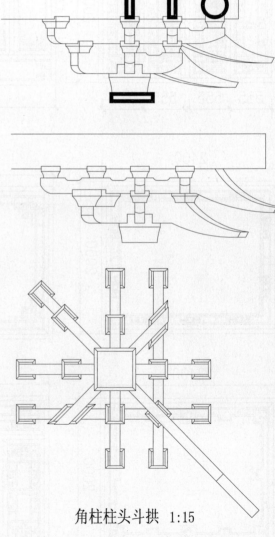

角柱柱头斗拱　1:15

▲071-角柱柱头斗拱2

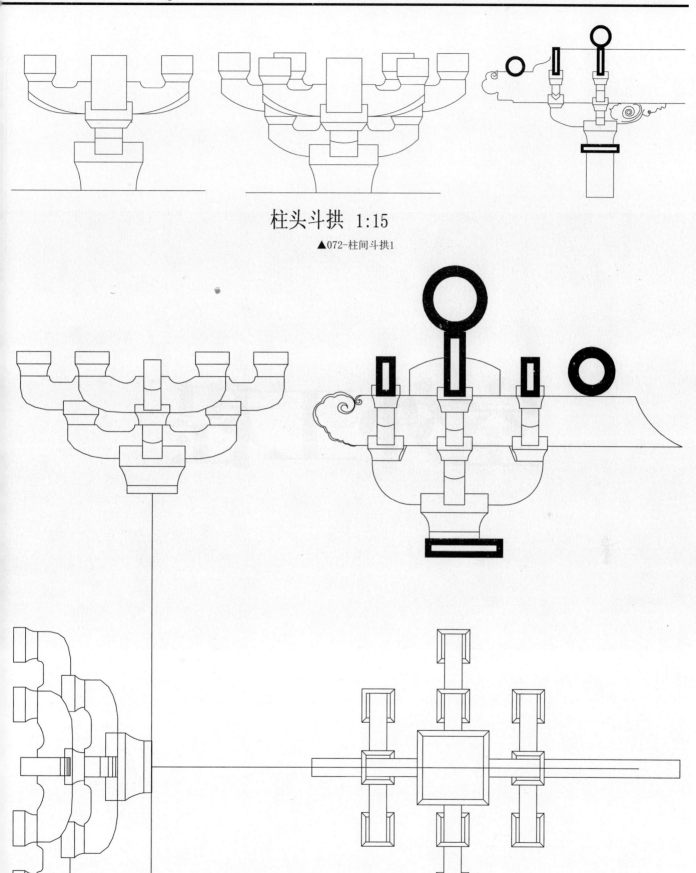

柱头斗拱 1:15

▲072-柱间斗拱1

柱间斗拱 1:15

▲073-柱间斗拱2

室外工程

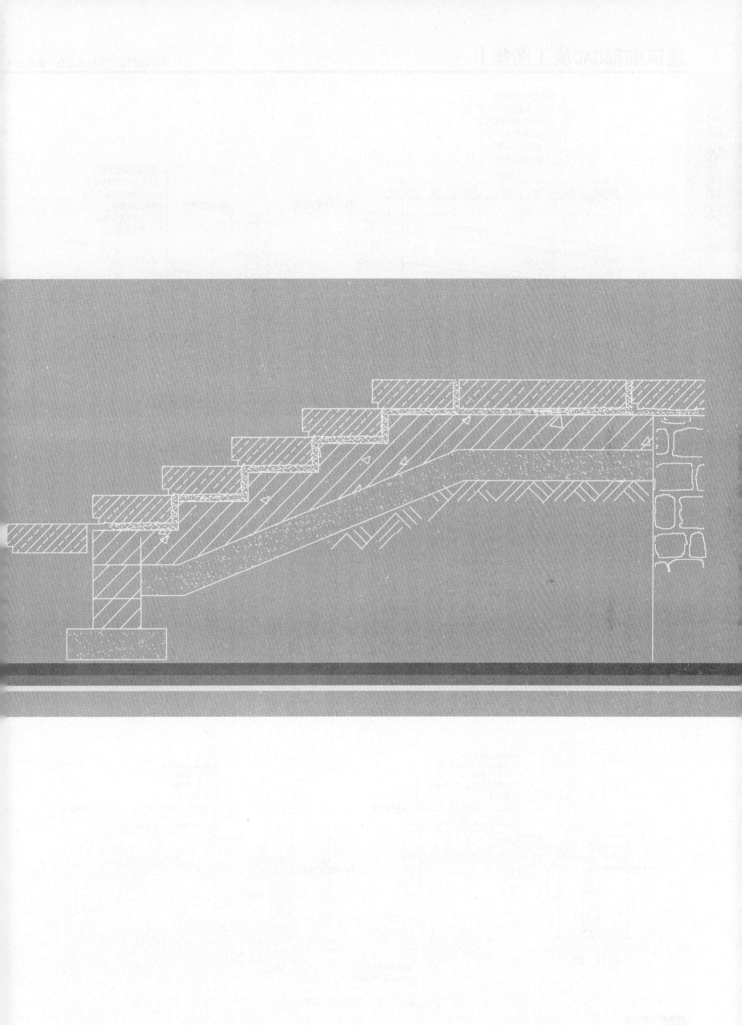

台
阶
坡
道
详
图

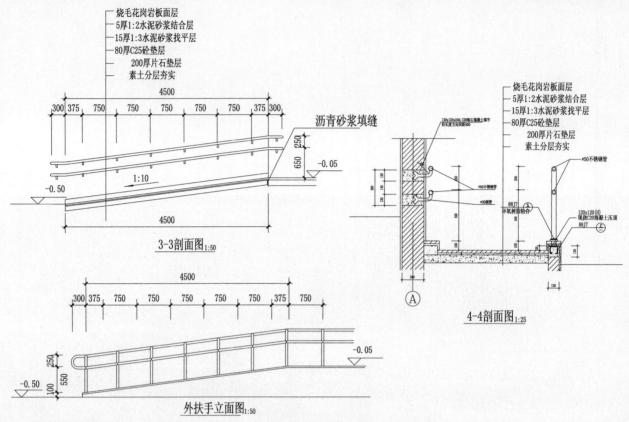

烧毛花岗岩板面层
5厚1:2水泥砂浆结合层
15厚1:3水泥砂浆找平层
80厚C25砼垫层
200厚片石垫层
素土分层夯实

沥青砂浆填缝

4500

300 375 750 750 750 750 750 375 300

250
650
−0.05

1:10

−0.50

4500

3-3剖面图1:50

烧毛花岗岩板面层
5厚1:2水泥砂浆结合层
15厚1:3水泥砂浆找平层
80厚C25砼垫层
200厚片石垫层
素土分层夯实

ø50不锈钢管

环氧树脂粘合

4-4剖面图1:25

4500

300 375 750 750 750 750 750 375 750

250
550
−0.05
−0.50
100

外扶手立面图1:50

▲001-无障碍坡道大样

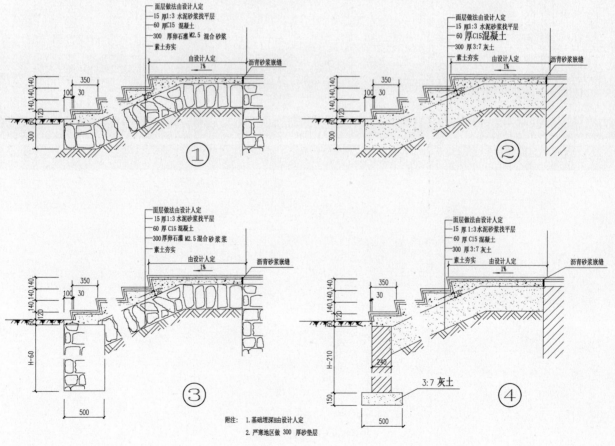

面层做法由设计人定
15厚1:3水泥砂浆找平层
60厚C15混凝土
300厚卵石灌M2.5混合砂浆
素土夯实
由设计人定
1%
沥青砂浆嵌缝

350
140,140,140
100 30
300

①

面层做法由设计人定
15厚1:3水泥砂浆找平层
60厚C15混凝土
300厚3:7灰土
素土夯实
由设计人定
1%
沥青砂浆嵌缝

350
140,140,140
100 30

②

面层做法由设计人定
15厚1:3水泥砂浆找平层
60厚C15混凝土
300厚卵石灌M2.5混合砂浆浆
素土夯实
由设计人定
1%
沥青砂浆嵌缝

350
140,140,140
100 30
H−60

500

③

面层做法由设计人定
15厚1:3水泥砂浆找平层
60厚C15混凝土
300厚3:7灰土
素土夯实
由设计人定
1%
沥青砂浆嵌缝

350
140,140,140
30
H−210
240
150

3:7灰土

500

④

附注: 1.基础埋深由设计人定
2.严寒地区做300厚砂垫层

▲002-室外常用台阶详图1

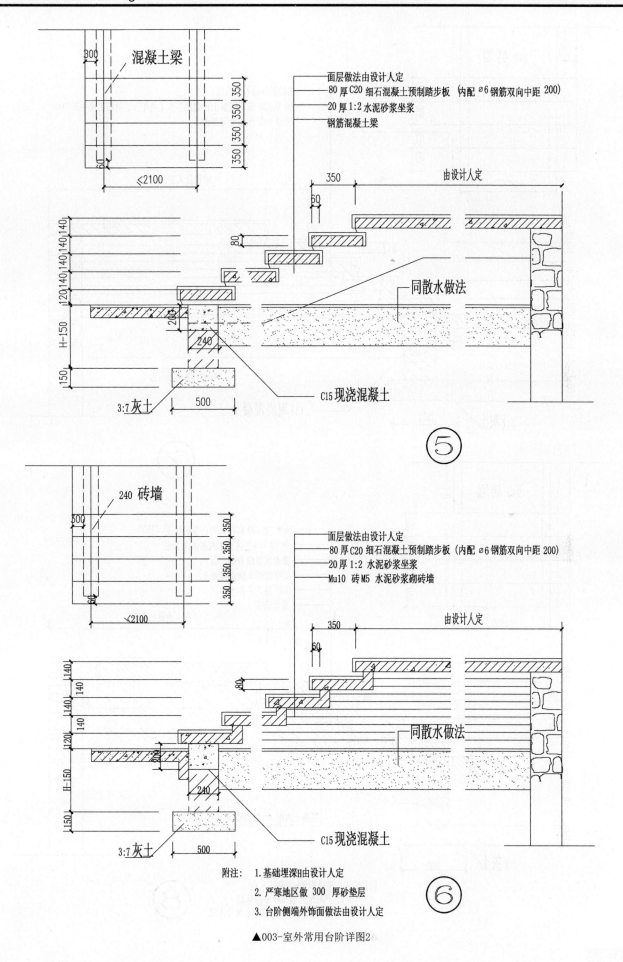

混凝土梁

300

350 | 350 | 350 | 350

≤2100

面层做法由设计人定
80 厚C20 细石混凝土预制踏步板（内配 ∅6 钢筋双向中距 200）
20 厚1:2 水泥砂浆坐浆
钢筋混凝土梁

350   由设计人定

60

80

140 140 140 140

120 140 140

200

H-150

150

同散水做法

240

C15 现浇混凝土

3:7 灰土   500

⑤

240 砖墙

300

350 | 350 | 350 | 350

≤2100

面层做法由设计人定
80 厚C20 细石混凝土预制踏步板（内配 ∅6 钢筋双向中距 200）
20 厚1:2 水泥砂浆坐浆
Mu10 砖 M5 水泥砂浆砌砖墙

350   由设计人定

60

80

140

140

140

120

H-150

150

同散水做法

240

C15 现浇混凝土

3:7 灰土   500

附注：   1.基础埋深H由设计人定
       2.严寒地区做 300 厚砂垫层
       3.台阶侧端外饰面做法由设计人定

⑥

▲003-室外常用台阶详图2

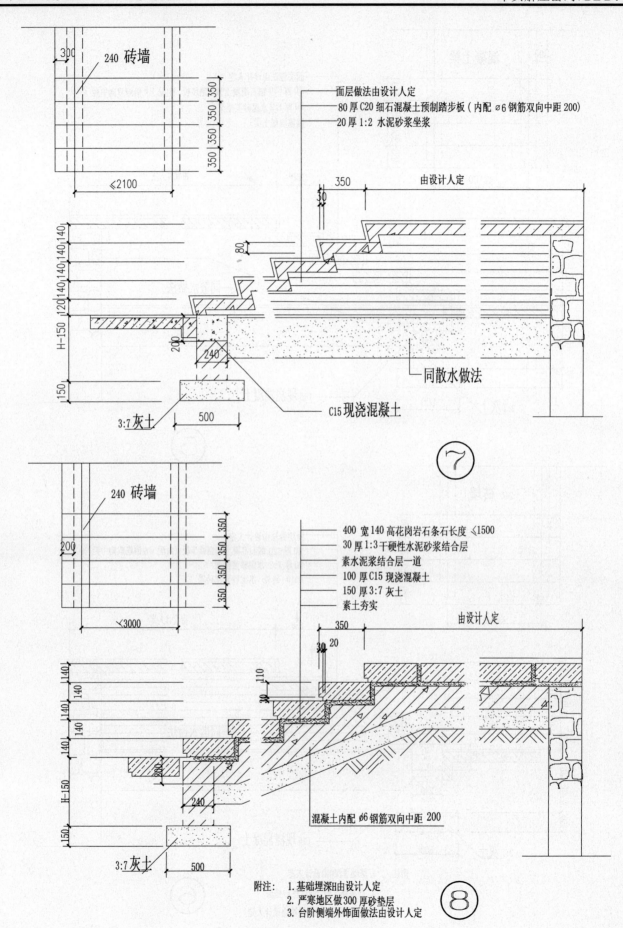

300　240 砖墙

350 350 350

≤2100

面层做法由设计人定
80 厚 C20 细石混凝土预制踏步板（内配 ∅6 钢筋双向中距 200)
20 厚 1:2 水泥砂浆坐浆

350　由设计人定

30

80

140 140 140 140

H-150　120 140 140

150

3:7 灰土　500

240

200

同散水做法

C15 现浇混凝土

⑦

240 砖墙

200　350 350 350 350 350 350

≤3000

400 宽140 高花岗岩石条石长度 ≤1500
30 厚1:3 干硬性水泥砂浆结合层
素水泥浆结合层一道
100 厚 C15 现浇混凝土
150 厚3:7 灰土
素土夯实

350　由设计人定

30 20

140

140

140

140

30 110

240

H-150

200

150

3:7 灰土　500

混凝土内配 ∅6 钢筋双向中距 200

附注:　1.基础埋深由设计人定
　　　 2.严寒地区做300 厚砂垫层
　　　 3.台阶侧端外饰面做法由设计人定

⑧

▲004-室外常用台阶详图3

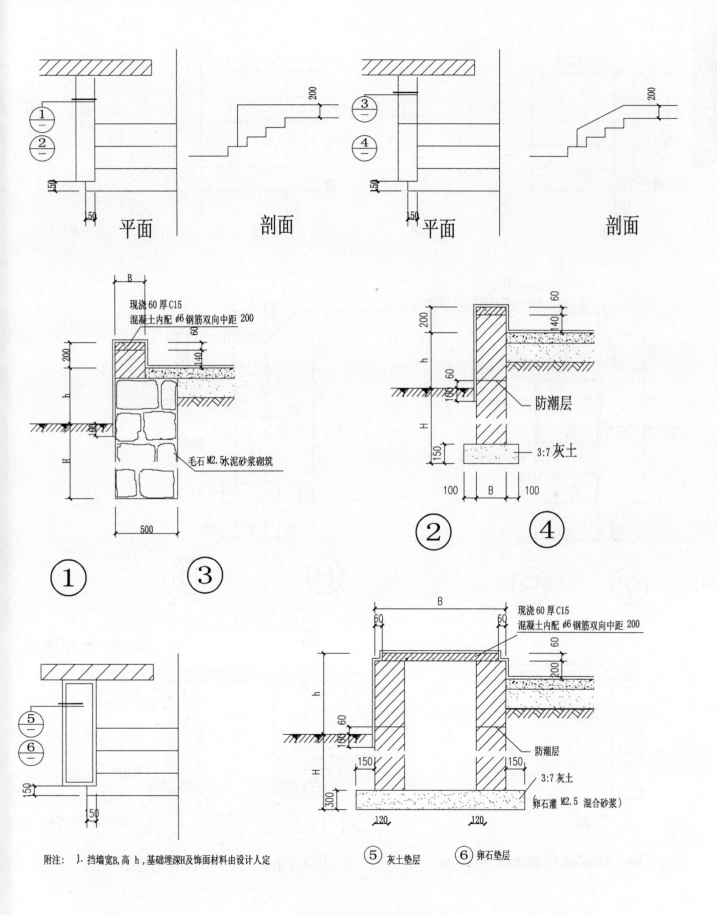

平面　　　剖面　　　平面　　　剖面

现浇60厚C15
混凝土内配 ⌀6钢筋双向中距 200

毛石 M2.5水泥砂浆砌筑

① ③

② ④

防潮层

3:7 灰土

现浇60厚C15
混凝土内配 ⌀6钢筋双向中距 200

防潮层

3:7 灰土
（卵石灌 M2.5 混合砂浆）

⑤ 灰土垫层　　　⑥ 卵石垫层

附注： 1. 挡墙宽B,高 h,基础埋深H及饰面材料由设计人定

▲005-室外常用台阶详图4

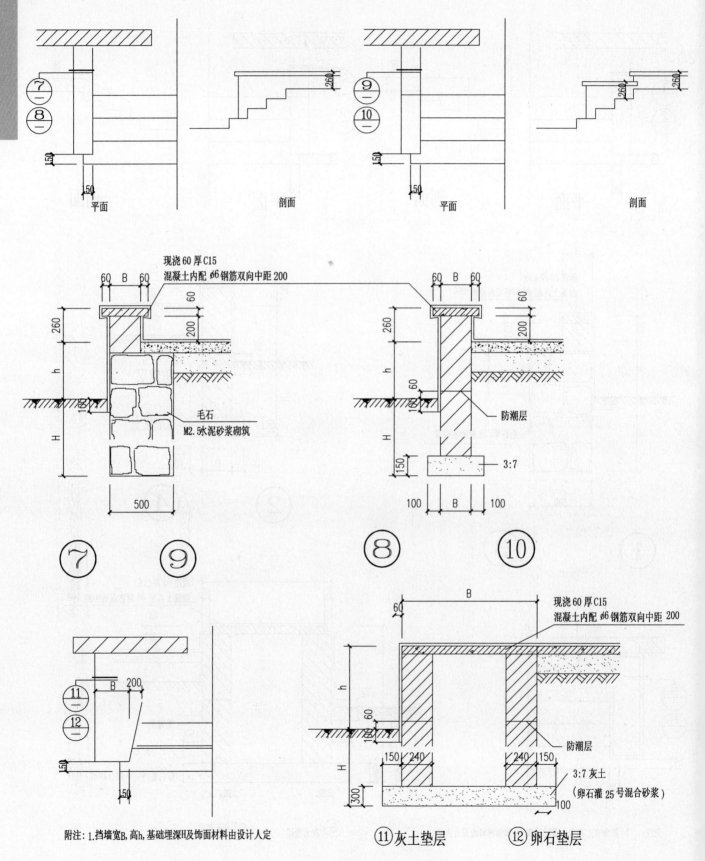

附注:1.挡墙宽B,高h,基础埋深H及饰面材料由设计人定

⑪灰土垫层　　⑫卵石垫层

▲006-室外常用台阶详图5

斩石面条石踏步
30厚1：3水泥砂浆座砌
100厚150号混凝土
70厚碎石或碎砖
素土夯实

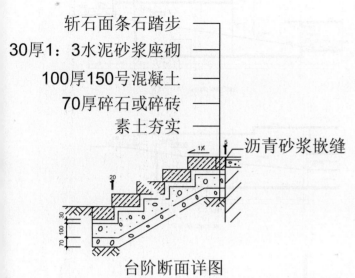

沥青砂浆嵌缝

台阶断面详图

20厚1:2水泥砂浆面
80厚100号混凝土
70厚碎石或碎砖
素土夯实

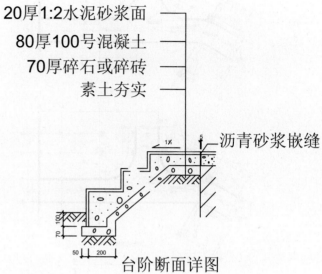

沥青砂浆嵌缝

台阶断面详图

20厚1:2 水泥砂浆面
50号水泥沙浆砌砖
100厚3:7灰土垫层
素土夯实

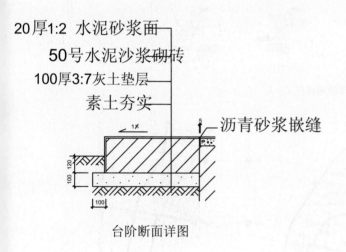

沥青砂浆嵌缝

台阶断面详图

20厚1:2水泥砂浆面
50号水泥砂浆砌砖
100厚3：7灰土垫层
素土夯实

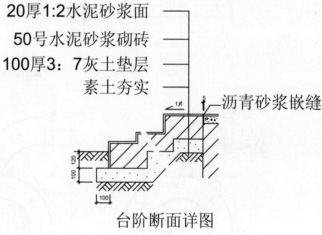

沥青砂浆嵌缝

台阶断面详图

20厚1:2水泥砂浆面
80厚100号混凝土
70厚碎石或碎砖
素土夯实

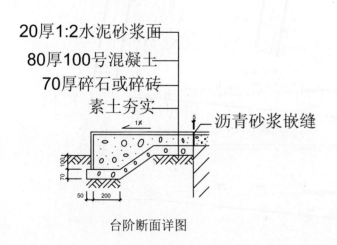

沥青砂浆嵌缝

台阶断面详图

20厚1:2水泥砂浆面
50号水泥砂浆砌砖
100厚3:7灰土垫层
素土夯实

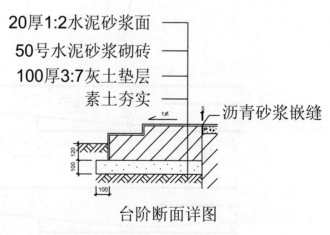

沥青砂浆嵌缝

台阶断面详图

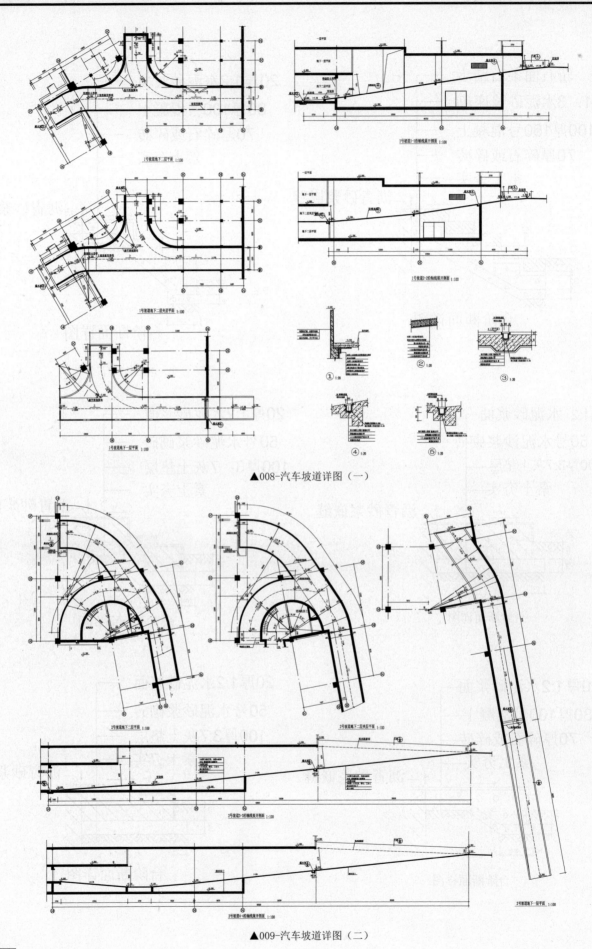

▲008-汽车坡道详图（一）

▲009-汽车坡道详图（二）

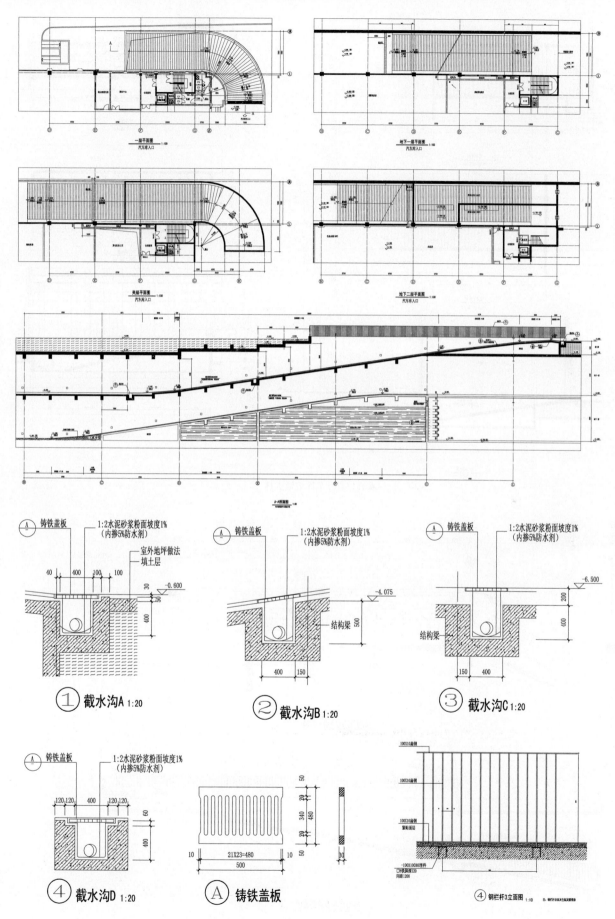

▲010-汽车库坡道大样

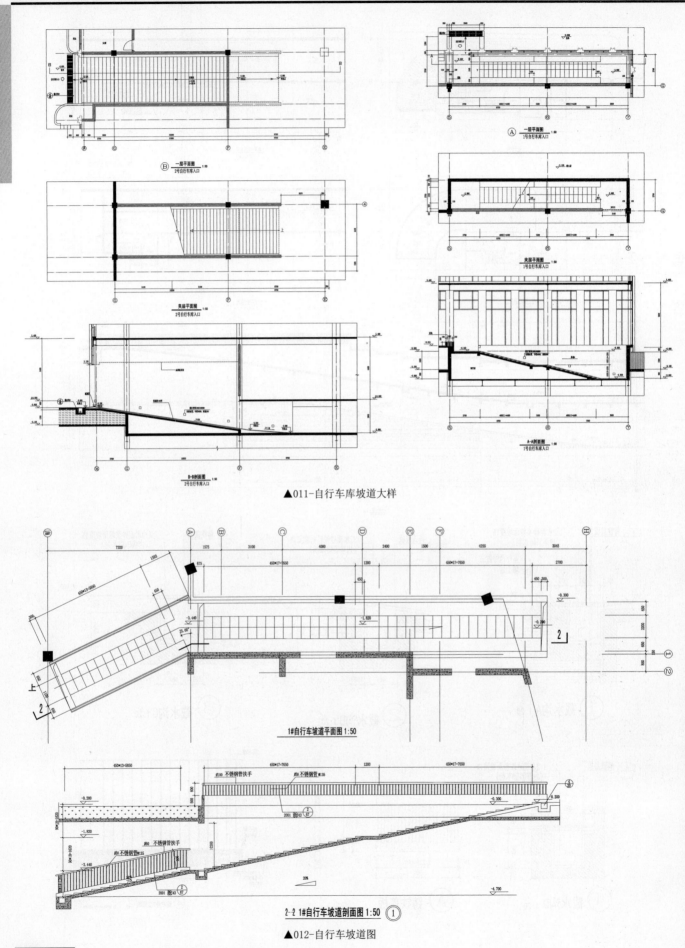

▲011-自行车库坡道大样

1#自行车坡道平面图 1:50

2-2 1#自行车坡道剖面图 1:50

▲012-自行车坡道图

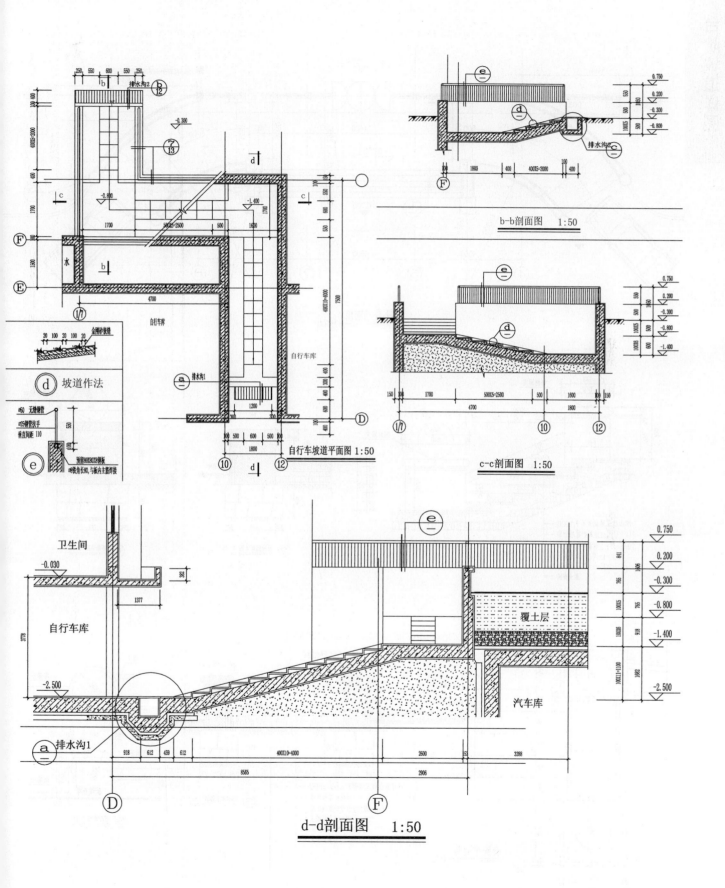

▲013-自行车坡道平剖面图

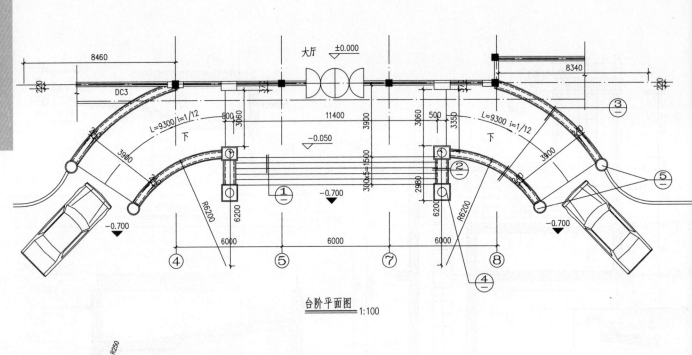

台阶平面图 1:100

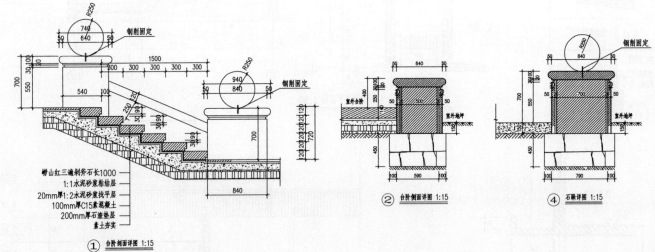

① 台阶侧面详图 1:15

② 台阶侧面详图 1:15

④ 石礅详图 1:15

崂山红三遍剁斧石长1000
1:1水泥砂浆粘结层
20mm厚1:2水泥砂浆找平层
100mm厚C15素混凝土
200mm厚石渣垫层
素土夯实

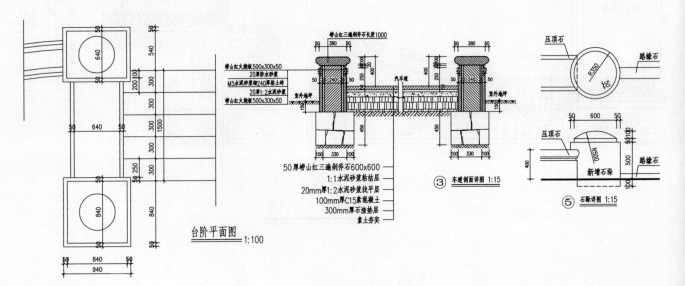

台阶平面图 1:100

崂山红火烧板500x300x50
20厚防水砂浆
M5水泥砂浆砌240厚垫土砌
20厚1:2水泥砂浆
崂山红火烧板500x300x50

50厚崂山红三遍剁斧石600x600
1:1水泥砂浆粘结层
20mm厚1:2水泥砂浆找平层
100mm厚C15素混凝土
300mm厚石渣垫层
素土夯实

崂山红三遍剁斧石长度1000

③ 车道剖面详图 1:15

⑤ 石礅详图 1:15

▲014-入口车道与台阶详图

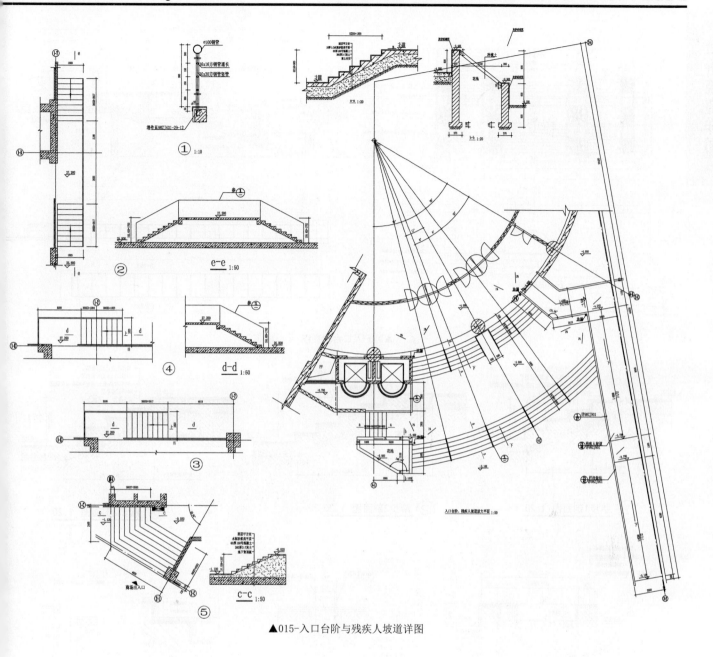

▲015-入口台阶与残疾人坡道详图

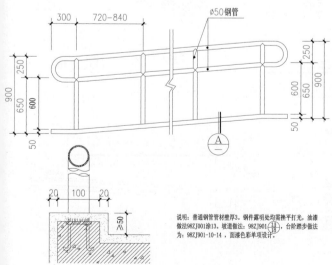

说明:普通钢管管材壁厚3。钢件露明处均需挫平打光,油漆做法98ZJ001涂13。坡道做法:98ZJ901,台阶踏步做法为:98ZJ901-10-14,面漆色彩单项设计。

▲016-残疾人坡道栏杆问题

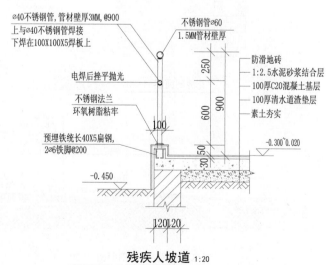

残疾人坡道 1:20

▲017-残疾人坡道

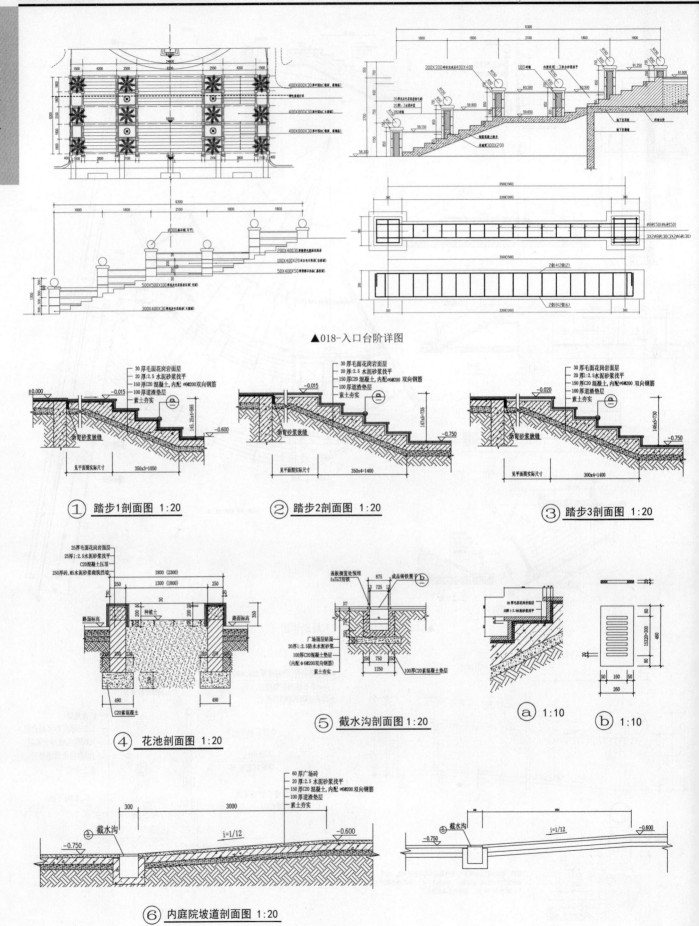

▲018-入口台阶详图

① 踏步1剖面图 1:20

② 踏步2剖面图 1:20

③ 踏步3剖面图 1:20

④ 花池剖面图 1:20

⑤ 截水沟剖面图 1:20

ⓐ 1:10　　ⓑ 1:10

⑥ 内庭院坡道剖面图 1:20

▲019-踏步坡道详图

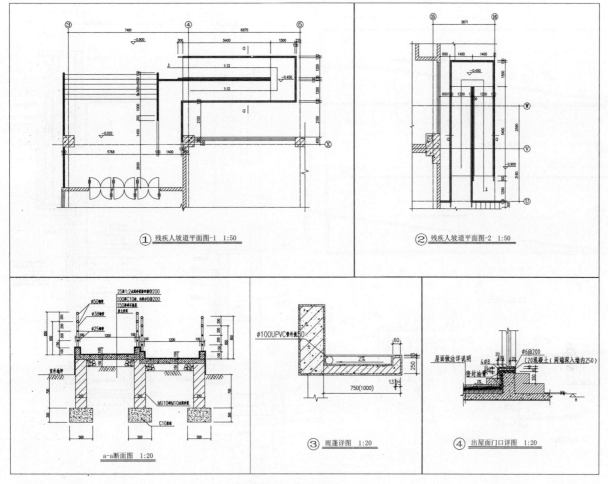

① 残疾人坡道平面图-1 1:50　　② 残疾人坡道平面图-2 1:50

a-a断面图 1:20　　③ 雨蓬详图 1:20　　④ 出屋面门口详图 1:20

▲020-残疾人坡道详图

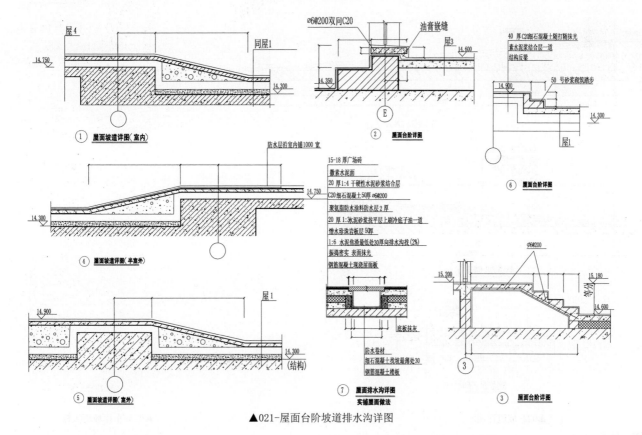

① 屋面坡道详图(室内)　　② 屋面台阶详图　　⑥ 屋面台阶详图

④ 屋面坡道详图(半室外)

15-18 厚广场砖
散素水泥面
20 厚1:4 干硬性水泥砂浆结合层
C20细石混凝土50厚 ∅6@200
聚氨酯防水涂料防水层2厚
20 厚1:3水泥砂浆找平层上刷冷底子油一道
憎水珍珠岩板层50厚
1:6 水泥焦渣最低处30厚向排水沟找(2%)
振捣密实 表面抹光
钢筋混凝土现浇屋面板

⑤ 屋面坡道详图(室外)

⑦ 屋面排水沟详图
实铺屋面做法

③ 屋面台阶详图

▲021-屋面台阶坡道排水沟详图

台阶坡道详图

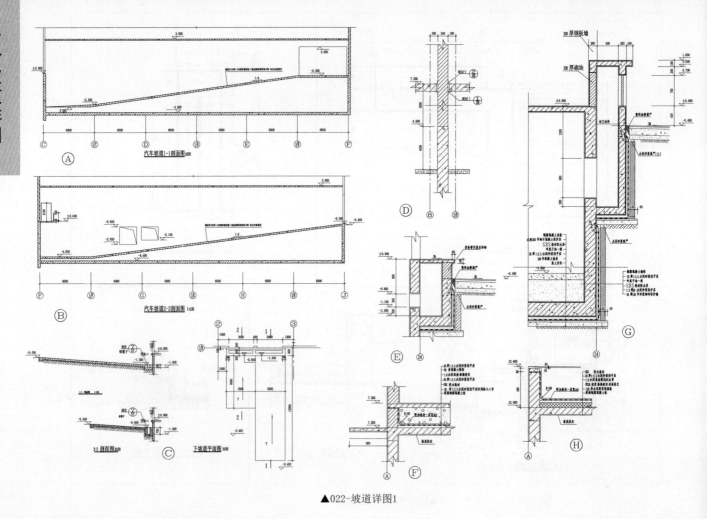

▲022-坡道详图1

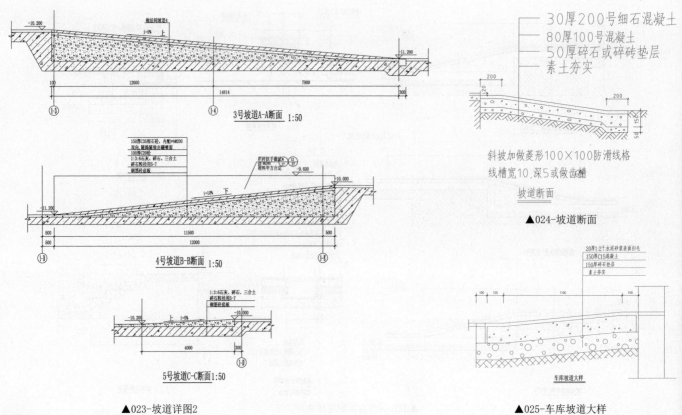

30厚200号细石混凝土
80厚100号混凝土
50厚碎石或碎砖垫层
素土夯实

斜坡加做菱形100×100防滑线格
线槽宽10,深5或做齿槽

坡道断面

▲024-坡道断面

3号坡道A-A断面 1:50

4号坡道B-B断面 1:50

5号坡道C-C断面1:50

▲023-坡道详图2

车库坡道大样

▲025-车库坡道大样

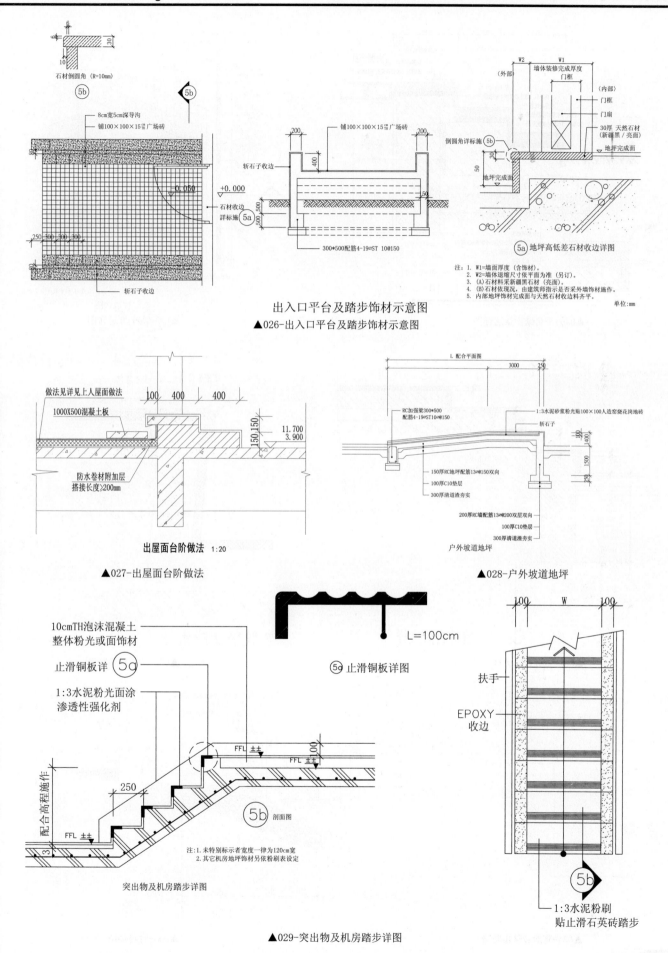

石材倒圆角（R=10mm）

5b

8cm宽5cm深导沟
铺100×100×15广场砖

+0.050

石材收边
详标施 5a

250 300 300 300

斩石子收边

铺100×100×15广场砖

斩石子收边

400

+0.000

300*500配筋4-19 ST 10@150

倒圆角详标施 5b

地坪完成面

30厚 天然石材
（新疆黑／亮面）

地坪完成面

5a 地坪高低差石材收边详图

注： 1. W1=墙面厚度（含饰材）。
2. W2=墙体退缩尺寸依平面为准（另订）。
3. (A)石材料采新疆黑石材（亮面）。
4. (B)石材依现况，由建筑师指示是否采外墙饰材施作。
5. 内部地坪饰材完成面与天然石材收边料齐平。

单位:mm

出入口平台及踏步饰材示意图
▲026-出入口平台及踏步饰材示意图

做法见详见上人屋面做法
1000X500混凝土板

100 400 400

11.700
3.900

150 150

防水卷材附加层
搭接长度≥200mm

出屋面台阶做法 1:20

▲027-出屋面台阶做法

L 配合平面图

3000 250

RC加强梁300*500
配筋4-19 ST10@150

1:3水泥砂浆粉光贴100×100人造窑烧花岗地砖

斩石子

150厚RC地坪配筋13@150双向
100厚C10垫层
300厚清道渣夯实

200厚RC墙配筋13@200双层双向
100厚C10垫层
300厚清道渣夯实

户外坡道地坪

▲028-户外坡道地坪

L=100cm

5g 止滑铜板详图

10cmTH泡沫混凝土
整体粉光或面饰材

止滑铜板详 5g

1:3水泥粉光面涂
渗透性强化剂

FFL ±±
FFL ±±

250

5b 剖面图

FFL ±±

注:1.未特别标示者宽度一律为120cm宽
2.其它机房地坪饰材另依粉刷表设定

突出物及机房踏步详图

100 W 100

扶手

EPOXY
收边

5b

1:3水泥粉刷
贴止滑石英砖踏步

▲029-突出物及机房踏步详图

台阶坡道详图

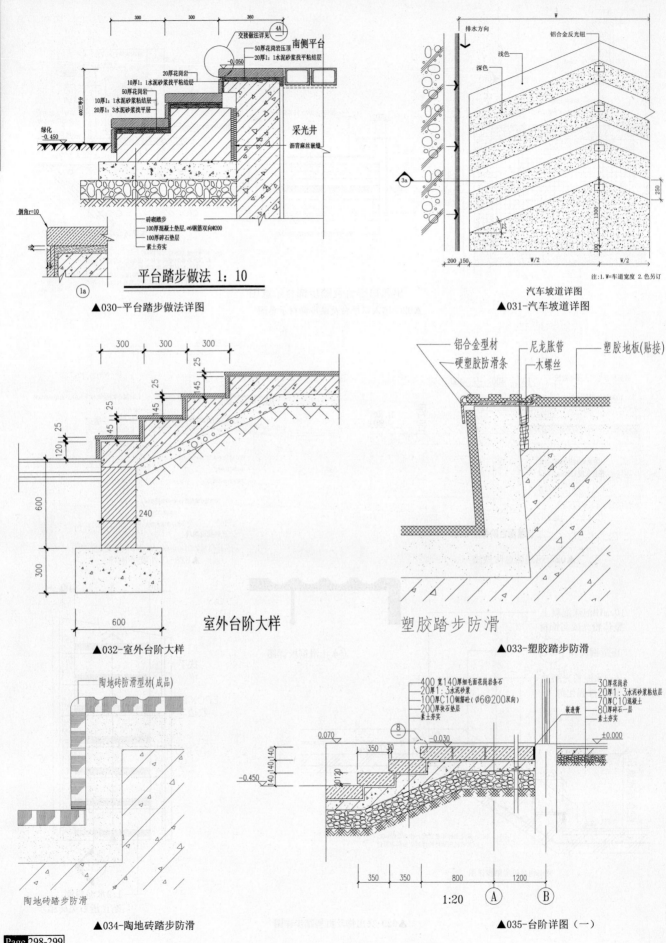

平台踏步做法 1：10

▲030-平台踏步做法详图

汽车坡道详图

注：1.W=车道宽度 2.色另订

▲031-汽车坡道详图

室外台阶大样

▲032-室外台阶大样

塑胶踏步防滑

▲033-塑胶踏步防滑

陶地砖踏步防滑

▲034-陶地砖踏步防滑

1:20

▲035-台阶详图（一）

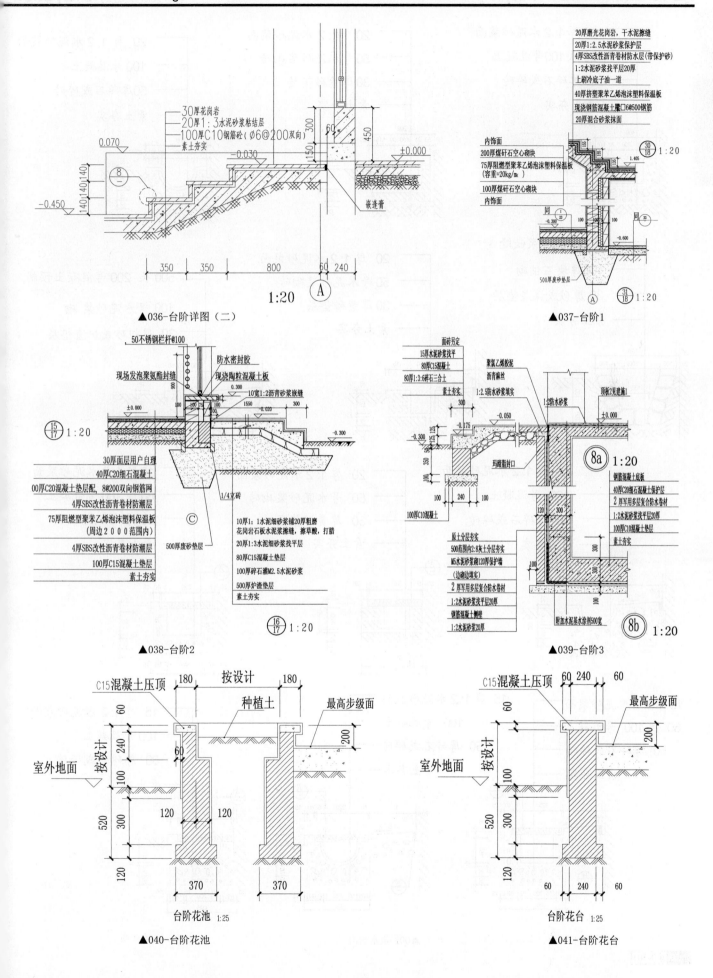

▲036-台阶详图（二）

20厚磨光花岗岩，干水泥擦缝
20厚1:2.5水泥砂浆保护层
4厚SBS改性沥青卷材防水层(带保护砂)
1:2水泥砂浆找平层20厚
上刷冷底子油一道
40厚挤塑聚苯乙烯泡沫塑料保温板
现浇钢筋混凝土墙口6@500钢筋
20厚混合砂浆抹面

内饰面
200厚煤矸石空心砌块
75厚阻燃型聚苯乙烯泡沫塑料保温板
(容重=20kg/m)
100厚煤矸石空心砌块
内饰面
500厚废砂垫层

▲037-台阶1

30厚花岗岩
20厚1：3水泥砂浆粘结层
100厚C10钢筋砼（Ø6@200双向）
素土夯实

嵌逢膏

50不锈钢栏杆@100
防水密封胶
现场发泡聚氨酯封缝
现浇陶粒混凝土板
10宽1:2沥青砂浆嵌缝

30厚面层用户自理
40厚C20细石混凝土
00厚C20混凝土垫层配，8@200双向钢筋网
4厚SBS改性沥青卷材防潮层
75厚阻燃型聚苯乙烯泡沫塑料保温板
(周边2000范围内)
4厚SBS改性沥青卷材防潮层
100厚C15混凝土垫层
素土夯实

1/4立砖
500厚废砂垫层

10厚1：水泥细砂浆铺20厚粗磨
花岗岩石板水泥砂浆擦缝，擦草酸，打腊
20厚1:3水泥砂浆找平层
80厚C15混凝土垫层
100厚碎石灌M2.5水泥砂浆
500厚炉渣垫层
素土夯实

▲038-台阶2

面砖另定
15厚水泥砂浆找平
80厚C15混凝土
80厚1:3:6碎石三合土
素土夯实

聚氯乙烯胶泥
沥青麻丝
1:2.5防水砂浆填实
1:2防水砂浆

顶板2见建施1

钢筋混凝土底板
40厚C20细石混凝土保护层
2厚军用多层复合防水卷材
1:2水泥砂浆找平层
100厚C10混凝土垫层
素土夯实

玛蹄脂封口

原土分层夯实
500范围内2:8灰土分层夯实
M5水泥砂浆砌120厚保护墙
(边砌边填实)
2厚军用多层复合防水卷材
1:2水泥砂浆找平层20厚
钢筋混凝土侧壁
1:2水泥砂浆20厚

附加水泥基水涂剂500宽

▲039-台阶3

C15混凝土压顶
种植土
最高步级面
室外地面
按设计

台阶花池 1:25

▲040-台阶花池

C15混凝土压顶
最高步级面
室外地面
按设计

台阶花台 1:25

▲041-台阶花台

排水沟详图

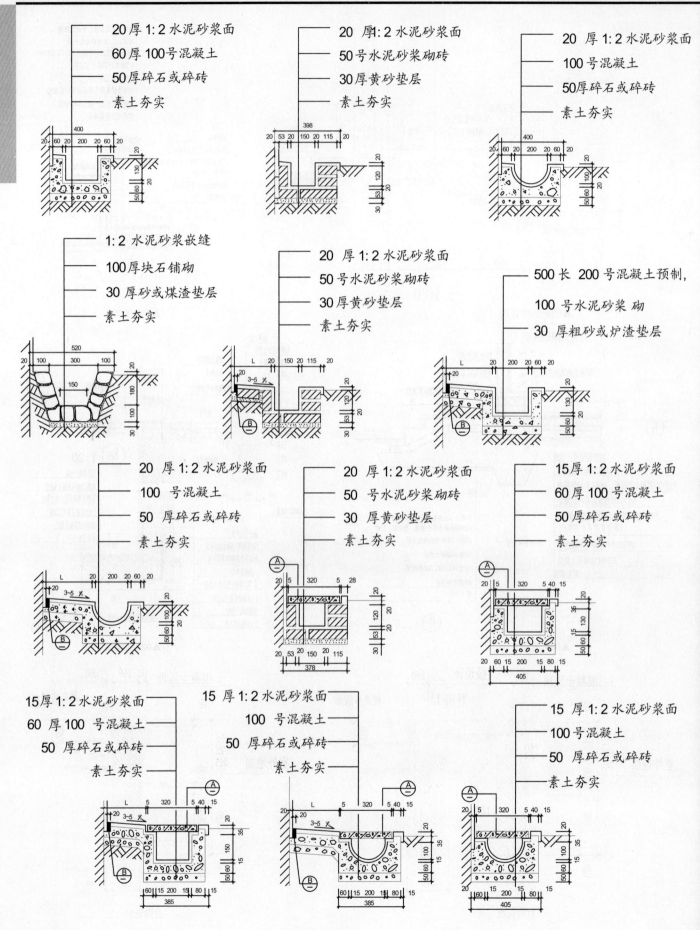

20 厚1:2 水泥砂浆面
60 厚100号混凝土
50 厚碎石或碎砖
素土夯实

20 厚1:2 水泥砂浆面
50 号水泥砂浆砌砖
30 厚黄砂垫层
素土夯实

20 厚1:2 水泥砂浆面
100 号混凝土
50 厚碎石或碎砖
素土夯实

1:2 水泥砂浆嵌缝
100 厚块石铺砌
30 厚砂或煤渣垫层
素土夯实

20 厚1:2 水泥砂浆面
50 号水泥砂浆砌砖
30 厚黄砂垫层
素土夯实

500 长 200 号混凝土预制,
100 号水泥砂浆 砌
30 厚粗砂或炉渣垫层

20 厚1:2 水泥砂浆面
100 号混凝土
50 厚碎石或碎砖
素土夯实

20 厚1:2 水泥砂浆面
50 号水泥砂浆砌砖
30 厚黄砂垫层
素土夯实

15 厚1:2 水泥砂浆面
60 厚100号混凝土
50 厚碎石或碎砖
素土夯实

15 厚1:2 水泥砂浆面
60 厚100 号混凝土
50 厚碎石或碎砖
素土夯实

15 厚1:2 水泥砂浆面
100 号混凝土
50 厚碎石或碎砖
素土夯实

15 厚1:2 水泥砂浆面
100 号混凝土
50 厚碎石或碎砖
素土夯实

▲001-散水明沟

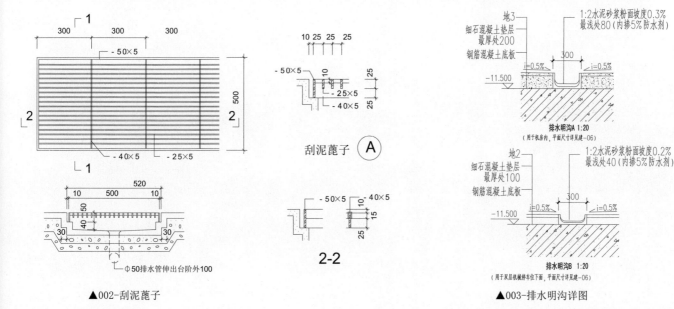

刮泥蓖子 Ⓐ

2-2

▲002-刮泥蓖子

▲003-排水明沟详图

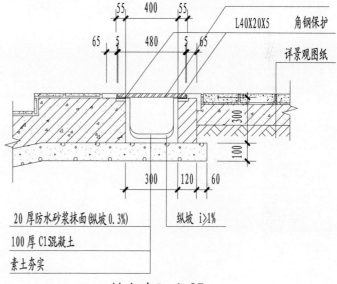

排水沟1 1:25

▲004-排水沟1

排水沟2 1:25

▲005-排水沟2

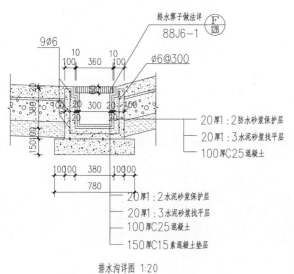

排水沟详图 1:20

▲006-排水沟详图

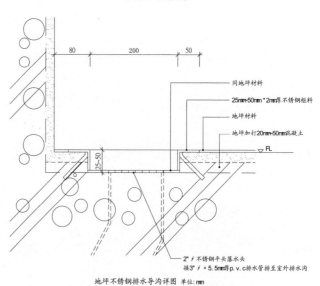

地坪不锈钢排水导沟详图 单位:mm

▲007-地坪不锈钢排水导沟详图